Tropon-Symposium III

Die Schizophrenien

Biologische und familiendynamische
Konzepte zur Pathogenese

Herausgegeben von
W. P. Kaschka, P. Joraschky und E. Lungershausen

Mit 32 Abbildungen und 33 Tabellen

Springer-Verlag
Berlin Heidelberg New York
London Paris Tokyo

Tropon-Symposium III
am 4.11.1987 in Köln

Prof. Dr. med. WOLFGANG P. KASCHKA
Priv.-Doz. Dr. med. PETER JORASCHKY
Prof. Dr. med. EBERHARD LUNGERSHAUSEN
Psychiatrische Klinik mit Poliklinik
der Universität
Schwabachanlage 6
D-8520 Erlangen

ISBN 3-540-19290-5 Springer-Verlag Berlin Heidelberg New York
ISBN 0-387-19290-5 Springer-Verlag New York Berlin Heidelberg

CIP-Kurztitelaufnahme der Deutschen Bibliothek:
Die Schizophrenien: biolog. u. familiendynam. Konzepte zur Pathogenese; [am 4. 11. 1987 in Köln]/hrsg. von
W. P. Kaschka ... – Berlin; Heidelberg; New York; London; Paris; Tokyo: Springer, 1988
    (Tropon-Symposium; 3)
    ISBN 3-540-19290-5 (Berlin ...) brosch.
    ISBN 0-387-19290-5 (New York ...) brosch.
NE: Kaschka, Wolfgang P. [Hrsg.]; Tropon-Werke <Köln>: Tropon-Symposium

Gesamtherstellung: Brühlsche Universitätsdruckerei, Gießen
2125/3130-543210 – Gedruckt auf säurefreiem Papier

Vorwort

Das Tropon-Symposium hat inzwischen nicht nur eine lange, sondern auch eine große Tradition, und wir empfinden es als ehrenvoll, daß diesmal unsere Klinik mit seiner Ausrichtung beauftragt wurde. bei dieser Gelegenheit habe ich vor allem den beiden Mitarbeitern unserer Klinik, Herrn Prof. Dr. Kaschka und Herrn Priv.-Doz. Dr. Joraschky, die die Planung und Vorbereitung übernommen haben, Dank zu sagen.

Das Thema zielt auf die Gruppe der schizophrenen Psychosen und auf die Frage ihrer Pathogenese. Diese Frage ist, wie jeder von uns weiß, nach wie vor offen und keineswegs zureichend beantwortet. Früher pflegte man in diesem Zusammenhang das Wort von Kurt Kolle über die Schizophrenien als das „Delphische Orakel der Psychiatrie" zu zitieren, das in dieser Form vielleicht heute keinen Bestand mehr zu haben vermag. Dennoch aber gilt in meinen Augen nach wie vor der Satz, den mein früherer Lehrer Weitbrecht 1963 niederschrieb, daß nämlich „der Umfang gesicherten Wissens zur Frage der Verursachung schizophrener Psychosen in einem eklatanten Mißverhältnis zu der Vielzahl ätiopathogenetischer Hypothesen" stünde.

Nun ist inzwischen ohne Zweifel vieles an Kenntnissen und an gesichertem Wissen hierzu beigetragen worden, ohne daß es jedoch gelungen wäre, letzte Fragen, die sich in diesem Zusammenhang auftun, vollends zu beantworten, so daß manchmal der Eindruck entstehen könnte, wie wenn mit jedem Schritt vorwärts, den wir in unserem Kenntnisstand hierzu tun und bei den vielen Teil-antworten, die wir erhalten, die eigentliche Antwort sich immer weiter zurück-zieht und dem Zugriff entweicht. Dies mag vielleicht auch ein Grund dafür sein, daß kategorische Behauptungen von einst, wie etwa die Schizophrenie sei nichts anderes als ein genetisch bedingter Enzymdefekt oder die Folge bestimmter sozialer Konstellationen oder von Störungen im metakommunikativen Bereich, in dieser Eindeutigkeit kaum noch zu hören sind und sich statt dessen die Frage erhebt, ob es denn *die* Ursache der schizophrenen Psychosen überhaupt gibt oder ob sich hier nicht vielmehr aus vielerlei Faktoren eine Bedingungskonstellation zusammenfügt, die die Matrix für das bildet, was wir schizophrenes Kranksein nennen.

Man fragt sich andererseits, ob nicht jene Autoren, die seit eh und je darauf bestanden, nicht von der Schizophrenie, sondern von der Gruppe der schizo-phrenen Psychosen zu sprechen, daran sehr weise getan haben, wenn sich mög-licherweise aus dieser Gruppe von Psychosen in der Zukunft durch wachsenden Kenntnisstand einzelne herausheben lassen, die vielleicht nicht nur in psycho-pathologischer, sondern auch in pathogenetischer Hinsicht eigene nosologische Bedeutung gewinnen können.

Natürlich ist es im vorgegebenen Rahmen nicht möglich, jeden Aspekt der entsprechenden Forschung hier vertreten sein zu lassen, sondern es mußten Schwerpunkte gebildet werden, wobei wir von zwei Schwerpunkten ausgegangen sind, die bewußt miteinander vereint wurden, auch wenn sie vielleicht für den einen oder anderen als nicht vereinbar gelten mögen: biologisch-biochemische Forschungsansätze auf der einen Seite, familientheoretische Konzepte auf der anderen.

Es sind dies aber in unseren Augen keineswegs Gegensätze, die einander ausschließen, sondern vielmehr verschiedene Forschungsansätze zur Untersuchung gleicher Sachverhalte. Die Ergebnisse dieser Untersuchungen müssen keineswegs einander widersprüchlich oder gar einander ausschließend sein, sondern wir glauben vielmehr, daß diese einander zu stützen und sich zu ergänzen vermögen.

Jeder dieser Forschungsansätze hat seine eigene Bedeutung, und ich bin davon überzeugt, daß wir eines Tages verstehen werden, die verschiedenen Untersuchungsresultate schlüssig miteinander zu verbinden. Es entspricht dies im übrigen auch einer Haltung der von meinen Mitarbeitern und mir hier vertretenen Klinik, die bemüht ist, über die Meinungen und Theorien einzelner Schulen hinweg das jeweils Verbindende zu suchen, jene Teile eben, die ineinandergefügt vielleicht eines Tages auch ein Ganzes zu bilden vermögen.

Aus solchen Gründen schien es uns wichtig, Referenten zu bitten, die, von sehr verschiedenen Ansätzen ausgehend, mit sehr differenten Untersuchungsmethoden arbeitend, über Methoden, Ergebnisse und Stand ihrer Untersuchungen berichten. Wir glauben, daß es an der Zeit ist, den Brückenschlag zu versuchen, der hier keineswegs gemeint ist als eine Art Versöhnung einander feindlich gegenüberstehender Schulen – das würde heißen, die gegebene Situation völlig falsch zu interpretieren –, sondern der vielmehr bestrebt ist, einander teilhaben zu lassen an der Arbeit des jeweils anderen.

Es mag durchaus sein, daß der eine oder andere Forschungsansatz möglicherweise nicht jene Erfolge erbringen wird, die man jetzt von ihm erhofft, und es mag sich ereignen, daß spätere Generationen von Psychiatern über die eine oder andere unserer heutigen Hypothesen lächeln werden. Aber auch diese Generation von Psychiatern wird ihren besseren Stand der Erkenntnis nur dadurch gewonnen haben, daß sie auf den Erfolgen oder Mißerfolgen unserer heutigen Arbeit aufbauen konnte. Und auch heute schon wird sich wohl in jeder der vorgetragenen Untersuchungen mancher Baustein finden lassen, den man in die klinische Arbeit unserer Tage einzufügen vermag.

Darüber hinaus aber hoffen wir, auch Anregungen geben zu können, denen in der Forschung, in der Arbeit mit den Patienten oder, und das wäre denn wohl auch wichtig genug, im eigenen Denken weiter nachgegangen werden kann.

Forschung allein würde in einem sterilen Raum stehen, erhielte sie nicht auch von anderer Seite Anregung und Kritik. Sie bedarf der Anregung als Quelle und der Kritik als eines zusätzlichen Prüfsteins.

Köln, Sommer 1988   EBERHARD LUNGERSHAUSEN

Inhaltsverzeichnis

II. Familiendynamische Konzepte zur Pathogenese der Schizophrenien

Mitarbeiterverzeichnis

ACKENHEIL, MANFRED, Prof. Dr. med., Psychiatrische Klinik der Universität, Nußbaumstraße 7, D-8000 München 2

ALTSHULER, LORI, M.D., Resident in Psychiatry, Department of Psychiatry and Behavioral Sciences, UCLA School of Medicine, Brentwood VA Hospital, Los Angeles, CA 90073, USA

ARNOLD, STEFAN, Dipl.-Psych., Psychiatrische Klinik mit Poliklinik der Universität, Schwabachanlage 6, D-8520 Erlangen

BAROCKA, ARND, Dr. med. Dr. med. habil., Psychiatrische Klinik mit Poliklinik der Universität, Schwabachanlage 6, D-8520 Erlangen

BARTZOKIS, GEORGE, M.D., Visiting Assistant Professor of Radiology, Division of Nuclear Medicine and Biophysics, Department of Radiological Sciences, UCLA School of Medicine, Los Angeles, CA 90024, USA

BECK, GEORG, Dr. rer. nat. Dipl.-Chem., Psychiatrische Klinik mit Poliklinik der Universität, Schwabachanlage 6, D-8520 Erlangen

BOGERTS, BERNHARD, Dr. med., Rheinische Landesklinik – Psychiatrische Klinik der Universität, Bergische Landstraße 2, D-4000 Düsseldorf 12

BONDY, BRIGITTA, Dr., Psychiatrische Klinik der Universität, Nußbaumstraße 7, D-8000 München 2

BÖNING, JOBST, Prof. Dr. med., Psychiatrische Klinik und Poliklinik der Universität, Füchsleinstraße 15, D-8700 Würzburg

BREITLING, DAVID, B.A., New York University Medical Center, 550 First Avenue, New York, N.Y. 10016, USA

BUCHKREMER, GERHARD, Prof. Dr., Klinik für Psychiatrie der Universität, Albert-Schweitzer-Straße 11, D-4400 Münster

CIERPKA, MANFRED, Dr. med., Abteilung für Psychotherapie der Universität, Am Hochsträß 8, D-7900 Ulm

CUMMINGS, JEFFREY, M.D., Associate Professor of Neurology, Psychiatry and Behavioral Sciences, Division of Nuclear Medicine and Biophysics, Department of Psychiatry and Behavioral Sciences, UCLA School of Medicine, Brentwood VA Hospital, Los Angeles, CA 90073, USA

DAVOUS, PATRICK, Dr. med., Service de Neurologie, Hôpital Sainte Anne, 1 rue Cabanis, F-75014 Paris

DEMBOWSKI, JOHANNA, cand. med., Psychiatrische Klinik mit Poliklinik der Universität, Schwabachanlage 6, D-8520 Erlangen

DEMLING, JOACHIM, Dr. med., Psychiatrische Klinik mit Poliklinik der Universität, Schwabachanlage 6, D-8520 Erlangen

DOSE, MATTHIAS, Dr. med., Max-Planck-Institut für Psychiatrie, Kraepelinstraße 2, D-8000 München 40

EMRICH, HINDERK M., Prof. Dr. med., Max-Planck-Institut für Psychiatrie, Kraepelinstraße 2, D-8000 München 40

ENGELBRECHT-PHILIPP, GABRIELE, Dr. med., Psychiatrische Klinik mit Poliklinik der Universität, Schwabachanlage 6, D-8520 Erlangen

FEINSTEIN, ELIAS, Dipl.-Psych., Max-Planck-Institut für Psychiatrie, Kraepelinstraße 2, D-8000 München 40

GASSER, THEO, Prof. Dr., Zentralinstitut für Seelische Gesundheit, Postfach 5970, D-6800 Mannheim 1

GATTAZ, WAGNER F., Prof. Dr. med., Zentralinstitut für Seelische Gesundheit, Postfach 5970, D-6800 Mannheim 1

GODET, JEAN LUC, Ing. grad., Alvar Electronics, 6 bis rue du Progrès, F-93107 Montreuil

GOLDSTEIN, MICHAEL J., Ph.D., Professor of Clinical Psychology, University of California, Los Angeles, CA, USA

GÜNTHER, WILFRIED, Dr. Dr., Psychiatrische Klinik der Universität, Nußbaumstraße 7, D-8000 München 2

HAHLWEG, KURT, Priv.-Doz. Dr. phil., Max-Planck-Institut für Psychiatrie, Kraepelinstraße 2, D-8000 München 40

HELLER, HANSJÜRGEN, Dr. med., Arzt für Neurologie, Görresstraße 35, D-8000 München 40

HÖLL, RÜDIGER, Dr. med., Neurologische Klinik mit Poliklinik
der Universität, Schwabachanlage 6, D-8520 Erlangen

HUBER, GERD, Prof. Dr. med., Psychiatrische Klinik und Poliklinik
der Universität, Venusberg, D-5300 Bonn 1

JÄCK, CHRISTIAN, Arzt, Psychiatrische Klinik mit Poliklinik
der Universität, Schwabachanlage 6, D-8520 Erlangen

JORASCHKY, PETER, Priv.-Doz. Dr. med., Psychiatrische Klinik mit Poliklinik
der Universität, Schwabachanlage 6, D-8520 Erlangen

KASCHKA, WOLFGANG P., Prof. Dr. med., Psychiatrische Klinik mit Poliklinik
der Universität, Schwabachanlage 6, D-8520 Erlangen

LEWANDOWSKI, LUDWIG, Dr. phil., Klinik für Psychiatrie der Universität,
Albert-Schweitzer-Straße 11, D-4400 Münster

LUNGERSHAUSEN, EBERHARD, Prof. Dr. med., Psychiatrische Klinik mit Poliklinik
der Universität, Schwabachanlage 6, D-8520 Erlangen

MARDER, STEVEN, M.D., Associate Professor of Psychiatry, Department of
Psychiatry and Behavioral Sciences, UCLA School of Medicine,
Brentwood VA Hospital, Los Angeles, CA 90073, USA

MAZZIOTTA, JOHN C., M.D., Ph.D., Associate Professor of Neurology
and Radiology, Division of Nuclear Medicine and Biophysics,
Department of Radiological Sciences, Department of Neurology,
UCLA School of Medicine, Los Angeles, CA 90024, USA

MOSER, ERNST, Prof. Dr. Dr., Leiter der Abteilung für Nuklearmedizin,
Radiologische Universitätsklinik, Klinikum Großhadern,
Marchioninistraße 15, D-8000 München 70

MÜLLER, ULLA, Dipl.-Psych., Max-Planck-Institut für Psychiatrie,
Kraepelinstraße 2, D-8000 München 40

NEGELE-ANETSBERGER, JUDITH, Dr. med., Psychiatrische Klinik mit Poliklinik
der Universität, Schwabachanlage 6, D-8520 Erlangen

OEPEN, GODEHARD, Priv.-Doz. Dr. med., Abteilung Allgemeine Psychiatrie,
Albert-Ludwigs-Universität, Hauptstraße 5, D-7800 Freiburg/Br.

PAHL, JÖRG J., M.D., Visiting Assistant Professor of Radiology,
Division of Nuclear Medicine and Biophysics, Department of Radiological
Sciences, UCLA School of Medicine, Los Angeles, CA 90024, USA

PETSCH, RAINER, Dr. rer. nat., Psychiatrische Klinik der Universität,
Nußbaumstraße 7, D-8000 München 2

PHELPS, MICHAEL E., Ph.D., Jennifer Jones Simon Professor of Radiology,
Chief, Division of Nuclear Medicine and Biophysics, Department of
Radiological Sciences, UCLA School of Medicine, Los Angeles, CA 90024, USA

PICHL, JOSEF, Dr. med., Dr. med. habil., Medizinische Klinik mit Poliklinik
der Universität, Krankenhausstraße 12, D-8520 Erlangen

RAITH, LYDIA, Dr. med., Psychiatrische Klinik der Universität,
Nußbaumstraße 7, D-8000 München 2

SAUERBREI, WILLI, Dipl.-Stat., Institut für Medizinische Biometrie und
Informatik der Universität, Stefan-Meier-Straße 26, D-7800 Freiburg/Br.

SCHNÜRLE, KATRIN, cand. med., Abteilung für Psychotherapie der Universität,
Am Hochsträß 8, D-7900 Ulm

SKVARIL, FRANTISEK, Prof. Dr. rer. nat., Institut für klinisch-experimentelle
Tumorforschung der Universität, Tiefenauspital, CH-3004 Bern

STEINBERG, REINHARD, Priv.-Doz. Dr. med., Direktor der Pfalzklinik Landeck,
Weinstraße 100, D-6749 Klingenmünster

STRECK, PETER. Dr. med., Psychiatrische Klinik der Universität,
Nußbaumstraße 7, D-8000 München 2

I Biologische Konzepte
zur Pathogenese der Schizophrenien

1 Biologische Konzepte zur Ätiologie und Pathogenese der Schizophrenien – Eine Übersicht

W. P. KASCHKA

1.1 Einleitung

Bei der Beschäftigung mit biologischen Konzepten zur Ätiologie und Pathogenese der Schizophrenien wird man zunächst mit der erkenntnistheoretischen Frage nach den grundlegenden Beziehungen zwischen einer psychopathologisch fundierten Klassifikation der Erscheinungsformen und Subtypen der Schizophrenie einerseits und den Forschungsstrategien der exakten Naturwissenschaften andererseits konfrontiert. Da eine detaillierte Untersuchung dieses Problems den Rahmen der vorliegenden Übersicht bei weitem sprengen würde, sei auf die kürzlich erschienene Darstellung von Sass (1987) verwiesen, in der die angeschnittene Thematik Berücksichtigung findet.

Nach heutigem Verständnis fällt der biologischen Schizophrenieforschung u. a. die Aufgabe zu, unter Berücksichtigung der vorliegenden genetischen und epidemiologischen Daten nach Vulnerabilitätsmarkern – ggf. auch Protektivitätsmarkern – zu suchen und Beziehungen zu Merkmalen aus anderen Forschungsebenen, etwa der Verlaufsforschung, aufzuzeigen. Dabei sind klar definierte Ein- und Ausschlußkriterien zu beachten. Das methodische Instrumentarium wird von zahlreichen Nachbardisziplinen zur Verfügung gestellt, wie etwa:
- Genetik,
- Epidemiologie,
- Neuropathologie,
- Biochemie,
- Neuroendokrinologie,
- Virologie,
- Immunologie,
- Neurophysiologie,
- Neuroradiologie.

1.2 Genetische Aspekte

Seit langem ist unbestritten, daß Schizophrenien familiär gehäuft auftreten (Kaschka 1985 a, b). Während das Erkrankungsrisiko in der Durchschnittsbevölkerung um 1% liegt, steigt es bei Kindern zweier schizophrener Eltern auf über 40% an (Gottesman u. Shields 1982; McGuffin et al. 1987).

Aus Adoptionsstudien geht hervor, daß die Inzidenz von Schizophrenien bei Adoptivkindern allein mit der Inzidenz in den Familien der biologischen Eltern korreliert, nicht aber mit derjenigen in den Familien der Adoptiveltern (Heston

Tropon-Symposium, Bd. III
Die Schizophrenien
Hrsg. Kaschka/Joraschky/Lungershausen
© Springer-Verlag Berlin Heidelberg 1988

1966; Higgins 1976; Rosenthal 1972). Auch nach Beobachtungen Bleulers (1972) steht der bloße Familienkontakt, also die Lebensgemeinschaft mit einem schizophrenen Elternteil, in keiner Beziehung zur Entwicklung von Schizophrenien bei den Kindern.

Wichtige Informationen zur Genetik schizophrener Erkrankungen verdanken wir der Zwillingsforschung (Kringlen 1987). In älteren Studien wurden je nach der gewählten Methodik bei eineiigen Zwillingen (MZ) Konkordanzzahlen für das Merkmal Schizophrenie zwischen 6% und 86% gefunden. Bei zweieiigen Zwillingen (DZ) lagen diese Werte zwischen 2% und 15% (Kaschka 1985 b). Ein einheitlicheres Bild ergaben jüngste Untersuchungen, die unter Heranziehung operationalisierter Diagnosekriterien durchgeführt wurden. Hier betrug die Konkordanz für Eineiige knapp 50%, für Zweieiige knapp 10% (McGuffin et al. 1987).

Eingehende Analysen des gehäuften Auftretens affektiver Psychosen in den Familien Schizophrener lassen eine Dichotomisierung in die Kategorien der affektiven Psychosen einerseits und der Schizophrenien andererseits nicht gerechtfertigt erscheinen, sondern stützten eher eine dimensionale Betrachtungsweise (Kringlen 1987; McGuffin et al. 1987). Demnach wäre ein Kontinuum endogener Psychosen vorstellbar, das von den unipolaren affektiven Störungen über die bipolaren und schizoaffektiven Psychosen bis zu den Schizophrenien reicht.

Wie bereits an anderer Stelle ausgeführt (Kaschka 1985a, b), sind Untersuchungen immungenetischer Marker, wie sie die Histokompatibilitätsantigene (HLA) darstellen, und ihrer möglichen Assoziation mit bestimmten, im einzelnen zu definierenden Subtypen der Schizophrenie von besonderem Interesse. Allerdings liegen hier erst einzelne Teilresultate vor, die noch kein klares Gesamtbild ergeben.

1.3 Dopaminhypothese

Tierexperimentelle Untersuchungen über den Dopaminumsatz des Gehirns unter Neuroleptikagabe lieferten in den frühen 60er Jahren erste Hinweise darauf, daß den Neuroleptika die Fähigkeit zukommt, Dopaminrezeptoren zu blockieren (Carlsson u. Lindquist 1963). In-vitro-Bindungsstudien an gereinigten Membranen aus N. caudatus, Putamen und N. accumbens bestätigten diese Beobachtungen (vgl. Kaschka 1985 b). Daß es sich hier um Mechanismen handelte, die möglicherweise in enger Beziehung zur Ätiopathogenese schizophrener Störungen standen, ergab sich einerseits aus der klinischen Erfahrung der therapeutischen Wirkung von Dopaminantagonisten (Neuroleptika) bei Schizophrenen und andererseits aus Experimenten, die eine Zunahme psychotischer Symptome unter Gabe von Dopaminagonisten (Amphetamin, Apomorphin) erkennen ließen (Randrup u. Munkvad 1967).

Clement-Cormier et al. (1974) konnten im Striatum und im Tuberculum olfactorium von Säugetiergehirnen eine dopaminsensitive Adenylatzyklase nachweisen. Dieses Enzym wurde durch Dopaminagonisten aktiviert und durch Neuroleptika kompetitiv gehemmt. Es trägt heute die Bezeichnung D_1-Rezeptor. Daneben läßt sich durch In-vitro-Bindungstechniken unter Verwendung markierter Liganden ein weiterer Dopaminrezeptor, D_2, identifizieren (Kebabian u. Calne 1979). Beide Rezeptorsysteme stehen miteinander in komplexer Wechselwirkung (Carlsson 1987). Ein wichtiges regulatorisches Element in diesem System bilden die präsynaptischen Autorezeptoren, die bei Stimulation durch einen Dopaminagonisten über eine negative Rückkoppelung die elektrische Aktivität der Zelle sowie die Synthese und Freisetzung des Transmitters (Dopamin) zu hemmen vermögen (DiChiara et al. 1977; Gattaz u. Köllisch 1986; Carlsson 1987).

Nach neueren Befunden (Cross et al. 1981; Seemann et al. 1984) besteht in verschiedenen Hirnarealen Schizophrener eine selektive Vermehrung der D_2-Rezeptoren im Vergleich zu Kontrollen. Seeman et al. (1984) stellten darüber hinaus eine bimodale Verteilung dieser Rezeptoren in der Patientengruppe fest. Es ist allerdings noch umstritten, ob diese Befunde durch eine vorangegangene Therapie mit Neuroleptika, also artefiziell, bedingt sein könnten (Reynolds 1987).

An Sektionsmaterial fanden sich in den Amygdalae Schizophrener generell höhere Dopaminkonzentrationen als bei Gesunden. Allerdings war die Steigerung in der linken (dominanten) Hemisphäre ausgeprägter als rechts (Reynolds 1983, 1987). Diese Resultate könnten darauf hinweisen, daß pathobiochemische Prozesse bei der Schizophrenie überwiegend die dominante Hemisphäre betreffen. Sie sind geeignet, die ursprünglich von Flor-Henry (1969) aufgestellte Hypothese einer linkshemisphärischen Störung bei der Schizophrenie zu stützen und reihen sich damit in die Kette zahlreicher, mit unterschiedlicher Methodik gewonnener Indizien ein (Gruzelier 1981; Sheppard et al. 1983; Gur et al. 1985; Guenther et al. 1986), welche in dieselbe Richtung weisen.

Die „Glutamathypothese" (Kim et al. 1980) beruht auf Befunden über erniedrigte Konzentrationen des Neurotransmitters Glutamat im Liquor cerebrospinalis schizophrener Patienten. Sie stellt eine Modifikation der Dopaminhypothese dar.

1.4 Prostaglandinhypothese

In den 70er Jahren postulierten verschiedene Autoren eine Beteiligung von Störungen des Prostaglandinstoffwechsels an der Ätiopathogenese der Schizophrenien (Übersicht bei Kaschka 1985 b). Zwei gegensätzliche Vorstellungen standen sich gegenüber, nämlich einerseits die Prostaglandinüberschußhypothese (Feldberg 1976) und andererseits die Prostaglandinmangelhypothese (Horrobin 1977).

Das erstgenannte Konzept stützte sich auf tierexperimentelle und klinische Beobachtungen. So konnte man durch Injektion von Prostaglandin E_1 (PGE_1) in das Ventrikelsystem bei Versuchstieren eine Katalepsie auslösen. Auch bei Patienten mit endotoxinbedingtem Fieber, die in der Regel erhöhte Prostaglandin-E-Spiegel im Liquor aufwiesen, wurden kataleptische Bilder gesehen. Hier vermutete man Parallelen zur febrilen Katatonie (Scheid 1937).

Für die Prostaglandinmangelhypothese sprach andererseits, daß bei Schizophrenen während fieberhafter Erkrankungen nicht selten eine Besserung der psychiatrischen Symptomatik eintrat bei gleichzeitigem Anstieg des PGE_1. Im übrigen wurde auch unter Elektrokrampftherapie ein PGE_1-Anstieg nachgewiesen. Weitere, eher indirekte Hinweise auf einen Prostaglandinmangel wurden aus biochemischen Untersuchungen an Thrombozyten sowie aus endokrinologischen Studien gewonnen (vgl. Kaschka 1985 b).

Die Prostaglandinmangelhypothese gab zu Therapieversuchen Anlaß, die darauf abzielten, die zerebrale PGE_1-Synthese zu steigern. Theoretisch konnte dies erreicht werden durch eine Erhöhung des Angebots an Präkursoren (höher ungesättigten Fettsäuren) und essentiellen Kofaktoren (Zink, Ascorbinsäure, Pyridoxin, Nikotinsäure) sowie durch Zufuhr von Stimulatoren der Prostaglandinsynthese, wie etwa Penizillin (Chouinard et al. 1978). Der Nutzen dieser Therapieansätze läßt sich allerdings noch nicht definitiv beurteilen (Kaschka 1985 b).

1.5 Endorphinhypothese

Terenius et al. (1976) konnten im Liquor cerebrospinalis chronisch schizophrener Patienten erhöhte Endorphinkonzentrationen nachweisen. Die Applikation des Opiatantagonisten Naloxan führte zum Verschwinden halluzinatorischer Symptome (Gunne et al. 1977). Im Tierexperiment wurden nach Zufuhr von Endorphinen katatone Syndrome beobachtet (Bloom et al. 1976). Aufgrund dieser Indizien wurde die Hypothese einer endorphinergen Hyperaktivität bei der Schizophrenie formuliert (Gunne et al. 1977; vgl. Kaschka 1985 b). Im Widerspruch dazu standen allerdings klinische Erfahrungen, nach denen eine Behandlung mit Endorphinen zur Besserung verschiedener schizophrener Syndrome führte (Verhoeven et al. 1982; vgl. Kaschka 1985 b).

1.6 Virushypothese

Die heute vorliegenden Befunde hinsichtlich einer möglichen Beteiligung von Virusinfektionen an der Ätiopathogenese der Schizophrenien wurden in letzter Zeit mehrfach ausführlich diskutiert (Kaschka 1985 a, b; Negele et al. 1988).

Neue Aspekte ergaben sich mit der Formulierung der allerdings sehr spekulativen Retrovirus-/Transposon-Hypothese durch Crow (1984, 1987).

In eigenen Untersuchungen (Negele et al. 1988; Kaschka et al., s. dieser Band, S. 103) ergaben sich keine Daten, die mit einiger Sicherheit geeignet wären, eine Virushypothese der Schizophrenien zu stützen.

1.7 Diskussion

Der vorliegende Beitrag erhebt nicht den Anspruch, eine lückenlose Darstellung aller biologischen Hypothesen und Konzepte zur Ätiopathogenese der Schizophrenien zu geben. So blieben wichtige neuropathologische Beobachtungen (Falkai u. Bogerts 1986; Beckmann et al. 1987; Bogerts, s. dieser Band, S. 9) bisher unerwähnt, die auf eine Störung der Hirnentwicklung während der Ontogenese als kausalen Faktor schizophrener Erkrankungen hindeuten könnten. An derartige Befunde lassen sich vielfältige Spekulationen knüpfen, etwa daß sie genetisch induziert und/oder durch prä- bzw. perinatale Virusinfektionen zustandegekommen sein mögen.

Während manche der vorstehend skizzierten Konzepte heute kaum noch verfolgt werden, beansprucht die Dopaminhypothese nach wie vor lebhaftes Interesse. Sie wurde verschiedentlich modifiziert und erwies sich als außerordentlich tragfähig und fruchtbar. Gegenwärtig bilden Interaktionen zwischen dem dopaminergen System und anderen Transmittersystemen, wie vor allem dem serotonergen und dem cholinergen, besondere Schwerpunkte der Forschung.

Literatur

Beckmann H, Gattaz WF, Jakob H (1987) Biochemical and neuropathological indices for the aetiology of schizophrenia. In: Häfner H, Gattaz WF, Janzarik W (eds) Search for the causes of schizophrenia. Springer, Berlin Heidelberg New York Tokyo, pp 241–249

Bleuler M (1972) Die schizophrenen Geistesstörungen im Lichte langjähriger Kranken- und Familiengeschichten. Thieme, Stuttgart

Bloom F, Segal D, Ling N et al. (1976) Endorphin's profound behavioral effects in rats suggest new etiological factors in mental illness. Science 194:630–632

Carlsson A, Lindqvist M (1963) Effect of chlorpromazine or haloperidol on formation of 3-methoxytyramine and normetanephrine in mouse brain. Acta Pharmacol Toxicol 20:140–144

Carlsson A (1987) The dopamine hypothesis of schizophrenia 20 years later. In: Häfner H, Gattaz WF, Janzarik W (eds) Search for the causes of schizophrenia. Springer, Berlin Heidelberg New York Tokyo, pp 223–235

Chouinard G, Annable L, Horrobin DF (1978) An anti-psychotic action of penicillin on schizophrenia. IRCS J Med Sci 6:187–193

Cross AJ, Crow TJ, Owen F (1981) H^3-Flupenthixol binding in post-mortem brains of schizophrenics: Evidence for a selective increase in dopamine D2 receptors. Psychopharmacology 74:122–124

Crow TJ (1984) A re-evaluation of the viral hypothesis: Is psychosis the result of retroviral integration at a site close to the cerebral dominance gene? Br J Psychiatry 145:243–253

Crow TJ (1987) The retrovirus/transposon hypothesis of schizophrenia. In: Häfner H, Gattaz WF, Janzarik W (eds) Search for the causes of schizophrenia. Springer, Berlin Heidelberg New York Tokyo, pp 260–266

DiChiara G, Porceddu MAL, Vargiu L, Steffanini E, Gessa GL (1977) Evidence for selective and long-lasting stimulation of "regulatory" dopamine receptors by bromocriptine (CB145). Naunyn Schmiedebergs Arch Pharmacol 300:239–245

Falkai P, Bogerts B (1986) Cell loss in the hippocampus of schizophrenics. Eur Arch Psychiatr Neurol Sci 236:154–161

Feldberg W (1976) Possible association of schizophrenia with a disturbance in prostaglandin metabolism. A physiological hypothesis. Psychol Med 6:359–369

Flor-Henry P (1969) Psychosis and temporal lobe epilepsy: A controlled investigation. Epilepsie 10:363–395

Gattaz WF, Köllisch M (1986) Bromocriptine in the treatment of neuroleptic-resistant schizophrenia. Biol Psychiatry 21:519–521

Gottesman JJ, Shields H (1982) Schizophrenia, the epigenetic puzzle. Cambridge University Press, Cambridge

Gruzelier JH (1981) Cerebral laterality and psychopathology: Fact and Fiction. Psychol Med 113:219–227

Guenther W, Breitling D, Bauquet Y-P, Marcie P, Rondot P (1986) EEG mapping of left hemisphere dysfunction during motor performance in schizophrenia. Biol Psychiatry 21:249–262

Gunne L-M, Lindström L, Terenius L (1977) Naloxone-induced reversal of schizophrenic hallucinations. J Neural Transm 40:13–19

Gur R, Gur RC, Skolnick BE, Caroff S, Obrist WD, Resnick S, Reivich M (1985) Brain function in psychiatric disorders. III. Regional cerebral blood flow in unmedicated schizophrenics. Arch Gen Psychiatry 42:329–334

Heston LL (1966) Psychiatric disorders in foster home reared children of schizophrenic mothers. Br J Psychiatry 112:819–827

Higgins J (1976) Effects of child rearing by schizophrenic mothers: A follow-up. J Psychiat Res 13:1–11

Horrobin DF (1977) Schizophrenia as a prostaglandin deficiency disease. Lancet I:936–937

Kaschka WP (1985a) Klinisch-immunologische Untersuchungen bei neuropsychiatrischen Erkrankungen. Ein Beitrag zur Immunpathologie der Multiplen Sklerose, der Myasthenia gravis und der endogenen Psychosen. Thieme, Stuttgart

Kaschka WP (1985b) Biologische Hypothesen und Theorien zur Ätiopathogenese der Schizophrenie. Nervenheilkunde 4:260–264

Kebabian JW, Calne DB (1979) Multiple receptors for dopamine. Nature 277:93–96

Kim JS, Kornhuber HH, Schmid-Burgk W, Holzmüller B (1980) Low cerebrospinal fluid glutamate in schizophrenic patients and a new hypothesis on schizophrenia. Neurosci Lett 20:379–382

Kringlen E (1987) Contributions of genetic studies on schizophrenia. In: Häfner H, Gattaz WF, Janzarik W (eds) Search for the causes of schizophrenia. Springer, Berlin Heidelberg New York Tokyo, pp 123–142

McGuffin P, Farmer AE, Gottesman JJ (1987) Modern diagnostic criteria and genetic studies of schizophrenia. In: Häfner H, Gattaz WF, Janzarik W (eds) Search for the causes of schizophrenia. Springer, Berlin Heidelberg New York Tokyo, pp 143–156

Negele J, Sauerbrei W, Kaschka WP (1988) Immunologische und virologische Befunde bei psychiatrischen Erkrankungen. In: Beckmann H, Laux G (Hrsg) Biologische Psychiatrie-Synopsis 1986/87. Springer, Berlin Heidelberg New York Tokyo

Randrup A, Munkvad I (1967) Stereotyped activities produced by amphetamine in several animal species and man. Psychopharmacologia 11:300–310

Reynolds GP (1983) Increased concentrations and lateral asymmetry of amygdala dopamine in schizophrenia. Nature 305:527–529

Reynolds GP (1987) Postmortem neurochemical studies in schizophrenia. In: Häfner H, Gattaz WF, Janzarik W (eds) Search for the causes of schizophrenia. Springer, Berlin Heidelberg New York Tokyo, pp 236–240

Rosenthal D (1972) Three adoption studies of heredity in the schizophrenic disorders. Int J Ment Health 1:63–72

Sass H (1987) The classification of schizophrenia in the different diagnostic systems. In: Häfner H, Gattaz WF, Janzarik W (eds) Search for the causes of schizophrenia. Springer, Berlin Heidelberg New York, Tokyo, pp 19–28

Scheid KF (1937) Febrile Episoden bei Schizophrenen. Thieme, Leipzig

Seeman P, Ulpian C, Bergeron C et al. (1984) Bimodal distribution of dopamine receptor densities in brains of schizophrenics. Science 225:728–731

Sheppard G, Gruzelier J, Manchanda R, Hirsch SR, Wise R, Frackowiak R, Jones T (1983) ^{15}O positron emission tomographic scanning in predominantly never-treated acute schizophrenic patients. Lancet II:1448–1452

Terenius L, Wahlström A, Lindström L, Widerlov E (1976) Increased CSF levels of endorphins in chronic psychoses. Neurosci Lett 3:157–162

Verhoeven WMA, Ree JM van, Heezins-van Bentum A, Wied D de, Praag HM van (1982) Antipsychotic properties of des-enkephalin-endorphin in treatment of schizophrenic patients. Arch Gen Psychiatry 39:648–654

2 Neuropathologische Befunde bei Schizophrenien

B. BOGERTS

2.1 Einleitung

In der somatisch orientierten Schizophrenieforschung haben neuropathologische Untersuchungen die älteste und kontroversenreichste Tradition. Nachdem Alzheimer (1897) als erster histologische Veränderungen im Neokortex Schizophrener beschrieben hatte, wurde eine Flut von neuroanatomischen und neuropathologischen Arbeiten veröffentlicht, in denen überwiegend neuronale Veränderungen im Kortex und im Thalamus Schizophrener beschrieben wurden. Keiner dieser Studien gelang es jedoch, ein allgemein anerkanntes neuromorphologisches Substrat schizophrener Erkrankungen nachzuweisen (Peters 1967; Bogerts 1984). Insgesamt erschienen in der ersten Hälfte dieses Jahrhunderts mehr als 250 Arbeiten über neuropathologische Untersuchungen an Gehirnen Schizophrener (Literaturübersichten s. bei David 1957 sowie Kirch u. Weinberger 1986).

Nach dem Ersten Kongreß für Neuropathologie 1952 in Rom, auf dem die Meinungen über neuropathologische Ursachen schizophrener Erkrankungen weit auseinandergingen, wurde die neuropathologisch orientierte Schizophrenieforschung als unergiebig angesehen und weitgehend eingestellt. In der Folgezeit wurde überwiegend versucht, mit Hilfe tiefenpsychologischer Denkmodelle oder mit transmitterchemischen Theorien die Ursachen schizophrener Erkrankungen zu erklären.

Das Interesse an der Hirnstruktur Schizophrener lebte durch die Einführung neuer bildgebender Verfahren in die Psychiatrie wieder auf. In den letzten 10 Jahren konnte durch etwa 60 computertomographische Studien bei Schizophrenen eine Erweiterung der Hirnventrikel festgestellt werden. Dieser Befund bestätigt ältere pneumenzephalographische Untersuchungen (Jacobi u. Winkler 1927; Huber 1961) und kann mittlerweile als der am besten gesicherte biologische Parameter bei Schizophrenien angesehen werden.

Die Ventrikelerweiterung bei Schizophrenen ist nicht Folge der psychiatrischen Behandlung. In keiner der bisherigen Arbeiten konnte ein Einfluß der Hospitalisierungsdauer oder der Dosis und Dauer der neuroleptischen Behandlung auf die Ventrikelgröße festgestellt werden. Am häufigsten wurde die Größe der Seitenventrikel, ausgedrückt in Prozent der zugehörigen Gesamthirnfläche (Ventricle-Brain-Ratio, VBR), ausgemessen. In einigen Studien wurde auch eine Erweiterung des III. Ventrikels, eine mäßige kortikale oder zerebelläre Atrophie beschrieben (Literaturübersichten s. bei Goetz u. van Kammen 1986; Shelton u. Weinberger 1986; Bogerts et al. 1987).

Diese neuroradiologischen Studien weisen auf einen diskreten Mangel an Hirngewebe bei schizophrenen Patienten hin und warfen erneut die Frage auf, ob

Tropon-Symposium, Bd. III
Die Schizophrenien
Hrsg. Kaschka/Joraschky/Lungershausen
© Springer-Verlag Berlin Heidelberg 1988

hirnstrukturelle Veränderungen bei Schizophrenen auch mit neuropathologischen und neuroanatomischen Methoden faßbar sind.

Bisher blieb ungeklärt, ob die Liquorraumerweiterung Schizophrener durch eine mäßige allgemeine Hirnatrophie oder durch mehr hirnregional lokalisierbare Hirnsubstanzdefizite einzelner Areale verursacht ist. Die Beantwortung dieser Frage ist nur mit einer Methode möglich, mit der eine regional differenzierte Quantifizierung des Hirnsubstanzmangels Schizophrener erfolgen kann. Am Beispiel des Morbus Parkinson (Bogerts et al. 1983) und der Chorea Huntington (Lange et al. 1976) wurde bereits aufgezeigt, daß das Ausmaß atrophischer Hirnprozesse durch Volumenmessungen einzelner Hirnareale an Schnittserien von Postmortem-Gehirnen bestimmt werden kann. Wir führten mit der gleichen Methode an Schizophreniegehirnen systematische Messungen der Basalganglien (Striatum, Pallidum, Substantia nigra), der limbischen Strukturen des Temporallappens (Hippokampusformation, Mandelkern) und der großen Kerngruppen des Thalamus durch. Zusätzlich wurden lineare Messungen der Endhirn- und Kleinhirnhemisphären, des Zwischenhirns sowie Zellzahlbestimmungen im Pallidum, in der Hippokampusformation und in den mesenzephalen dopaminergen Systemen durchgeführt.

2.2 Histologisches Material

Es wurden komplette frontale Schnittserien linker Hemisphären von 14 Schizophreniegehirnen (4 Männer, 10 Frauen; mittleres Alter: 40,1 Jahre) und 11 Gehirnen von Kontrollfällen ohne neurologische und psychiatrische Erkrankungen (8 Männer, 3 Frauen; mittleres Alter: 42,6 Jahre) aus der Hirnsammlung des C. u. O. Vogt-Instituts für Hirnforschung der Universität Düsseldorf untersucht. Beide Gruppen hatten ungefähr die gleiche mittlere Autolysedauer: die Zeitspanne zwischen Tod und Fixierung war bei den Normalgehirnen 2–70 h, bei den Schizophreniegehirnen 4–46 h. Alle Patientengehirne wurden zwischen 1928 und 1941 gesammelt; das war vor der Einführung der Neuroleptika in die Therapie. Keiner der Patienten hatte zuvor eine Konvulsiv- oder Insulinbehandlung. Von allen Fällen lag eine umfangreiche Dokumentation der klinischen Symptomatik und des Krankheitsverlaufes vor, in der paranoid-halluzinatorische Symptome (ICD-9 295.3), katatone Symptome (ICD-9 259.2) oder hebephrene Symptome (ICD-9 259.1) beschrieben waren. Die Dauer der Erkrankung reichte von einigen Monaten bis zu 24 Jahren (mittlere Erkrankungsdauer: 11,5 Jahre).

Alle Gehirne wurden einheitlich in 4%iger Formalinimmersion fixiert, in Paraffin eingebettet, in 20 μ dicke frontale Schnittserien zerlegt und nach Heidenhain-Wölcke (Markscheiden) gefärbt.

2.3 Methode der Postmortem-Morphometrie

2.3.1 Volumenbestimmungen

Die Volumenbestimmung erfolgte durch Planimetrie projizierter Vergrößerungen von frontalen, gleichmäßig vom rostralen zum kaudalen Ende verteilten, markscheidengefärbten Schnittserien. Der Abstand zwischen diesen Schnitten betrug ca. 1 mm. Die Volumina wurden aus der Summe der planimetrisch bestimmten Flächen, multipliziert mit dem Abstand zwischen den Schnitten und der Schnittdicke (gemessen mit der Fokussierungsmethode), errechnet.

Ausgewertet wurden:
a) Die Volumina mehrerer Kerne der Basalganglien (Abb. 1):
– der drei Teile des Striatums, das sind Caudatum, Putamen und Nc. accumbens,
– das Pallidum internum und das Pallidum externum (s. Abb. 1 D).
b) Das Volumen des gesamten Thalamus und die Volumina der großen thalamischen Zellgruppen, das sind:
– Nc. medialis, Nc. anterior, Nc. dorsalis superficialis, der laterale Kernkomplex, der zentrale Kernkomplex, das Pulvinar, Nc. reticularis, Corpus geniculatum mediale und Corpus geniculatum laterale.

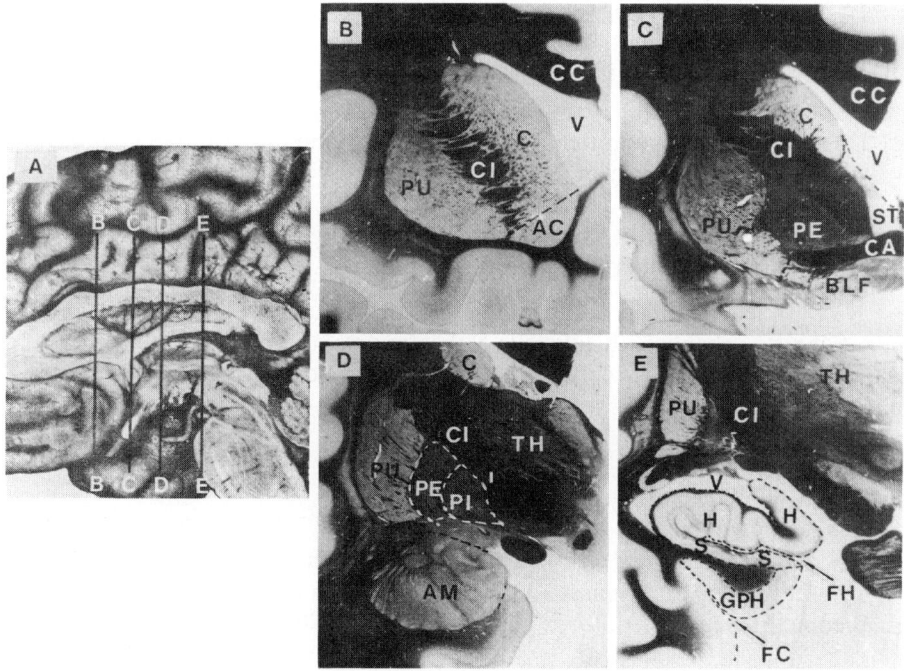

Abb. 1. A Mediale Hemisphärenoberfläche nach Schnitt durch die Hirnmittellinie. Die Linien *B, C, D, E* entsprechen den anatomischen Ebenen von Abb. 1 B–1 E. **B–E** Markscheidengefärbte frontale Schnitte (etwa Originalgröße) linker Hemisphären, auf denen die ausgewerteten Strukturen der Basalganglien und des limbischen Systems zu sehen sind (*AC* Nucleus accumbens, *AM* Amygdala, *BLF* basal limbic forebrain, *C* Caudatum, *CA* Commissura anterior, *CC* Corpus callosum, *CI* Capsula interna, *FC* Fissura collateralis, *FH* Fissura hippocampi, *GPH* Gyrus parahippocampalis, *H* Hippokampus, *PE* Pallidum externum, *PI* Pallidum internum, *PU* Putamen, *S* Subiculum, *ST* Stria terminalis mit bed nucleus, *TH* Thalamus, *V* Unterhorn des Seitenventrikels

CORPUS CALLOSUM (Mittellinienfläche)

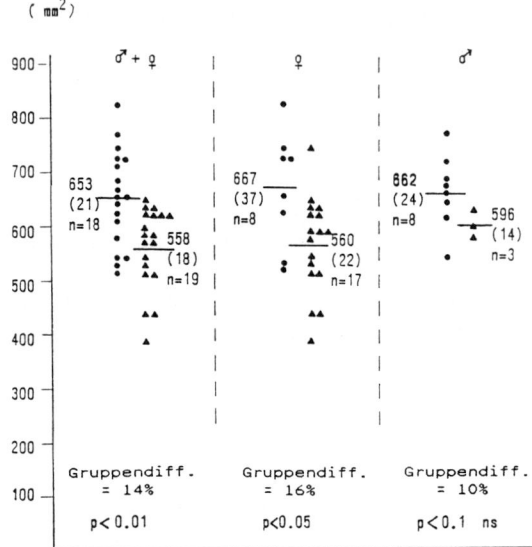

Abb. 2. Punktdiagramm der Mittellinienflächen (in mm²) des Balkens. Für die Planimetrie dieser Fläche standen, wie für alle auf Fotografien gemessenen Parameter, mehr Gehirne zur Verfügung als für die Volumenbestimmungen. *Linke Spalte:* Werte aller männlichen und weiblichen Fälle; *mittlere Spalte:* Werte aller weiblichen Fälle; *rechte Spalte:* Werte aller männlichen Fälle. *Punkte* Kontrollfälle, *Dreiecke* Schizophrene. Man beachte den erheblichen Überlappungsbereich beider Gruppen. Mittelwert (Standardabweichung), Fallzahl, mittlere Gruppendifferenz, *p*-Wert

c) Das Volumen des gesamten Temporallappens und die Volumina der darin liegenden großen limbischen Strukturen:
– des Mandelkerns und der Hippokampusformation (einschließlich Fascia dentata und Subiculum) (Abb. 1 D und 1 E). Zusätzlich wurde das Volumen des Unterhorns des Seitenventrikels bestimmt (Abb. 1 E).

Nicht in jedem Hirn konnten alle o. g. Strukturen ausgewertet werden, da einige Schnitte erhebliche artefizielle Substanzdefekte aufwiesen. Deshalb ist die Zahl der pro Areal ausgewerteten Gehirne oft kleiner als die Gesamtzahl der Gehirne beider Gruppen.

2.3.2 Lineare Messungen

a) An den Schnittserien wurden im Dienzephalon folgende lineare Werte bestimmt (nähere anatomische Details s. bei Lesch u. Bogerts 1984):
– die maximalen horizontalen Durchmesser des Nc. medialis und des Nc. lateralis;
– die Dicke der kaudal direkt den III. Ventrikel umgebenden Strukturen sowohl auf Höhe des Sulcus hypothalamicus als auch im Übergangsbereich zum Aquädukt.
b) Auf 1 : 1-Fotografien, die vor der Präparation von allen Gehirnen gemacht wurden, wurden folgende Parameter linear gemessen:
– die Länge beider Endhirnhemisphären, die maximale Breite der Endhirnhemisphären, die Hemisphärenhöhe, die Länge und Breite beider Kleinhirnhemisphären.

Da in der Sammlung von Vogt alle Gehirne durch einen Medianschnitt in rechte und linke Hemisphären zerlegt wurden, konnte auf den Fotografien auch die Mittellinienfläche des Balkens (Abb. 1 A) planimetriert werden.

Die Messungen an Fotografien konnten an höheren Fallzahlen als die Volumenmessungen an Schnittserien durchgeführt werden (s. Abb. 2).

2.3.3 Zellzahlbestimmungen in der Hippokampusformation und im Pallidum

Im inneren und im äußeren Segment des Globus pallidus (Abb. 1) und in den hippokampalen Segmenten CA_1, CA_2, CA_3, CA_4 wurde die numerische Pyramidenzelldichte durch Zählen der Nucleoli und die absolute Pyramidenzellzahl durch Multiplikation der numerischen Dichten mit den Segmentvolumina bestimmt. In den hippokampalen Segmenten wurden zusätzlich die Gliazellzahlen errechnet.

Alle Messungen wurden blind, d. h. ohne Kenntnis der Gruppenzugehörigkeit, durchgeführt. Weitere morphometrische und anatomische Details s. bei Bogerts (1984), Lesch u. Bogerts (1984) sowie Falkai u. Bogerts (1986).

2.4 Ergebnisse der Postmortem-Studien

2.4.1 Volumenbestimmungen

a) Basalganglien:
- Die Volumina aller drei Teile des Striatums, d. h. des Caudatums, des Putamens und des Nc. accumbens sind bei Normalen und Schizophrenen nahezu gleich.
- Das Pallidum externum weist keine Volumenreduktion bei Schizophrenen auf, wohingegen das Volumen des Pallidum internum signifikant um 14% ($p < 0,05$) verringert ist.
b) Thalamus:
- Das Volumen des gesamten Thalamus wie die Volumina aller großen thalamischen Zellgruppen, d. h. des Nc. medialis, des lateralen Kernkomplexes, des Nc. anterior, des zentralen Kernkomplexes, des Pulvinar, des Nc. reticularis, des Nc. dorsalis superficialis und der Corpora geniculata mediale und laterale sind nicht signifikant different; jedoch zeigen
- der Nc. dorsalis superficialis (-12%), die zentrale Kerngruppe (-20%) und das Pulvinar (-11%) nichtsignifikante Trends zu kleineren Volumina bei Schizophrenen.
c) Temporallappen (Tabelle 1):
- Die zwei großen, medial im Temporallappen gelegenen, limbischen Strukturen sind in der Schizophreniegruppe signifikant kleiner: die Hippokampusformation um 20% ($p < 0,01$), der Mandelkern um 15% ($p < 0,05$).
- Das Unterhorn des Seitenventrikels ist im Mittel um 20% größer; wegen der starken Streubreite erreicht diese Differenz aber nicht das Signifikanzniveau.
- Die Größe des gesamten Temporallappens weist einen Trend zur Volumenreduktion um 10% auf.

Tabelle 1. Volumenmessungen temporaler Strukturen (Werte in mm^3)

	Normal-gehirne		Schizophrenie-gehirne		Differenz	Signifi-kanz-niveau
	$\bar{x}$ (s)	n	$\bar{x}$ (s)	n		
Gesamter Temporallappen	55121 (947)	10	49331 (591)	13	−10%	ns
Hippokampus	3143 (449)	9	2518 (381)	14	−20%	p<0,01
Mandelkern	1701 (190)	10	1490 (263)	12	−15%	p<0,05
Cornu inf. ventr. lat.	428 (144)	7	531 (226)	9	+20%	ns

$\bar{x}$ = Mittelwert, s = Standardabweichung, n = Zahl der ausgewerteten Gehirne, ns = nicht signifikant, p = Signifikanzniveau (BMDP, zweifaktorielle Varianzanalyse).

Das relative Hippokampusvolumen lag bei 7 von 13 Schizophrenen unter dem niedrigsten normalen Wert. Dieses Ergebnis konnte weder durch Gruppenunterschiede des Alters, der Hospitalisierungsdauer, der Autolysedauer, noch durch die unterschiedliche Geschlechtsverteilung (zweifaktorielle Varianzanlayse) erklärt werden.

2.4.2 Lineare Messungen und Flächenmessungen

a) Von den auf Schnittserien bestimmten linearen Parametern des Zwischenhirns war nur die Dicke des periventrikulären Graus an beiden Meßstellen signifikant vermindert: sowohl im Übergangsbereich zum Aquädukt als auch auf Höhe des Sulcus hypothalamicus. Die horizontalen Durchmesser des Nc. medialis und des Nc. lateralis waren unverändert.
b) Alle makroskopisch auf Fotografien durchgeführten Längenmessungen konnten weder an der rechten noch an der linken Hemisphäre Differenzen zwischen Normalen und Schizophrenen aufdecken. Insbesondere waren bei beiden Gruppen die Endhirnhemisphärenlänge, -breite und -höhe, die Kleinhirnhemisphärenlänge und -breite sowie die Abstände Commissura anterior – Commissura posterior – Corpus mamillare ungefähr gleich.
c) Die Mittellinienfläche des Balkens war bei Schizophrenen um 14% signifikant kleiner (Abb. 2).

2.4.3 Zellzahlbestimmungen in der Hippokampusformation und im Pallidum

Durch eine nachträgliche Zuordnung unserer Volumendaten zur klinischen Symptomatik konnte Stevens (1986) feststellen, daß Hippokampus und Mandelkern bei den Patienten besonders klein waren, die eine paranoid-halluzinatorische Symptomatik hatten, wohingegen bei Patienten, die überwiegend katatone Symptome hatten, das Volumen des Pallidums, das dem extrapyramidalmotorischen System zugerechnet wird, reduziert war.

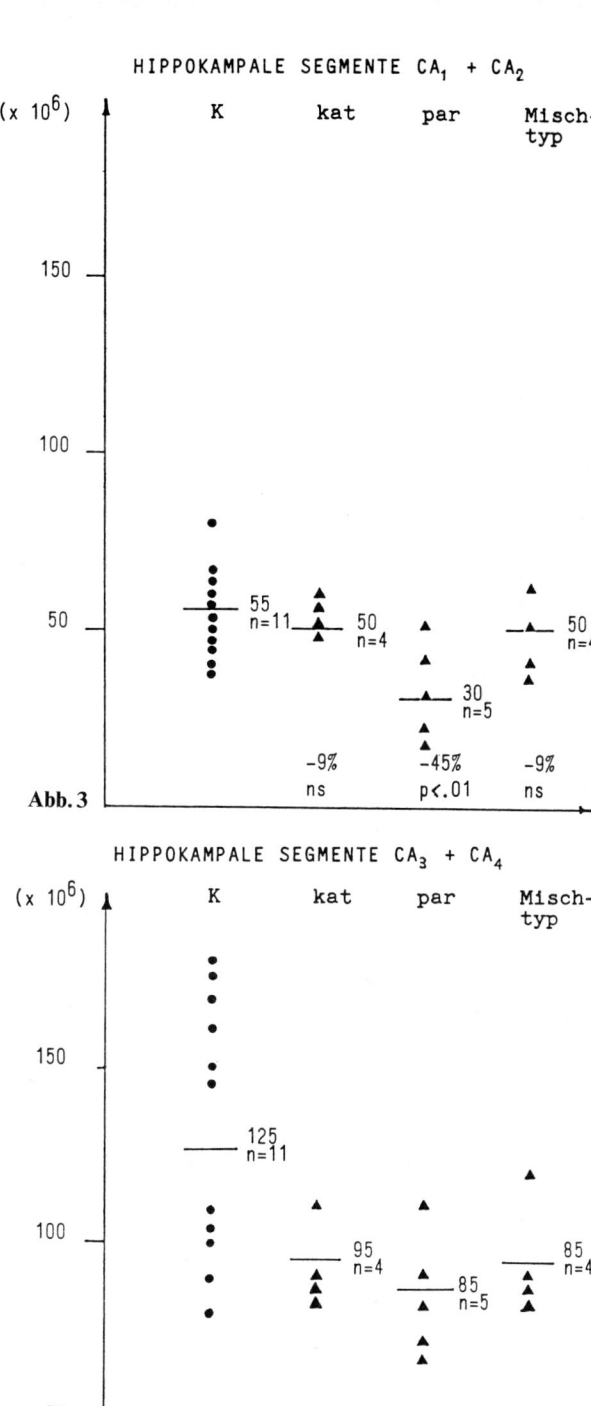

Abb. 3–6. Absolute Zahlen der Pyramidenzellen in den hippokampalen Segmenten CA_1 und CA_2 (Abb. 3), CA_3 und CA_4 (Abb. 4), Pallidum internum (Abb. 5) und Pallidum externum (Abb. 6). Zur Methode der Zellzahlbestimmungen und der anatomischen Abgrenzung s. Falkai und Bogerts (1986). *K* Kontrollfälle, *Kat* Schizophrene mit überwiegend katatoner Symptomatik, *Par* Schizophrene mit überwiegend paranoidhalluzinatorischer Symptomatik, *Mischtyp* Schizophrene mit alternierenden Phasen von paranoid-halluzinatorischer, katatoner und hebephrener Symptomatik. Mittlere Differenz in Prozent des Kontrollmittelwertes; *p* Signifikanzniveau, *ns* nicht signifikant (F-Test)

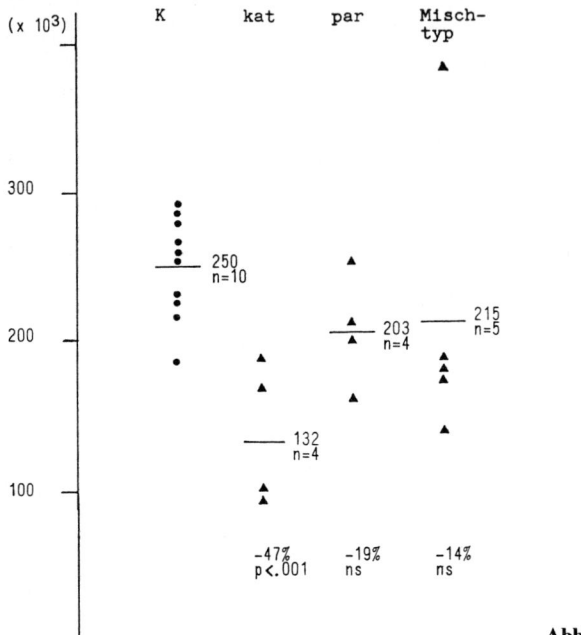

PALLIDUM INTERNUM

Abb. 5

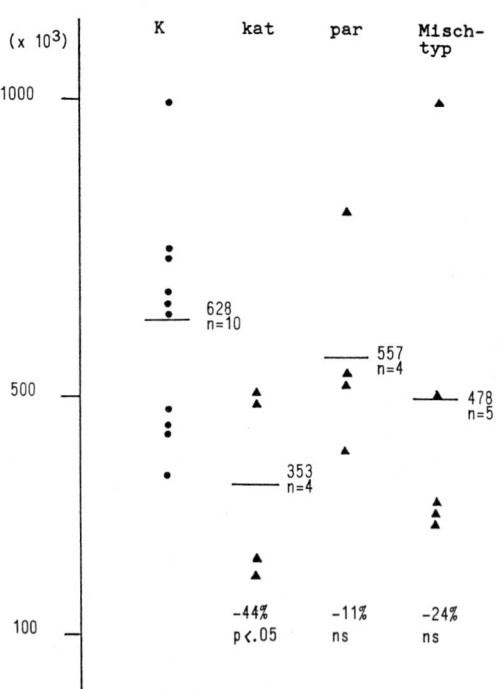

PALLIDUM EXTERNUM

Abb. 6

Mit Hilfe der Nervenzellzählungen konnten wir diese Aussage bestätigen (Bogerts et al. 1986; Falkai u. Bogerts 1986). Paranoid-halluzinatorische Patienten hatten in allen Segmenten der Hippokampusformation signifikant niedrigere Pyramidenzellzahlen als gesunde Kontrollfälle; bei Patienten mit überwiegend katatoner Symptomatik waren die Nervenzellzahlen im Pallidum internum und externum signifikant geringer (s. Abb. 3–6).

Obwohl die Fallzahlen dieser klinischen Untergruppen klein waren, wird es durch die Studie von Stevens (1986) und durch die von uns durchgeführten Nervenzellzählungen wahrscheinlich, daß bestimmten Subtypen schizophrener Erkrankungen verschiedene neuropathologische Substrate zugeordnet werden können.

2.5 Diskussion

Die vorliegenden Daten weisen bei einem Teil schizophrener Patienten auf Substanzdefizite der großen limbischen Strukturen des Temporallappens (Hippokampusformation und Mandelkern), der damit in enger funktioneller Beziehung stehenden dienzephalen periventrikulären Strukturen, des Pallidum internum und des Balkens hin, wohingegen die drei Teile des Corpus striatum (Caudatum, Putamen und Nc. accumbens), das Pallidum externum sowie der gesamte Thalamus einschließlich seiner großen Zellgruppen keine signifikante Volumenminderungen aufweisen.

Macht man das Ausmaß des Volumenmangels zum Maßstab einer Minderfunktion der betroffenen Kerne (was für alle degenerativen Hirnerkrankungen zutrifft), dann kann die Schlußfolgerung gezogen werden, daß einem bedeutenden Anteil der „Gruppe der Schizophrenien" (Bleuler 1911) eine pathologische Hirnstruktur zugrunde liegt, deren Schwerpunkt nach ersten Ergebnissen bei paranoid-halluzinatorischen Schizophrenien im medialen Temporallappen, bei katatonen Patienten im Pallidum zu liegen scheint.

Durch gut kontrollierte morphometrische Untersuchungen von Postmortem-Gehirnen konnte in den letzten 3 Jahren von mehreren Gruppen unabhängig voneinander bewiesen werden, daß in den zentralen limbischen Strukturen des Temporallappens histopathologische Veränderungen in Form von Parenchymverlusten (Bogerts 1984; Bogerts et al. 1985; Brown et al. 1986; Jeste u. Lohr 1986), pathologischen Zellanordnungen (Kovelmann u. Scheibel 1984) und verminderten Nervenzellzahlen (Falkai u. Bogerts 1986; Falkai et al. 1987; Jeste u. Lohr 1986) vorliegen (Tabelle 2a). Auch in dem zum limbischen System gehörenden Gyrus cinguli konnte morphometrisch eine pathologische Anordnung der Nervenzellen nachgewiesen werden (Benes 1987) (Tabelle 2).

Einige qualitative Studien lieferten zusätzliche Hinweise auf histopathologische Veränderungen limbischer Strukturen im medialen Temporallappen (Nieto u. Escobar 1972; Scheibel u. Kovelman 1981; Stevens 1982; Jakob u. Beckmann 1986) (Tabelle 3).

Die physiologische Bedeutung des limbischen Systems wurde erst in den 40er und 50er Jahren erkannt (Papez 1937; McLean 1952). Gegen Ende des letzten Jahrhunderts und in der ersten Hälfte dieses Jahrhunderts, in der die bei weitem

Tabelle 2. Nachweis limbischer Strukturdefizite bei Schizophrenen durch morphometrische postmortem Studien

Bogerts et al. (1982, 1984)	Kleinere Volumina von Hippokampus, Gyrus parahippocampalis und Mandelkern
Lesch u. Bogerts (1984)	Verminderte Dicke des periventrikulären dienzephalen Graus
Kovelman u. Scheibel (1984)	Pathologische Anordnung der Pyramidenzellen im Hippokampus
Brown et al. (1986)	Erweitertes Unterhorn, geringere Dicke des Gyrus parahippocampalis
Falkali u. Bogerts (1986)	Verminderte Nervenzellzahl in allen Hippokampus-segmenten (CA 1–CA 4)
Jeste u. Lohr (1986)	Kleineres Volumen des Hippokampus, verminderte Nervenzellzahl in allen Hippokampussegmenten
Benes (1987)	Pathologische Anordnung der Nervenzellen im Gyrus cinguli

Tabelle 3. Qualitative Hinweise auf limbische Strukturdefekte bei Schizophrenen

Nieto u. Escobar (1972)	Gliosen im Hippokampus und Mandelkern in 4 von 10 Fällen
Scheibel u. Kovelman (1981)	Pathologische Anordnung der Pyramidenzellen im Hippokampus
Stevens (1982)	Gliosen im Hippokampus und Mandelkern in 9 von 28 Fällen
Jakob u. Beckmann (1986)	Pathologische Struktur des limbischen Allokortex und der Inselrinde

überwiegende Zahl neuropathologischer Arbeiten an Gehirnen Schizophrener erschien, wurden die limbischen Strukturen weitgehend dem olfaktorischen System zugeordnet, für das kein besonderes klinisches und neuropathologisches Interesse bestand. Nur ein Autor machte kurze Randbemerkungen über Zellveränderungen im Ammonshorn Schizophrener (Josephy 1923); ansonsten wurden die großen limbischen Kerne im Temporallappen in dieser Etappe neuropathologischer Schizophrenieforschung vollständig übersehen.

Die genannten morphometrischen Daten sind nur eine formale Deskription der hirnstrukturellen Veränderungen bei Schizophrenen. Anhaltspunkte über deren Ursachen lassen sich daraus nicht gewinnen. Begrenzte Aussagen über die Ätiologie neuropathologischer Veränderungen kann man aus dem Verhalten der Neuroglia herleiten. In Kindheit und Erwachsenenalter auftretende Hirnläsionen (z. B. Traumen, Infektionen) und atrophisierende Prozesse, wie sie bei allen degenerativen Hirnerkrankungen (z. B. Chorea Huntington, M. Parkinson, M. Pick, M. Alzheimer) auftreten, gehen regelmäßig mit einer absoluten oder relativen Gliose einher; pränatal auftretende Hirnschädigungen rufen dagegen keine Gliose hervor, da das unreife Hirn zu einer gliösen Reaktion noch nicht fähig ist; auch perinatale Hypoxien führen oft nur zu einer vorübergehenden, später nicht mehr nachweisbaren gliösen Reaktion (Oyanagi et al. 1986; Smith et al. 1986).

Durch die an Nissl-gefärbten Schnittserien der Vogtschen Sammlung durchgeführten Bestimmungen der Gliazellzahlen in den hippokampalen Segmenten CA_1–CA_4 sowie in der daran angrenzenden Subicularregion und in der Regio entorhinalis (Falkai u. Bogerts 1986; Falkai et al. 1987) konnten im Vergleich zur Kontrollgruppe trotz signifikant geringerer Nervenzellzahlen bei Schizophrenen in keiner dieser Regionen signifikante Differenzen in den Gliazellzahlen gefunden werden. Auch in drei weiteren quantitativen Studien konnte weder im limbischen medialen Temporallappen noch in anderen Hirnregionen Schizophrener eine Gliose nachgewiesen werden (Roberts et al. 1986, 1987; Benes 1987).

Das Fehlen einer reaktiven Gliose macht aktuell vorliegende pathologische Prozesse (z. B. Viruserkrankungen, autoimmunologische Erkrankungen, degenerative Erkrankungen) unwahrscheinlich und weist stattdessen darauf hin, daß die Strukturabweichungen der limbischen Endhirnteile schon bei der Geburt vorliegen, d. h. pränataler oder perinataler Genese sind.

Die Annahme einer dysontogenetischen Störung im limbischen Temporallappen Schizophrener wurde auch aus der qualitativen Beobachtung einer gestörten Zytoarchitektonik in der Regio entorhinalis hergeleitet (Jakob u. Beckmann 1986).

Die ätiologische Bedeutung perinataler Faktoren wird durch mehrere Studien belegt, die anamnestisch bei etwa 20% der schizophrenen Patienten mit Hypoxie einhergehende Geburtskomplikationen nachweisen konnten (Lewis u. Murray 1987; McNeil 1987). Die für perinatale Hypoxie vulnerabelsten Strukturen sind die Hippokampusformation und das Pallidum (Friede 1975); beide Strukturen weisen bei Schizophrenen Substanzdefizite auf.

Hirnsubstanzdefizite ohne begleitende Gliose können auch durch eine hereditär-konstitutionell bedingte Minderanlage erklärt werden.

Auch sollte daran gedacht werden, daß das Gehirn eine beachtliche, von sensorischen Reizen abhängige morphologische Plastizität aufweist und daß ein Mangel an psychosozialen Stimuli – besonders in sensiblen frühkindlichen Phasen – ein vermindertes Größenwachstum der unterbeanspruchten Hirnteile zur Folge haben kann (Walsh 1981). Neben prä- und perinatalen Hirnschädigungen und erblich-konstitutionell bedingten Strukturvariationen sind somit auch bestimmte frühkindliche psychosoziale Ursachen mit den neuromorphologischen Befunden bei Schizophrenen durchaus vereinbar.

2.6 Zusammenfassung

Zur Klärung der Frage, ob die mit neuroradiologischen Methoden nachgewiesene Liquorraumerweiterung vieler Schizophrener durch eine allgemeine Hirnatrophie oder durch mehr regional lokalisierbare Hirnsubstanzdefizite verursacht ist, wurden in linken Hirnhemisphären von insgesamt 14 schizophrenen Patienten und 11 Vergleichsfällen aus der Hirnsammlung des C. u. O. Vogt-Institutes für Hirnforschung der Universität Düsseldorf die Volumina mehrerer Teile der Basalganglien, des Zwischenhirns und des limbischen Systems durch Planimetrie von markscheidengefärbten Schnittserien bestimmt. Zusätzlich wurden in beiden Teilen des Pallidums und in den hippokampalen Segmenten CA_1 bis CA_4 Zellzahlbestimmungen durchgeführt.

Die großen limbischen Strukturen des Temporallappens (Mandelkern, Hippokampusformation), das in direkter Nachbarschaft zum III. Ventrikel liegende periventrikuläre Grau, das Pallidum internum und der Balken sind bei Schizophrenen signifikant kleiner, wohingegen das Pallidum externum, die drei Teile des Striatums (Caudatum, Putamen, Nc. accumbens) und alle großen thalamischen Zellgruppen keine signifikanten Volumenminderungen aufweisen.

Schizophrene Patienten mit einer überwiegend katatonen Symptomatik hatten im Pallidum internum und externum geringere Nervenzellzahlen; Patienten mit dominierender paranoidhalluzinatorischer Symptomatik wiesen geringere Zellzahlen in der Hippokampusformation auf. Alle makroskopisch auf Fotografien gemessenen linearen Parameter der Endhirn- und Kleinhirnhemisphären waren bei den Schizophrenen im Normbereich.

Da in den limbischen Strukturen des Temporallappens Schizophrener keine Gliose nachgewiesen werden konnte, ist das Vorliegen eines atrophisierenden Hirnprozesses unwahrscheinlich. Als Ursache der limbischen Strukturdefizite kommt eher eine dem Erkrankungsbeginn schon lange vorausgehende Minderentwicklung dieser Hirnteile in Frage.

Literatur

Alzheimer A (1897) Beiträge zur pathologischen Anatomie der Hirnrinde und zur anatomischen Grundlage einiger Psychosen. Monatsschr Psychiatr Neurol 2:82–120

Benes FM (1987) An analysis of the arrangement of neurons in the cingulate cortex of schizophrenic patients. Arch Gen Psychiatry 44:608–616

Bleuler E (1911) Dementia praecox oder die Gruppe der Schizophrenien. In: Aschaffenburg G (Hrsg) Handbuch der Psychiatrie, Teil 4. Deuticke, Leipzig, S 230

Bogerts B (1984) Zur Neuropathologie der Schizophrenien. Fortschr Neurol Psychiat 52:428–437

Bogerts B, Häntsch J, Herzer M (1983) A morphometric study of the dopamine containing cell groups in the mesencephalon of normals, Parkinson patients and schizophrenics. Biol Psychiatry 18:951–960

Bogerts B, Meertz E, Schönfeld-Bausch R (1985) Basal ganglia and limbic system pathology in schizophrenia. Arch Gen Psychiatry 42:784–791

Bogerts B, Falkai P, Tutsch J (1986) Cell numbers in the pallidum and hippocampus of schizophrenics. In: Shagass C et al. (eds) Biological psychiatry. Elsevier, Amsterdam, pp 1178–1180

Bogerts B, Wurthmann C, Piroth HD (1987) Hirnsubstanzdefizit mit paralimbischem und limbischem Schwerpunkt im CT Schizophrener. Nervenarzt 58:97–106

Brown R, Colter N, Corsellis JAN et al. (1986) Postmortem evidence of structural brain changes in schizophrenia. Differences in brain weight, temporal horn area and parahippocampal gyrus compared with affective disorder. Arch Gen Psychiatry 43:36–42

David GB (1957) The pathological anatomy of the schizophrenias. In: Richter D (ed) Schizophrenia: Somatic aspects. Pergamon Press, London, pp 93–130

Falkai P, Bogerts B (1986) Cell loss in the hippocampus of schizophrenics. Eur Arch Psychiatr Neurol Sci 236:154–161

Falkai P, Bogerts B, Rozumek M (1988) Cell loss and volume reduction in the entorhinal cortex of schizophrenics. Biol Psychiatry (in press)

Friede RL (1975) Developmental neuropathology. Springer, Heidelberg New York

Goetz KL, Kammen DP van (1986) Computerized axial tomographic scans and subtypes of schizophrenia. J Nerv Ment Dis 174:31–41

Huber G (1961) Chronische Schizophrenie: Synopsis klinischer und neuroradiologischer Untersuchungen an defekt-schizophrenen Anstaltspatienten. Hüthig, Heidelberg

Jacobi W, Winkler H (1927) Encephalographische Studien an chronisch Schizophrenen. Arch Psychiatr Nervenkr 81:299–332

Jakob J, Beckmann H (1986) Prenatal developmental disturbances in the limbic allocortex in schizophrenics. J Neural Transmiss 65:303–326

Jeste DV, Lohr A (1986) Hippocampal pathology in neuropsychiatric illness. Paper presented at the 139. Annual Meeting of American Psychiatric Association, Washington

Josephy H (1923) Beiträge zur Histopathologie der Dementia praecox. Z Neurol 86:391–408

Kirch D, Weinberger DR (1986) Anatomical neuropathology in schizophrenia: Post mortem findings. In: Nasrallah HA, Weinberger DR (eds) The neurology of schizophrenia. Elsevier, New York, pp 325–348

Kovelmann JA, Scheibel AB (1984) A neurohistological correlate of schizophrenia. Biol Psychiatry 19:1601–1621

Lange H, Thörner G, Hopf A, Schröder KF (1976) Morphometric studies of the neuropathological changes in choreatic diseases. J Neurol Sci 28:401–425

Lesch A, Bogerts B (1984) The diencephalon in schizophrenia: Evidence for reduced thickness of the periventricular grey matter. Eur Arch Psychiatr Neurol Sci 234:212–219

Lewis SW, Murray RM (1987) Obstetric complications, neurodevelopmental deviance and risk of schizophrenia. J Psychiatr Res 21:413–421

McLean PD (1952) Some psychiatric implications of physiological studies on frontotemporal portion of limbic system (visceral brain). Electroencephalogr Clin Neurophysiol 4:407–418

McNeil TF (1987) Perinatal factors in the development of schizophrenia. In: Helmchen H, Henn F (eds) Dahlem workshop on biological perspectives in schizophrenia, pp 125–138

Nieto D, Escobar A (1972) Major psychoses. In: Minkler J (ed) Pathology of the nervous system. McGraw-Hill, New York, pp 2654–2665

Oyanagi K, Yoshida Y, Icuta F (1986) The chronology of lesion repair in the developing rat brain: Biological significance of the pre-existing extracellular space. Virchows Arch [A] 408:347–359

Papez JW (1937) A proposed mechanism of emotion. Arch Neurol Psychiatry 38:725–743

Peters G (1967) Neuropathologie und Psychiatrie. In: Gruhle HW, Jung R, Mayer-Gross W, Müller M (Hrsg) Psychiatrie der Gegenwart, Bd I/1 A. Springer, Berlin Heidelberg New York, S 280–298

Roberts GW, Colter N, Lofthouse R, Bogerts B, Zech M, Crow TJ (1986) Gliosis in schizophrenia: A survey. Biol Psychiatry 21:1043–1050

Roberts GW, Colter N, Lofthouse R, Johnstone EC, Crow TJ (1987) Is there gliosis in schizophrenia? Investigations of the temporal lobe. Biol Psychiatry 22:1459–1468

Scheibel AB, Kovelman JA (1981) Disorientation of the hippocampal pyramidal cells and its processes in the schizophrenic patient. Biol Psychiatry 16:101–102

Shelton RC, Weinberger DR (1986) X-ray computerized tomography studies in schizophrenia: A review and synthesis. In: Nasralla HA, Weinberger DR (eds) The neurology of schizophrenia. Elsevier, New York, pp 207–250

Smith EM, Miller RH, Silver J (1986) Changing role of forebrain astrocytes during development, regenerative failure, and induced regeneration upon transplantation. J Comp Neurol 251:23–43

Stevens JR (1982) Neuropathology of schizophrenia. Arch Gen Psychiatry 39:1131–1139

Stevens JR (1986) Clinicopathological correlations in schizophrenia. Arch Gen Psychiatry 43:715–716

Walsh RN (1981) Effects of environmental complexity and deprivation on brain anatomy and histology: A review. Intern J Neurosci 12:33–51

3 Mögliche Beteiligung einer Störung der Gehirnmaturation an der Ätiopathogenese der Schizophrenie

W. F. GATTAZ und T. GASSER

3.1 Einleitung

Am Anfang des Jahrhunderts widmete Emil Kraepelin (1909) ein Kapitel seines Buches über Dementia praecox dem Thema morbide Anatomie. In einer Übersicht der damals vorhandenen Literatur über neuropathologische Untersuchungen bei Dementia praecox schrieb Kraepelin „... im Cortex finden wir eine bedeutende und ausgedehnte Erkrankung des Nervengewebes" und ferner „... ein diffuser Verlust an kortikalen Zellen konnte nachgewiesen werden".

Wenige Jahre später wurde die Pneumenzephalographie (PEG) durch Dandy (1918) eingeführt und erlaubte somit zum erstenmal die Untersuchung der Hirnstrukturen in vivo. Die erste pneumenzephalographische Studie bei Schizophrenen wurde von Jakoby u. Winkler (1927) publiziert. Diese Autoren untersuchten das ventrikuläre System bei 19 chronisch schizophrenen Patienten und fanden ein „Hydrocephalus internus" bei 18 dieser Patienten. Diese Untersuchung wurde von ca. 35 pneumenzephalographischen Studien gefolgt, die zum größten Teil die Befunde einer Hirnatrophie bei schizophrenen Patienten beobachtet haben. Von besonderem Interesse sind hier die Studien der Gruppe um Gerd Huber (1957, 1975), die systematisch nach einem psychopathologischen Korrelat der Hirnatrophie bei Schizophrenen gesucht haben. Diese Autoren berichteten, daß die Hirnatrophie nicht bei allen, sondern vorwiegend bei den chronisch schizophrenen Patienten beobachtet wurde, bei den Patienten in reinem residuellen Zustand. Darüber hinaus fanden Huber et al., daß das Ausmaß der Atrophie mit der sog. „Reduktion des energetischen Potentials" korreliert, etwas, was wir heute im Rahmen der negativen Symptomatik definieren würden.

Jedoch müssen die Ergebnisse der pneumenzephalographischen Untersuchungen mit Zurückhaltung betrachtet werden. Denn zum einen – da die Pneumenzephalographie an sich ein invasives, nicht ohne Risiko behaftetes Verfahren darstellt – war es für die damaligen Studien schwierig, adäquate Kontrollgruppen zu gewinnen. Zum anderen wurden die damaligen Untersuchungen ohne die Anwendung operationalisierter diagnostischer Kriterien durchgeführt, so daß die Vergleichbarkeit der Ergebnisse der verschiedenen Studien nicht gewährleistet werden konnte.

3.2 Computertomographische Studien

In den 70er Jahren wurde die Computertomographie (CT) eingeführt und erlaubte somit, die Untersuchung der Hirnstrukturen durch eine reliable und nichtinva-

Tropon-Symposium, Bd. III
Die Schizophrenien
Hrsg. Kaschka/Joraschky/Lungershausen
© Springer-Verlag Berlin Heidelberg 1988

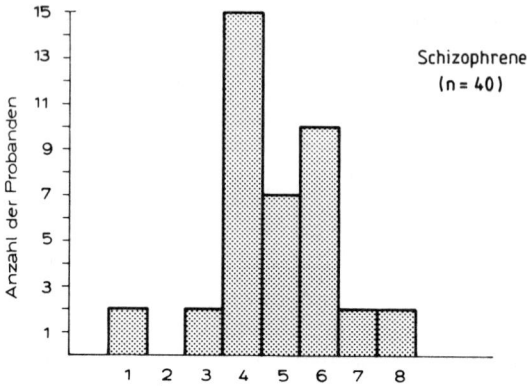

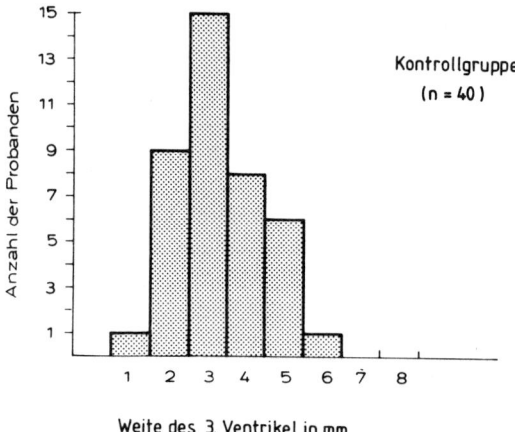

Abb. 1. Weite des III. Ventrikels bei 40 schizophrenen Patienten und 40 nach Geschlecht und Alter parallelisierten Kontrollpersonen

sive Methode durchzuführen. Die erste CT-Untersuchung bei Schizophrenen wurde 1976 von Johnstone et al. publiziert. Diese Autoren untersuchten das ventrikuläre System bei 17 schizophrenen Patienten im Vergleich zu 8 Kontrollpersonen und fanden bei den Schizophrenen eine statistisch signifikante ventrikuläre Erweiterung. Dieser Befund wurde in verschiedenen Studien repliziert, jedoch wurde auch in der Literatur über negative Ergebnisse berichtet (Seidman 1983; Weinberger et al. 1983).

1981 untersuchten wir computertomographisch die Weite des III. Ventrikels bei 40 schizophrenen Patienten im Vergleich zu 40 nach Geschlecht und Alter parallelisierten Kontrollpersonen. Wir fanden ebenfalls, daß die schizophrenen Patienten im Vergleich zu den Kontrollen eine signifikante Erweiterung des III. Ventrikels zeigten. Jedoch blieb der Mittelwert der schizophrenen Patienten als eine Gruppe noch innerhalb der Grenzen der Normalwerte (Abb. 1). Solche Befunde wurden auch von Weinberger et al. (1979) beobachtet, und sie weisen darauf hin, daß das Ausmaß der Atrophie bei Schizophrenen nie so dramatisch ist, wie sie in den PEG-Untersuchungen beobachtet wurden, sondern eher gering bis mäßig.

Außer der ventrikulären Erweiterung wurden auch andere CT-Abnormitäten bei Schizophrenen beobachtet, wie z. B. kortikale Atrophie, zerebellare Atrophie und erniedrigte kortikale Dichte. Coffman u. Nasrallah (1985) untersuchten simultan die verschiedenen computertomographischen Parameter bei Schizophrenen und fanden, daß die atrophischen Veränderungen nicht umschrieben sind, sondern daß sie die verschiedenen Hirnareale unabhängig voneinander betreffen. All dies weist auf das Vorhandensein einer eher diffusen Hirnatrophie bei einer Subgruppe schizophrener Patienten hin.

Obwohl in der Literatur eine qualitative Übereinstimmung bezüglich CT-Veränderungen bei Schizophrenen herrscht, besteht andererseits noch keine Übereinstimmung bezüglich der Prävalenzraten der atrophischen Befunde. Zum Beispiel variierten die Prävalenzraten der ventrikulären Erweiterung – die am häufigsten beobachtete Veränderung bei Schizophrenen – zwischen 6% und 60% in den verschiedenen Studien (Seidman 1983). Einige Faktoren könnten zur Heterogenität der Befunde beitragen, wie z. B. (1) die Untersuchung heterogener Stichproben in den verschiedenen Studien (in bezug auf Alter, Geschlechtsverteilung, psychopathologischem Zustand u. a.); (2) die Untersuchung unterschiedlicher CT-Meßgrößen, weil die CT-Veränderungen bei Schizophrenen in verschiedenen Hirnstrukturen beobachtet werden. Es ist deshalb nicht unwahrscheinlich, daß dies auch zu einer unterschiedlichen Prävalenz führt; (3) der Gebrauch unterschiedlicher Kriterien für die Definition der Atrophie. Weinberger et al. (1979) schlugen z. B. vor, daß Atrophie definiert wird, wenn der Wert des Seitenventrikels über zwei Standardabweichungen in bezug der Kontrollwerte steht. Andere Kriterien verlangen z. B. ein Ventrikel-zu-Hirn-Verhältnis größer als 10%, oder kortikale Furchen breiter als 3 mm u. a.

An dieser Stelle soll betont werden, daß die o. g. atrophischen Veränderungen für die Schizophrenie nicht spezifisch sind, sie können auch bei anderen neuropsychiatrischen Erkrankungen vorkommen sowie auch z. T. bei psychisch gesunden Personen. Jedoch ist es nicht unwahrscheinlich, daß die schizophrenen Patienten mit einer Hirnatrophie eine ätiologisch homogenere Subgruppe der Erkrankung darstellen können. Deswegen scheint es uns wichtig zu sein, diese Subgruppe genauer zu identifizieren und dann bei ihr andere Variablen zu untersuchen, die zur Entwicklung der Hirnatrophie von Bedeutung sein könnten. Ein Forschungsansatz für diesen Zweck sollte die o. g. methodischen Schwierigkeiten überwinden, nämlich (1) die Methode sollte empfindlich genug sein, um gering bis mäßige Atrophien zu identifizieren; (2) man sollte simultan die verschiedenen CT-Parameter untersuchen und (3) ein normativer Ansatz für die Definition der Atrophie sollte angewandt werden, d. h. die Definition der Atrophie sollte unabhängig von A-priori-Kriterien sein, sondern sich ausschließlich auf eine parallelisierte Kontrollgruppe beziehen. Eine solche Möglichkeit bietet die simultane Auswertung computertomographischer Parameter durch multidimensionale Skalierung.

In einer kürzlich durchgeführten Studie untersuchten wir 12 CT-Parameter bei 30 schizophrenen Patienten im Vergleich zu 30 nach Alter und Geschlecht angeglichenen Kontrollpersonen. Wir haben diese Daten mittels multidimensionaler Skalierung ausgewertet. Von den ursprünglichen 12 Dimensionen, durch die jeder Proband und Patient im CT repräsentiert wird, wird eine 2dimensionale

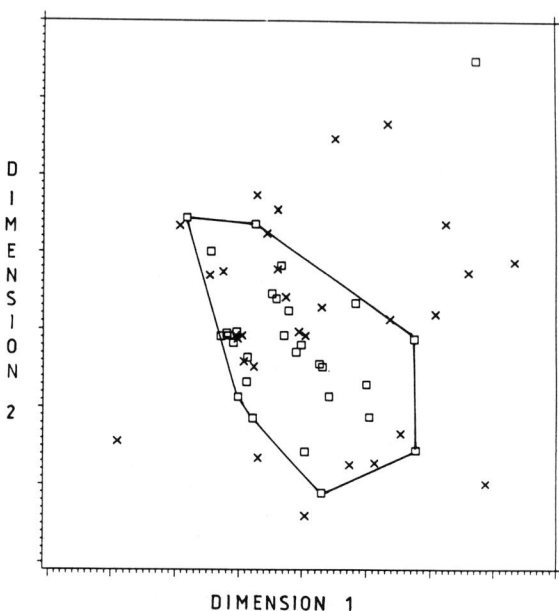

Abb. 2. Zweidimensionale Darstellung der 12 CT-Parameter bei 30 schizophrenen Patienten (x) und 30 nach Geschlecht und Alter paraellisierten Kontrollpersonen (□)

Darstellung gesucht, die möglichst viel Information aus allen 12 Dimensionen kondensiert. Durch die Kontrollgruppe kann ein normatives Gebiet definiert werden. Die Patienten werden dann in zwei Subgruppen aufgeteilt, nämlich solche, die im normativen CT-Gebiet liegen, und solche, die außerhalb liegen. Zu unserer Stichprobe lagen 17 Patienten innerhalb (d. h. tendenziell normaler CT-Befund) und 13 Patienten außerhalb (d. h. tendenziell pathologischer CT-Befund) dieses normativen Gebietes (Abb. 2).

Diese Patienten wurden bezüglich demographischer und klinischer Variablen verglichen (Tabelle 1). Wir fanden hier keinen Unterschied zwischen Patienten außerhalb und innerhalb der normativen Region bezüglich Alters- und Geschlechtsverteilung, sowie bezüglich Alter bei Ersterkrankung, Dauer der Erkrankung, Anzahl und Dauer psychiatrischer Hospitalisierungen. Diese Befunde weisen darauf hin, daß diese Variablen nicht für die Entstehung der CT-Abweichungen in unserer Stichprobe verantwortlich waren.

Die 30 Patienten wurden dann – blind bezüglich der CT-Parameter – standardisiert mit Haloperidol über 3 Wochen behandelt. Es bestand kein Unterschied der mittleren Tagesdosis von Haloperidol zwischen beiden Gruppen. Die klinische Besserung im Lauf der Behandlung wurde mit Hilfe der Brief Psychiatric Rating Scale (BPRS) erfaßt, und wir fanden in unserer Stichprobe, daß Patienten außerhalb der normativen Region, d. h. Patienten mit diskreten atrophischen Befunden im CT, eine ungünstigere Ansprechbarkeit auf die neuroleptische Behandlung zeigten im Vergleich zu Patienten innerhalb der normativen Region, d. h. ohne abweichende CT-Werte ($p < 0,01$) (Abb. 3). Diese Befunde stehen in Überein-

Tabelle 1. Demographische und klinische Variablen der Patienten außerhalb und innerhalb der normativen Region der CT-Parameter

	Außerhalb ($n=13$)	Innerhalb ($n=17$)
Alter	$31,1\pm11,8$	$28,3\pm5,9$
Geschlecht	6 M; 7 F	6 M; 11 F
Krankheitsdauer[a]	$4,8\pm6,0$	$2,7\pm4,1$
Anzahl Hospitalisationen	$2,9\pm4,3$	$2,3\pm1,5$
Gesamt-Hospitalisationsdauer[b]	$22,9\pm40,6$	$17,9\pm30,8$
Haloperidol (mg/Tag)	$11,6\pm8,2$	$9,9\pm8,2$

[a] Jahre; [b] Wochen

stimmung mit anderen Studien, die über einen Zusammenhang zwischen atrophischen Befunden bei Schizophrenen und einer ungünstigeren therapeutischen Ansprechbarkeit berichteten (Übersicht s. Seidman 1983).

In der Literatur finden sich Hinweise, daß die computertomographischen Veränderungen bei Schizophrenen mit anderen neurodiagnostischen Parametern korrelieren, die auf das Vorhandenensein einer diffusen Hirndysfunktion bei diesen Patienten hinweisen. So fanden sich Berichte von Korrelation zwischen CT-Veränderungen und neurologischen und neuropsychologischen Defiziten als auch mit elektroenzephalographischen Veränderungen.

Zusammenfassend kann festgestellt werden, daß für eine Subgruppe schizophrener Patienten neuroradiologische Anzeichen von Hirnatrophie nachgewiesen sind. Ein solcher Befund ist häufiger für ungünstige Formen der Erkrankung und ist oft von neurologischen und neuropsychologischen Beeinträchtigungen begleitet. Es ist jedoch wenig über die Pathogenese solcher abnormaler Befunde bekannt. Neben Geburtskomplikationen und Schädelverletzungen wurden vor allem genetische Faktoren für die Hirnatrophie in der Schizophrenie diskutiert. Nasrallah et al. (1983) fanden bei schizophrenen Patienten mit einem großen Ven-

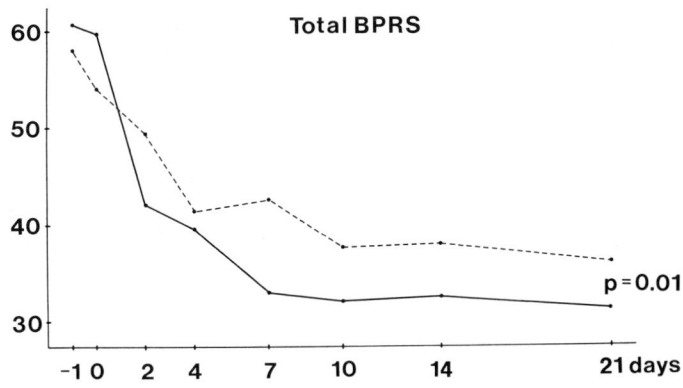

Abb. 3. Dreiwöchige therapeutische Ansprechbarkeit (Brief Psychiatric Rating Scale) bei 13 schizophrenen Patienten außerhalb (–––––) und 17 schizophrenen Patienten innerhalb (——) der normativen Region der CT-Parameter

trikel-zu-Hirn-Verhältnis häufiger schizophrene Verwandte ersten Grades. DeLi-si et al. (1986) hat kürzlich diese Befunde bestätigt und erweitert. Andere Gruppen konnten diese Befunde hingegen nicht bestätigen (Pearlson et al. 1985) oder fanden im Gegensatz dazu eine signifikante Häufung von Hirnatrophie bei nicht-genetischer Schizophrenie (Revely et al. 1984). Die Heterogenität dieser Befunde könnte eine heterogene Ätiologie für Hirnatrophie bei schizophrenen Patienten widerspiegeln. Nasrallah et al. (1983) schlugen vor, daß "... it is quite possible that while ventricular enlargement in some schizophrenic patients is due to a strong genetic loading, in others it may be related to non-genetic factors such as viral/immunologic processes, perinatal brain damage or head injury".

3.3 Strukturelle Hirnabnormitäten und Gehirnmaturation

Im folgenden werden wir einen möglichen konzeptionellen Rahmen für Hirnma-turation und Plastizität geben, der sich als hypothetisches Modell für die neuro-anatomischen Veränderungen bei schizophrenen Patienten (oder besser, einer Subgruppe) eignen könnte. Es sind hierfür eine Reihe von Ergebnissen aus der Grundlagenforschung bekannt, und Analogie und Plausibilitätsüberlegungen lassen diese Konzepte für die Schizophrenie interessant erscheinen. Es ist aber klar, daß zum heutigen Zeitpunkt von einer stringenten Deduktion noch keine Rede sein kann.

Die Möglichkeit kann nicht ausgeschlossen werden, daß die atrophischen Be-funde bei chronischen Schizophrenen eher als Folge einer chronischen Erkran-kung und ihrer Behandlung zustande kommen können. Jedoch sprechen die fol-genden Tatsachen dagegen:

a) Die ersten Befunde von Hirnatrophie bei Schizophrenen durch pneumenze-phalographische Studien wurden vor der Anwendung der modernen psychia-trischen Therapien (wie ESB oder Neuroleptika) beschrieben.

b) In mehreren Studien fanden sich keine Korrelationen zwischen dem Ausmaß der Atrophie und der Dauer der Erkrankung sowie der Dauer der psychiatri-schen Hospitalisierungen.

c) Die atrophischen Befunde wurden auch bei jungen, ersterkrankten schizo-phrenen Patienten beobachtet, und diese Befunde korrelierten mit prämorbi-den Persönlichkeitsstörungen und unzulänglicher sozialer Anpassung.

Diese Daten legen nahe, daß die strukturellen Hirnabnormitäten bereits vor der klinischen Manifestation der Psychose vorhanden sind und von einer früheren Störung in der Hirnmaturation her resultieren könnten. Diese Ansicht ist un-längst in der Literatur vertreten worden (Feinberg 1983; Haracz 1985) und ist in Übereinstimmung mit experimentellen Daten über die Prozesse, die an der neu-ronalen Plastizität und Hirnmaturation während der Kindheit und Adoleszenz beteiligt sind.

Die strukturelle Entwicklung des ZNS besteht nach der Geburt noch sehr viel länger fort. Ein essentieller Prozeß in der Hirnmaturation sind die Veränderungen in der synaptischen Dichte, wie sie von Huttenlocher (1979) und Huttenlocher et al. (1982) beschrieben wurden. Man hat die synaptische Dichte in menschlichen Gehirnen im Verhältnis zum Alter gemessen und dabei herausgefunden, daß nach der Geburt die synaptische Dichte bis zu einem Maximum im Alter von 2–3 Jahren zunimmt und dann schrittweise in später Kindheit und früher Adoleszenz bis zu einem Grad abnimmt, der bis in das hohe Alter erhalten bleibt. Diese Eliminierung von Synapsen wird begleitet von einer Verringerung der Neuronendichte, gemessen durch einen Anstieg des Verhältnisses vom Volumen der grauen Substanz des Kortex zum Volumen kortikaler Neuronen (von Economo-Index) während der Reifung des Gehirns. Dieser Prozeß ist auch bei Tieren beobachtet worden (Sturrock u. Rao 1985), und es kann gefolgert werden, daß der Verlust von Neuronen als normales Ereignis in der Entwicklung des ZNS vorkommt.

Gestützt auf diese Daten vermuteten Feinberg (1983) und kürzlich Haracz (1985), daß die Schizophrenie durch einen übermäßigen Verlust von Neuronen während der Reifung des ZNS hervorgerufen werden könnte. Diese Hypothese wird gestützt durch die Ergebnisse mehrerer neurohistologischer Postmortem-Studien, die von einer erniedrigten neuronalen Dichte in verschiedenen Gebieten des Gehirns bei Schizophrenen berichten (Stevens 1982; Benes et al. 1986; Jakob u. Beckmann 1986). Einige Studien (Bogerts et al. 1985; Brown et al. 1986) weisen weiter darauf hin, daß der Verlust von Neuronen im limbischen Teil des Seitenlappens überwiegt, der schon oft mit der Ätiologie der Schizophrenie in Zusammenhang gebracht wurde. Gegen die Möglichkeit, daß eine Degeneration von Neuronen im Großhirn Schizophrener vorkommt, sprechen die Befunde, daß der Verlust von Neuronen nicht von einer Gliose begleitet wird (Bogerts et al. 1985; Benes et al. 1986), was also darauf hindeutet, daß die Atrophie bei der Schizophrenie aus einem beschleunigten Verlauf der Eliminierung von Neuronen im frühen Leben resultiert.

Die Ergebnisse von Tierexperimenten deuten darauf hin, daß die neuronale Aktivität ein Faktor zu sein scheint, der das Maß der Entfernung von Synapsen und Neuronen während der Entwicklung der ZNS steuert. Es wurde gefunden, daß Umweltfaktoren wie der Entzug von Reizen und soziale Isolation früh nach der Geburt diesen Vorgang beschleunigen, aber es wurde auch festgestellt, daß biochemische Manipulationen, welche die neuronale Aktivität in der frühen Entwicklungsphase beeinflussen, die Entwicklung und Reifung umschriebener Gehirngebiete beeinträchtigen (Kalaria u. Prince 1985). Dies kann veranschaulicht werden anhand des Berichts von O'Kusky (1985), der das Ausmaß der Eliminierung von Synapsen in der Entwicklung des visuellen Kortex bei normalen und bei im Dunkeln aufgezogenen Katzen untersuchte. Visuell deprivierte Katzen zeigten eine doppelt so große Eliminierung von Synapsen als normal aufgezogene Tiere. Ähnliche Effekte wurden beobachtet im Bulbus olfactorius von Tieren, die einem Entzug von Geruchsreizen in der Neugeborenenperiode ausgesetzt worden waren, wobei sich auch ein Verlust von Neuronen und eine bleibende Verringerung des Wachstums, der Gesamtzellzahl und der Aktivität von Enzymen fand, die mit dem Metabolismus von Neurotransmittern in Beziehung stehen (Meisami u. Firoozi 1985). Dagegen wurden diese Wirkungen umweltbedingter oder biologischer Manipulationen auf die Gehirnstruktur abgeschwächt bei Tieren im Alter nach abgeschlossener Reifung.

Auf der Grundlage dieser Daten und in Anbetracht der neurodiagnostischen Befunde bei der Schizophrenie vermuten wir, daß ererbte oder erworbene biologische Abweichungen, welche die neuronale Aktivität in der Phase der Gehirnrei-

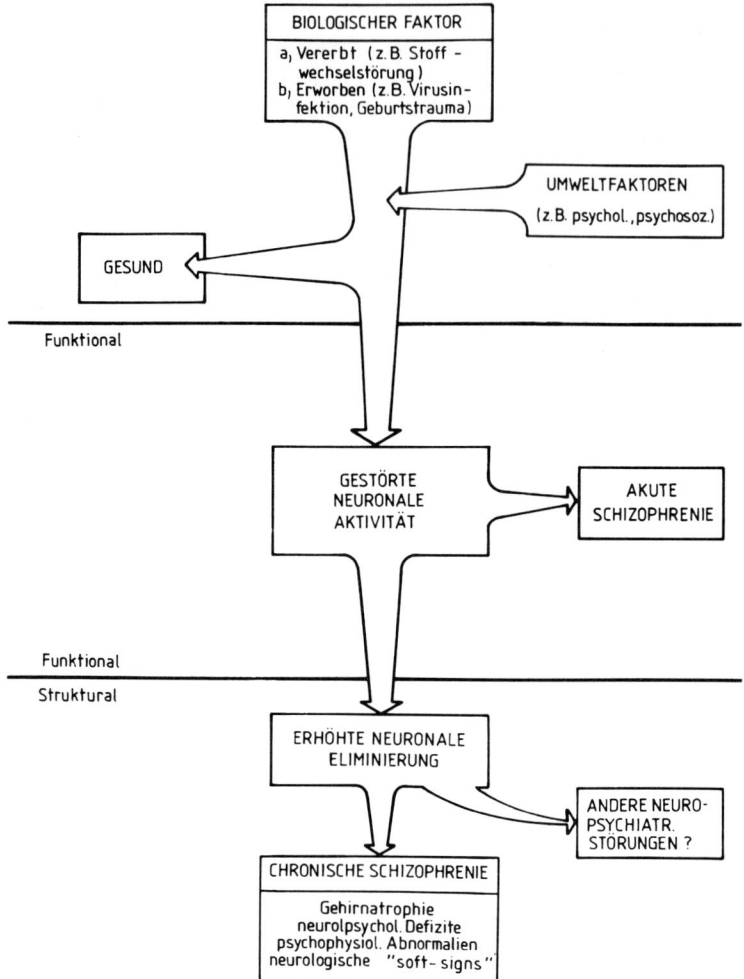

Abb. 4. Modell für Entwicklung funktioneller und struktureller Hirnabnormitäten bei der Schizophrenie

fung beeinträchtigen, den Vorgang der Eliminierung von Neuronen beschleunigen, was sich in strukturellen und funktionellen Regelwidrigkeiten des Gehirns niederschlägt (Abb. 4). In einigen Fällen, möglicherweise in Abhängigkeit von ihrer Intensität und/oder ihrer Lokalisation, könnten diese Regelwidrigkeiten dem klinischen Beginn einer schizophrenen Psychose zugrunde liegen. Es erscheint vorstellbar, daß der biologische Effekt durch Umwelteinflüsse reguliert werden kann, die seine Pathogenität entweder verhindern oder verstärken. In Abhängigkeit von der Wechselwirkung zwischen beiden Dimensionen könnte sich die Krankheit entwickeln als Kontinuum zwischen zwei extremen Intensitäten: Am Extrempunkt der höchsten Intensität stünden die Patienten, bei denen ein massiver Verlust von Neuronen stattfindet. Sie zeigten irreversible strukturelle Gehirnveränderungen und das klinische Bild einer chronischen, nichtremittierenden Schizophrenie. Am Extrempunkt der niedrigsten Intensität könnte man das Gegenteil erwarten, nämlich Personen mit vereinzelten funktionellen Störungen, die nicht in atrophischen Veränderungen resultieren. Sie zeigten das klinische Bild akuter, voll remittierender schizophrener Episoden.

Dieses Modell soll noch als spekulativ betrachtet werden. Die Ansicht ist nicht neu, daß die Schizophrenie eine ätiologisch heterogene Erkrankung darstellt (Mapother 1937). Basierend auf den Kenntnissen über die Maturation des ZNS, ist unser Modell ein Versuch, den Prozeß der neuronalen Elimination als einen gemeinsamen Mechanismus zu betrachten, durch den verschiedene Urachen zu dem gleichen klinischen Syndrom führen könnten.

Literatur

Benes FM, Davidson J, Bird ED (1986) Quantitative cytoarchitectural studies of the cerebral cortex of schizophrenics. Arch Gen Psychiatry 43:31–35

Bogerts B, Meertz E, Schönfeld-Bausch R (1985) Basal ganglia and limbic system pathology in schizophrenia. Arch Gen Psychiatry 42:784–790

Brown R, Colter N, Corsellis JAN et al. (1986) Postmortem evidence of structural brain changes in schizophrenia. Arch Gen Psychiatry 43:36–42

Coffman JA, Nasrallah HA (1985) Relationships between brain density, cortical atrophy and ventriculomegaly in schizophrenia and mania. Acta Psychiatr Scand 72:126–132

Crow TJ (1980) Molecular pathology of schizophrenia: More than one disease process. Br Med J 280:66–68

Dandy WE (1918) Ventriculography following the injection of air into the cerebral ventricles. Ann Surg 68:5–7

DeLisi LE, Goldin LR, Hamovit JR, Maxwell ME, Kurtz D, Gershon ES (1986) A family study of the association of increased ventricular size with schizophrenia. Arch Gen Psychiatry 43:148–153

Feinberg I (1983) Schizophrenia: Caused by a fault in programmed synaptic elimination during adolescence? J Psychiat Res 17:319–334

Gattaz WF, Kasper S, Kohlmeyer K, Beckmann H (1981) Die kraniale Computertomographie in der Schizophrenieforschung. Fortschr Neurol Psychiat 49:286–291

Haracz JL (1985) Nural Plasticity in schizophrenia. Schizophr Bull 11:191–229

Huber G (1957) Pneumoencephalographische und psychopathologische Bilder bei endogenen Psychosen. Springer, Berlin Göttingen Heidelberg

Huber G, Gross G, Schuttler R (1975) A long-term follow-up study of schizophrenia: Psychiatric course of illness and prognosis. Acta Psychiatr Scand 52:49–57

Huttenlocher PR (1979) Synaptic density in human frontal cortex. Developmental changes and effects of aging. Brain Res 163:195–205

Huttenlocher PR, de Courten C, Garey LJ, Van der Loos H (1982) Synaptogenesis in human visual cortex. Evidence for synapse elimination during normal development. Neurosci Lett 33:247–252

Jacobi W, Winkler H (1927) Ecephalographische Studien an chronisch Schizophrenen. Arch Psychiat Nervenkr 81:299–332

Jakob H, Beckmann H (1986) Prenatal developmental disturbances in the limbic allocortex in schizophrenics. J Neural Transm 65:303–326

Johnstone EC, Crow TJ, Frith CD, Husband J, Kreel L (1976) Cerebral ventricular size and cognitive impairment in chronic schizophrenia. Lancet II:924–926

Kalaria RN, Prince AK (1985) The effects of neonatal thyroid deficiency on acetylcholine synthesis and glucose oxidation in rat corpus striatum. Developm Brain Res 20:271–279

Kraepelin E (1909) Psychiatrie, 8. Aufl. Barth, Leipzig

Mapother E (1937) Mental symptoms associated with head injury. Br Med J II:1055–1061

Meisami E, Firoozi M (1985) Acetylcholinesterase activity in the developing olfactory bulb: A biochemical study on normal maturation and the influence of peripheral and central connections. Developm Brain Res 21:115–124

Nasrallah HA, Kuperman S, Hamra BJ, McCalley-Whitters M (1983) Clinical differences between schizophrenic patients with and without large cerebral ventricles. J Clin Psychiatry 44:407–409

O'Kusky JR (1985) Synapse elimination in the developing visual cortex: A morphometric analysis in normal and darkreared cats. Developm Brain Res 22:81–91

Pearlson GD, Garbacz DJ, Moberg PJ, Ahn HS, DePaulo JR (1985) Symptomatic, familial, perinatal and social correlates of computerized axial tomography (CAT) changes in schizophrenics and bipolars. J Nerv Ment Dis 173:42–50

Reveley AM, Reveley MA, Murray RM (1984) Cerebral ventricular enlargement in non-genetic schizophrenia: A controlled twin study. Br J Psychiatry 144:89–93

Seidman LJ (1983) Schizophrenia and brain dysfunction: An integration of recent neurodiagnostic findings. Psychol Bull 94:195–238

Stevens JR (1982) Neuropathology of schizophrenia. Arch Gen Psychiatry 39:1131–1139

Sturrock RR, Rao KA (1985) A quantitative histological study of neuronal loss from the locus coeruleus of aging mice. Neuropathol Appl Neurobiol 11:55–60

Weinberger DR, Torrey EF, Neophytides AN, Wyatt RJ (1979) Lateral cerebral ventricular enlargement in chronic schizophrenia. Arch Gen Psychiatry 36:735–739

4 Positronenemissionstomographie (PET) in der Schizophrenieforschung: 1980–1987 *

J. J. PAHL, G. BARTZOKIS, J. C. MAZZIOTTA, J. CUMMINGS, L. ALTSHULER, S. MARDER und M. E. PHELPS

4.1 Einleitung

Emil Kraepelin (1919) unterschied in seiner Klassifikation psychiatrischer Erkrankungen von 1896 die „Dementia praecox" – später von Bleuler als Schizophrenie bezeichnet – von den affektiven Psychosen. Er, Bleuler (1916), Alzheimer (1897) u. a. nahmen an, daß sich spezifische regionale neuropathologische Substrate finden lassen, die dem schizophrenen Syndrom zugrunde liegen. Trotz kontinuierlicher neuropathologischer Forschung über 76 Jahre hinweg konnte(n) keine pathognomonische(n) „Läsion(en)" gefunden werden (Stevens 1973). Kürzlich jedoch zeigten Stevens (1982), Bogerts et al. (1985), Brown et al. (1986) sowie Benes et al. (1986) mit modernen quantitativen Methoden sowohl mikroskopische als auch makroskopische neuroanatomische Veränderungen in den Gehirnen Schizophrener. Diese neuropathologische Forschung erhielt neue Impulse durch strukturelle bildgebende Verfahren am Gehirn (kraniale Computertomographie, CT; Kernspintomographie, MRI), die in überzeugender Weise morphologische Veränderungen bei chronisch Schizophrenen gezeigt haben (Owens et al. 1985; Andreasen et al. 1986; Nasrallah et al. 1986; Besson et al. 1987). Es ist jedoch unklar, wie diese strukturellen Veränderungen zur Schizophrenie disponieren oder welche Rolle sie in der Pathophysiologie der Schizophrenie spielen. Störfaktoren, die in keiner Beziehung zum primären Krankheitsprozeß stehen, wie Ernährung, neuroleptische Therapie und die Auswirkungen der Hospitalisierung, könnten z. T. sekundär zu einer Gewebsverminderung führen. In der Literatur finden sich Berichte über Röntgen-CT-Befunde bei der Schizophrenie, wie z. B. eine Vergrößerung der Seitenventrikel und des III. Ventrikels, frontale kortikale Atrophie und Atrophie des Kleinhirnwurmes, reverse Asymmetrien und Veränderungen der Gewebsdichte (Dennert u. Andreasen 1983; Dewan et al. 1986; Kovelman u. Scheibel 1986; Reveley et al. 1987). Diese Veränderungen finden sich häufiger bei chronischen als bei akuten Schizophrenien (Johnstone 1985). Eine Ventrikelerweiterung ist möglicherweise das Resultat einer neuralen Fehlentwicklung und/oder einer Atrophie der den ventrikulären Räumen benachbarten Strukturen. Bogerts et al. (1985, 1987) haben kürzlich in detaillierten planimetrischen post-mortem- und Röntgen-CT-Studien gezeigt, daß eine regionale Vergrößerung des unteren Temporalhorns der Seitenventrikel durch ein reduziertes Volumen der medialen temporalen Strukturen bedingt sein kann. Derzeit konzentriert sich das Hauptinteresse der „Neuroimaging"-Forschung bei der Schizo-

---

* Die Herausgeber danken Frau Priv.-Doz. Dr. med. Christine Kaschka-Dierich für die sorgfältige Übertragung dieser Arbeit aus dem Englischen.

Tropon-Symposium, Bd. III
Die Schizophrenien
Hrsg. Kaschka/Joraschky/Lungershausen
© Springer-Verlag Berlin Heidelberg 1988

phrenie auf die Frontal- und Temporallappen, wo möglicherweise die für die Entstehung der negativen bzw. positiven Symptome relevanten Regionen liegen. Die Dysfunktion von Basalganglien, die für motorische Ausfälle, wie etwa Spätdyskinesien, und andere, psychiatrische Symptome verantwortlich sein könnte, wird ebenfalls untersucht. Altbekannten Hypothesen wird erneut nachgegangen, und neue Hypothesen werden entwickelt, um einige verwirrende Aspekte der Erkrankung zu klären. Es wurden Abnormitäten der neuralen Entwicklung gefordert, um die Determinierung des Erkrankungsalters zu erklären, welches typischerweise kurz vor Vollendung des zweiten und nur selten nach Vollendung des fünften Lebensjahrzehnts liegt. Die Dopaminhypothese und andere biochemische Hypothesen werden neu überprüft, um eine Erklärung dafür zu finden, daß negative Symptome, wie Konzentrationsschwäche, Verarmung der Sprache und des Ausdrucks, Affektabflachung und Anhedonie nicht auf Neuroleptika ansprechen.

Schließlich macht sich die psychiatrische Forschung Fortschritte in der Gentechnologie zunutze, um die chromosomale Lokalisation von Genen festzulegen, die mit der Huntington-Erkrankung (HD), Subtypen der Depression, Schizophrenie und familiärem Morbus Alzheimer assoziiert sein könnten (Gusella et al. 1983; Baron 1985; Delabar et al. 1987; Egeland et al. 1987; Hodgkinson et al. 1987; St. George-Hyslop et al. 1987). Wir und andere haben HD als den Prototyp einer neurogenetischen Erkrankung untersucht, indem wir genetische Analysen an der DNS (Polymorphismus der Länge der Restriktionsfragmente, RFLPs) mit der Positronenemissionstomographie (PET) verbanden (Hayden et al. 1985; Clark et al. 1986; Mazziotta et al. 1987; Young et al. 1987). Das Ziel dieser Studien war es, Genträger unter Risikopersonen für HD zu identifizieren und regionale biochemische Veränderungen zu charakterisieren, die als Teil eines pathophysiologischen Prozesses auftreten, dessen Ergebnis die Symptomatik von HD ist. Ein ähnliches Vorgehen wäre hervorragend geeignet, Personen zu untersuchen, die ein hohes genetisches Risiko für die Entwicklung einer Schizophrenie haben, wobei die Wahrscheinlichkeit für die Manifestation der Erkrankung teilweise davon abhängt, wie eng eine Person mit einem schizophrenen Patienten genetisch verwandt ist (Tsuang 1976). Eine neue Generation von hochauflösenden (< 5 mm) PET-Scannern hat jetzt die Fähigkeit, in kleinen limbischen Strukturen (incl. des Hippocampus) neurochemische Abnormitäten zu entdecken, von denen man annimmt, daß sie primär am Krankheitsprozeß beteiligt sind. Die weitere Entwicklung von neuen „Tracern" und die gleichzeitige Verwendung mehrerer „Tracer" eröffnet die Möglichkeit simultaner Untersuchung diverser biochemischer Prozesse in verschiedenen Hirnregionen. Diese technischen Fortschritte geben zu der Hoffnung Anlaß, die pathophysiologischen Prozesse, die der Schizophrenie zugrunde liegen, besser zu verstehen.

4.2 Die PET-Technik

Der Vorteil der Positronenemissionstomographie (PET) gegenüber konventionellen strukturellen bildgebenden Verfahren (Röntgen-CT, MRI) liegt in ihrer Fähigkeit, physiologische und biochemische Prozesse in vivo bei normalen und krankhaften Zuständen sowohl beim Menschen als auch bei geeigneten Tiermodellen zu charakterisieren. Beispiele dafür sind: regionale Veränderungen der lokalen zerebralen Stoffwechselrate für Glukose (LCMRGlc) während der funktionellen Entwicklung des normalen menschlichen Gehirns von der Kindheit bis zum Erwachsenenalter, veränderte 18-F-Dopa-Kinetiken bei der idiopathischen und der Toxin-(MPTP)-induzierten Parkinson-Erkrankung sowie verminderter striataler Glukosemetabolismus bei Personen mit hohem Risiko für HD (Garnett et al. 1978; Calne et al. 1985; Leenders et al. 1986; Chugani et al. 1987; Mazziotta et al. 1987). Unter all diesen Bedingungen können deutliche zerebrale biochemische Veränderungen bei gleichzeitigem Fehlen makroskopisch faßbarer morphologischer Abnormitäten demonstriert werden.

Die Entstehung von PET-Bildern schließt folgende grundlegende Schritte ein. Der Untersucher entscheidet zuerst, welches Analoge (z. B. 11-C-Glukose, 18-F-L-Dopa [18-FD], 18-F-Desoxyglukose [18-FDG]) oder welchen Liganden (11-C-Raclopride, 18-F-Äthylspiperone [18-FESP]) er benutzen will, um einen spezifischen biochemischen Prozeß abzubilden, und wählt dann das entsprechende Isotop aus (11-C, 18-F, 15-O usw.), das für den Zweck am besten geeignet ist. Hochdynamische Abläufe werden gewöhnlich mit einem Isotop kurzer Halbwertszeit (t/2) sichtbar gemacht (z. B. CBF mit 15-O; $t/2 = 2$ min), während die Bindung eines Liganden am D_2-Dopaminrezeptor, welche ein Maximum nach 2 h erreicht, einen „Tracer" mit langer Halbwertszeit erfordert (z. B. 18-F; $t/2 = 109$ min).

Die Isotope werden i. allg. im Cyclotron hergestellt. Radiochemiker inkorporieren das Isotop in das entsprechende Analoge oder den Liganden. Eine PET-Kamera mißt dann die Verteilung des verabreichten Isotops. Schließlich erreicht man eine biochemische und physiologische Charakterisierung des untersuchten Prozesses durch Anwendung eines kinetischen mathematischen Modells, das die Konzentration des Isotops in biochemische Einheiten (z. B. µmol Glukose/100 g/min) umwandelt, d. h. Parameter wie B_{max} (D_2-Rezeptordichte), CBF und Glukosestoffwechselrate können für einzelne zerebrale Strukturen bestimmt werden.

4.3 PET-Ergebnisse bei der Schizophrenie

4.3.1 Frühe, nichttomographische Studien

Kety et al. fanden 1948 keine Unterschiede in der zerebralen Hemisphärendurchblutung (CBF) und im Sauerstoffverbrauch, als sie 22 schizophrene Patienten mit normalen Kontrollpersonen mittels der von Kety und Schmidt entwickelten Stickstoffoxidmethode verglichen (Kety et al. 1948). Ingvar (1979) stellte mit einer Multidetektorausrüstung zum Messen des regionalen CBF (rCBF) mit der intraarteriellen ^{133}Xe-Clearancetechnik fest, daß die Durchblutung in den Frontalregionen von 11 normalen Patienten deutlich (20–40%) höher war als in den postzentralen, okzipitalen oder temporalen Regionen (Ingvar 1979). Die Patienten wurden unter Ruhebedingungen untersucht, wobei die Augen mit einem Sandsack bedeckt waren. Ingvar prägte den Begriff „Hyperfrontalität", um das relativ hyperfrontale CBF-Muster im normalen Ruhezustand am wachen Probanden zu beschreiben. Zusammen mit Franzen publizierte er 1974 eine CBF-Studie an 20 chronisch Schizophrenen, von denen die jüngere Gruppe (Durchschnittsalter

25 Jahre; Krankheitsdauer 5 Jahre) ein normales hyperfrontales CBF-Muster aufwies, während die ältere Gruppe (Durchschnittsalter 61 Jahre; Krankheitsdauer 40 Jahre) ein relativ niedriges frontales CBF-Muster und – in den meisten Fällen – eine hohe Durchblutung in der okzipitotemporalen Region hatte (Ingvar u. Franzen 1974). Der CBF in der okzipitotemporalen Region korrelierte mit dem Ausmaß der kognitiven Störung in der schizophrenen Population. Das Auftreten relativ niedriger frontaler CBF bei der Schizophrenie wurde „Hypofrontalität" genannt, im Unterschied zum „Hyperfrontalitätsmuster", das man bei der normalen Kontrollpopulation findet.

4.3.2 PET-Studien

Die Mehrzahl der PET-Untersuchungen wurde an chronisch Schizophrenen durchgeführt. Tabelle 1 zeigt eine Zusammenfassung von 17 PET-Studien; in Tabelle 2 sind die Faktoren aufgeführt, die die PET-Ergebnisse beeinflussen können. Es ist unmöglich, auf der Basis der qualitativen Darstellung des Glukose-Stoffwechsel-PET-Scans Schizophrene von normalen Kontrollpersonen oder Patienten mit affektiven Erkrankungen zu unterscheiden. Daher haben die Autoren einen regionalen, quantitativen Zugang gewählt, um den Metabolismus, CBF und andere Variable von Interesse zu messen.

4.3.3 Hypofrontalität

Die „Hypofrontalität", wie sie anfänglich von Ingvar und anderen mit nichttomographischen Methoden beschrieben wurde, ist die am häufigsten mitgeteilte PET-Abnormität, die wir kennen (Farkas et al. 1980; Widen et al. 1981; Buchsbaum et al. 1982, 1987; Brodie et al. 1984; Farkas et al. 1984; DeLisi et al. 1985; Wolkin et al. 1985). Dieser Befund konnte jedoch bei der Schizophrenie nicht durchweg erhoben werden (Sheppard et al. 1983; Widen et al. 1983; Jernigan 1985; Wiesel 1985; Kling et al. 1986; Volkow et al. 1986; Gur et al. 1987).

PET-Studien, in denen über die Hypofrontalität berichtet wird, weisen oft eine beträchtliche Überlappung der Meßpunkte von Patienten und Kontrollgruppen auf, und nur die Mittelwerte zeigen einen statistisch signifikanten Unterschied zwischen den Gruppen. Das Fehlen einer klaren Trennung zwischen Patienten und Kontrollen resultiert möglicherweise aus der Tatsache, daß eine ungeeignete Region untersucht wurde. Bei der Huntington-Erkrankung, bei der sowohl der frontale Kortex als auch die Basalganglien pathologische Veränderungen zeigen, lassen nur die Stoffwechseluntersuchungen des Striatums (Nucleus caudatus, Putamen) eine vollständige Unterscheidung von symptomatischen HD-Patienten und normalen Kontrollen zu (Kuhl et al. 1982; Hayden et al. 1986).

Die gegensätzlichen Berichte über die Hypofrontalität lassen sich möglicherweise mit der kleinen Anzahl von Patienten pro Studie und der anzunehmenden Heterogenität des schizophrenen Syndroms erklären. Bei den meisten Studien wurden Patienten unter Neuroleptika untersucht, während die Kontrollen keine Medikamente erhielten. Besonderheiten der Ruhe- bzw. Stimulationsbedingun-

Tabelle 1. Übersicht über die publizierten PET-Ergebnisse zum Hirnstoffwechsel bei der Schizophrenie

Autor (s. Lit.-Verz.)	Studie Nr.	Patienten (N) S = Schizophrene C = Kontrollen	Diagnostische Kriterien (Krankheitsdauer)	Tracer Scanner Auflösung (SR) (in der Fläche, mm)	Untersuchungs-bedingungen	Studie-Nr.	Medikation (Neuroleptika)	Studie Nr./ Befunde
Farkas et al. (1980)	1 2 3	S (1); C (NR[a]) S (1) S (1)	RDC chronisch	18-FDG PETT III SR (18 mm)	Ruhe; Augen geöffnet	1 2 3	(–) (+) Placebo	Nr. 1: „Hypofrontalität", 40% Abnahme der frontalen Glukose-Stoffwechselrate. Hemisphärenasymmetrie (R>L). Nr. 2 und Nr. 3: Verschiebung zum Normalen hin
Widen et al. (1981)	1	S (9); C (2)	RDC chronisch	11-C-Desoxyglukose SR (NR)	Ruhe, Augen geschlossen	1	(+)	Nr. 1: „Hypofrontalität", Abnahme des Stoffwechsel-quotienten Frontal-/Temporallappen
Buchsbaum et al. (1982)	1	S (8); C (6)	RDC/DSM III chronisch	18-FDG SR (17,5 mm)	Ruhe, Augen geschlossen	1	(–):2 Wochen medikamentenfrei	Nr. 1: „Hypofrontalität"; Asymmetrie mit vermindertem Stoffwechsel der grauen Substanz links zentral (hauptsächlich N. caudatus)
Sheppard et al. (1983)	1	S (12); C (12)	RDC akut	15-0; C 15-0 ECAT II SR (17 mm)	Ruhe, Augen geschlossen	1	(–): Patienten vorwiegend medikamenten-frei	Nr. 1: „Hypofrontalität" *nicht* nachgewiesen. Verminderung der normalerweise vorhandenen Asymmetrie (R>L) bei den Schizophrenen
Widen et al. (1933)	1 2	S (6); C (2) S (6)	RDC akut	11-C-Glukose Scanditronix SR (NR)	Ruhe, Augen geschlossen	1 2	(–) (+)	Nr. 1: „Hypofrontalität" *nicht* nachgewiesen; Asymmetrie der Basalganglien mit erhöhtem Stoffwechsel des linken N. lenticularis

Tabelle 1 (Fortsetzung)

Autor (s. Lit.-Verz.)	Studie Nr.	Patienten (N) S=Schizophrene C=Kontrollen	Diagnostische Kriterien (Krankheitsdauer)	Tracer Scanner Auflösung (SR) (in der Fläche, mm)	Untersuchungsbedingungen	Studie-Nr.	Medikation (Neuroleptika)	Studie Nr./ Befunde
Farkas et al. (1984)	1	S (13); C (11)	RDC chronisch	18–FDG PETT III SR (18 mm)	Ruhe, Augen geschlossen	1	6 Patienten mediziert, 7 medikamentenfrei	Nr. 1: „Hypofrontalität" nachgewiesen bei medizierten und unmedizierten Patienten
Buchsbaum et al. (1984)	1	S (16); C (19)	DSM III chronisch	18–FDG SR (17 mm)	Elektrische Reizung am rechten Arm; Augen geschlossen	1	(–)	Nr. 1: „Hypofrontalität"; Abnahme des normalen anteroposterioren Stoffwechselgradienten für Glukose
Brodie et al. (1984)	1 2	S (6); C (5)	RDC chronisch	19–FDG PETT IV SR (12 mm)	Ruhe, Augen geöffnet, Ohren verschlossen	1 2	(–) (+)	Nr. 1 und Nr. 2: „Hypofrontalität"; Asymmetrie; Stoffwechselrate L > R vermindert, nicht beeinflußt durch Neuroleptika. Nr. 2: Metabolismus der ganzen Schichten erhöht
Jernigan et al. (1985)	1	S (6); C (6)	RDC chronisch	18–FDG Donner SR (8 mm)	Auditorischer Vigilanztest, Augen geschlossen	1	(–)	Nr. 1: „Hypofrontalität" *nicht* nachgewiesen; Trend zu erhöhter Stoffwechselrate rechts temporal
De Lisi et al. (1985)	1 2	S (9); C (NR [a]) S (9)	DSM III chronisch	18 FDG ECAT II SR (17,5 mm)	Ruhe, Augen geschlossen	1 2	(–) (+)	Nr. 1 und Nr. 2: „Hypofrontalität"; erhöhte Stoffwechselrate des Temporallappens (L > R). Nr. 2: Erhöhte Stoffwechselrate des N. caudatus

Autor	Nr.	S; C	Diagnose	Methode	Bedingung	Nr.		Befund
Wolkin et al. (1985)	1	S (10); C (8)	RDC/ DSM III chronisch	18–FDG PETT VI SR (11,8 mm)	Ruhe, Augen geöffnet, Ohren verschlossen	1	(−)	Nr. 1 und Nr. 2: „Hypofrontalität"; Nr. 1: Aktivität temporal niedriger und im Bereich der Basalganglien höher; Normalisierung während Nr. 2
	2	S (10)				2	(+)	
Wiesel et al. (1985)	1	S (18); C (10)	RDC/ DSM III akut	11-C-Glukose	Ruhe, Augen geschlossen	1	(−)	Nr. 1 und Nr. 2: „Hypofrontalität" *nicht* nachgewiesen; Nr. 1: Reduzierte Stoffwechselrate des linken N. lenticularis nimmt nach Gabe von Neuroleptika zu (Nr. 2)
	2	S (18)				2	(+)	
Volkow et al. (1986)	1	S (4); C (12)	RDC/ DSM III chronisch	11-C-Desoxyglukose PETT VI SR (12 mm)	Ruhe, Augen geöffnet	1	(−)	Nr. 1 und Nr. 2: „Hypofrontalität" *nicht* nachgewiesen; Hypermetabolismus im Bereich der Basalganglien sowohl im unmedizierten als auch im medizierten Zustand
	2	S (4)				2	(+)	
Kling et al. (1986)	1	S (6); C (6)	DSM III chronisch	18-FDG NeuroEcat SR (12 mm)	Ruhe, Augen geöffnet	1	(+)	Nr. 1: „Hypofrontalität" *nicht* nachgewiesen
Buchsbaum et al. (1987)	1	S (8); C (24)	DSM III chronisch	18-FDG	Elektrische Reizung am rechten Arm, Augen geschlossen	1	(−)	Nr. 1 und Nr. 2: „Hypofrontalität"; Nr. 2: Stoffwechselraten im Bereich der Basalganglien nehmen nach Neuroleptikagabe zu
	2	S (8)				2	(+)	
Gur et al. (1987a) (51)	1	S (12); C (12)	DSM III chronisch	18-FDG PETT V SR (16,5 mm)	Ruhe, Augen geöffnet, Ohren verschlossen	1	(−)	Nr. 1: „Hypofrontalität" *nicht* nachgewiesen
Gur et al. (1987b)	1	S (15); C (8)	DSM III chronisch	18-FDG PETT V SR (16,5 mm)	Ruhe, Augen geöffnet, Ohren verschlossen	1	(−)	Nr. 1 und Nr. 2: „Hypofrontalität" *nicht* nachgewiesen
	2	S (15)				2	(+)	

a *NR* = nicht untersucht

gen während der Traceraufnahme üben wesentliche Einflüsse auf den Glukosestoffwechsel aus. Wie in Studien über sensorische Stimulation und Deprivation
berichtet wurde, wird der Glukoseumsatz im visuellen Kortex drastisch verändert
(Reduktion um 50%), wenn die Augen nach Beobachten einer komplexen visuellen Szene geschlossen werden (Mazziotta u. Phelps 1984). Das mag sekundär zu
funktionellen Veränderungen in anderen Regionen einschließlich des frontalen
Kortex führen. Oft wurden "regions of interest" (ROI) spezifischen anatomischen Arealen zugewiesen, ohne daß man eine ausreichende Kenntnis über die
Strukturen besaß. Ergebnisse wurden für ROIs mitgeteilt, deren Größe deutlich
unter dem Auflösungsvermögen des Tomographen lag, so daß Partialvolumeneffekte zustande kamen.

Zusätzliche Untersuchungen haben frühere Berichte bestätigt, wonach die
Verringerung des Stoffwechsels im Frontallappen auf den dorsolateralen prä-
frontalen Kortex beschränkt ist (Buchsbaum et al. 1987). Dieser Befund wird vor-
zugsweise dann erhoben, wenn der dorsolaterale präfrontale Kortex durch neuropsychologische Aufgaben, die für diese Region spezifisch sind, aktiviert wird
(Weinberger et al. 1986). In PET-Studien gelang es nicht, bei akut Schizophrenen
eine metabolische Hypofrontalität nachzuweisen. Auch konnten die meisten Autoren bei Patienten mit kurzer Krankheitsdauer keine Dysfunktion des Temporallappens dokumentieren (Sheppard et al. 1983; Widen et al. 1983; Wiesel et al.
1985).

4.3.4 Hemisphärenasymmetrie

Es ist postuliert worden, daß die endogenen psychopathologischen Syndrome
durch links/rechts-asymmetrische Hirndysfunktionen verursacht sein könnten,
und daß die resultierende Überaktivität der dominanten (linken) Hemisphäre zur
Schizophrenie führt (Flor-Henry et al. 1983). Flor-Henry fand in zahlreichen klinischen und experimentellen Studien Hinweise für eine mehr links als rechts lokalisierte frontotemporale Dysfunktion bei der Schizophrenie und das gegenteilige
Bild, nämlich eine mehr rechts als links lokalisierte frontotemporale Dysfunktion,
beim manisch-depressiven Syndrom (1976, 1978, 1983). Diese Sicht blieb nicht
unangefochten (Bear 1983; Levy 1983). Die Suche nach derartigen kortikalen und
subkortikalen Abnormitäten der Hemisphären erstreckte sich auch auf den Bereich der PET-Forschung. In der Mehrzahl der Studien konnten keine metaboli-
schen oder CBF-Asymmetrien nachgewiesen werden (Widen et al. 1981; Farkas
et al. 1984; Jernigan et al. 1985; Volkow et al. 1986). Sheppard et al. (1983) ent-
deckten in der Tat bei akut Schizophrenen eine Verminderung der normalerweise
mit dem Überwiegen der rechtsseitigen Aktivität einhergehenden Asymmetrien.
Einige Autoren berichteten über metabolische Asymmetrien (Aktivität links >
rechts) in den Temporallappen und den Basalganglien (Widen et al. 1983; Buchsbaum et al. 1987). Brodie et al. (1984) zeigten einen mehr rechts als links auftretenden frontalen Hypometabolismus sowohl ohne als auch mit Medikamenten.
Gur et al. (1987) fanden keine Unterschiede in der Asymmetrie zwischen Schizophrenen und Kontrollpersonen. Eine höhere Aktivität der linken Hemisphäre jedoch korrelierte positiv mit der Schwere der schizophrenen Symptomatik.

4.3.5 Befunde an den Temporallappen

Anfängliche CBF-Studien berichteten über eine erhöhte Temporallappendurch-
blutung bei chronisch Schizophrenen (Ingvar u. Franzen 1974). Die meisten Autoren, die mit PET arbeiteten, konnten jedoch keine Abnormität des Stoffwechsels im Bereich der Temporallappen dokumentieren. Der Temporallappen, insbe-

Tabelle 2. Mögliche Faktoren, die zur Variabilität der PET-Ergebnisse bei der Schizophrenie
beitragen

A. Patienten- und Kontrollpopulationen

1. Geringe Stichprobengröße.
2. Die Schizophrenien stellen eine inhomogene Patientenpopulation dar.
3. Verwendung unterschiedlicher diagnostischer Kriterien, wie z. B. RDC, DSM III usw.
4. Krankheitsdauer, d. h. akute bzw. chronische Verlaufsformen.
5. Schweregrad und Art der Symptome: positive bzw. negative Symptomatik.
6. Lokalisation und Ausmaß einer kortikalen Atrophie und/oder ventrikulären
   Dilatation.
7. Medikamenteneffekte.
8. Zusätzliche psychiatrische, internistische oder anderweitige Diagnosen.
9. Für die Auswahl von Kontrollpersonen angewandte Ein- und Ausschlußkriterien.

B. Charakteristika der verwendeten Isotope, Analoge und Liganden

1. Halbwertszeit (t/2) des verwendeten Isotops (15–0, 18–F).
2. Stoffwechsel der Tracerverbindung und Verteilung radioaktiver Metabolite
   (11-C-Glukose, 18-FESP).
3. Annahmen und Genauigkeit des Modells der „Tracer"-Kinetik.

C. Experimentelle Bedingungen

1. Versuchsplan: Querschnitt- bzw. Längsschnittstudien.
2. Umgebungsbedingungen.
3. Ruhezustand, Wahrnehmungsbedingungen: Augen und Ohren geöffnet oder verschlossen;
   Vorhandensein und Ausmaß von Angst; Kontrolle des kognitiven Bereiches.
4. Aktivierungszustand: Art und Intensität applizierter Reize während der Erfüllung
   von Aufgaben.

*D. Größe und Form der untersuchten Struktur in Relation zur technischen Charakteristik
der PET-Kamera*

1. Größe und Form der „regions of interest" (ROI) in Relation zum räumlichen
   und zeitlichen Auflösungsvermögen der PET-Kamera.
2. Korrekturen für Attenuierung und Streuung

E. Datenanalyse

1. Definition der ROIs: Größe, Form und Lokalisation.
2. Transkription der ROIs von strukturellen (d. h. Röntgen-CT, MRI) in PET-Abbildungen.
3. Intra- und interindividuelle Zuordnung der PET-Abbildungen zu anatomischen Ebenen.
4. Adäquate Erfassung der Strukturen.
5. Gewichtung der ROIs aufgrund ihrer Größe.
6. Verwendung absoluter bzw. korrigierter Meßwerte.
7. Zur Korrektur der Absolutwerte verwendete Referenzstruktur.
8. Bei der Datenanalyse angewandte statistische Methodik.

---

sondere die medial gelegenen Temporallappenanteile der dominanten (linken) Hemisphäre, sind von großem theoretischem Interesse, weil dort der mögliche Ort der Läsion bei der Schizophrenie vermutet wird (Flor-Henry 1976). Der Bericht von DeLisi et al. (1985) über einen erhöhten Stoffwechsel im Temporallappen konnte von Brodie et al. (1984) nicht repliziert werden, die statt dessen erniedrigte Stoffwechselraten in dieser Region fanden. Die Frage, ob bei der Schizophrenie eine metabolische Dysfunktion im Temporallappen auftritt, wird in Kürze mit einer neuen Generation von PET-Scannern bearbeitet werden, die ein genügend hohes Auflösungsvermögen haben (in der Fläche < 5 mm), um zuverlässig metabolische Veränderungen in kleinen Strukturen des Temporallappens einschließlich des Hippocampus messen zu können.

4.3.6 Neuroleptische Effekte

Die Interpretation der Effekte von Neuroleptika auf kortikale und subkortikale Strukturen bleibt widersprüchlich. Neuroleptika repräsentieren eine wesentliche Variable, die z. T. für die Unterschiede zwischen den Ergebnissen einzelner Untersucher verantwortlich sein mag. Die Auswirkungen der chronischen Anwendung von Neuroleptika auf die normale Hirnfunktion sind aus ethischen Gründen nie überprüft worden. Somit existiert keine geeignete normale Kontrollpopulation zum Vergleich mit Schizophrenen, die hauptsächlich während der Einnahme von Medikamenten untersucht wurden. Der intraindividuelle Vergleich einzelner Patienten mit und ohne Medikation löst nur teilweise die Schwierigkeit, da eine medikamenteninduzierte Besserung der Symptomatik selbst einige der PET-Veränderungen hervorrufen könnte, die gewöhnlich den Wirkungen der Medikamente zugeschrieben werden. Neuroleptika verändern verschiedene zerebrale Parameter, wie z. B. Stoffwechselrate, Turnover von Neurotransmittern, Anzahl der Neurorezeptoren (B_{max}) und Affinität von Neurorezeptoren (Kd). Spezifische Strukturen, wie beispielsweise das Striatum, wo 85% der dopaminergen Nervenendigungen zu finden sind, könnten möglicherweise bevorzugt Veränderungen von Variablen wie Stoffwechselrate der Glukose oder D_2-Dopamin-Rezeptorcharakteristika zeigen, wenn Medikamente verabreicht werden (Mazziotta et al. 1981; Sedvall et al. 1984). Unterschiede existieren auch hinsichtlich akuter Medikamentenanwendung und chronischem Neuroleptikagebrauch. Während Neuroleptika bekanntlich den Turnover der Neurotransmitter akut steigern, sieht man eine Zunahme der Zahl der Dopamin-D_2-Rezeptoren besonders nach chronischer Verabreichung des Medikamentes.

In ihrer ersten Mitteilung beschrieben Farkas et al. (1980) eine durch Neuroleptika induzierte teilweise Normalisierung des frontalen Hypometabolismus und eine Abnahme der Hemisphärenasymmetrie. Nachfolgende Veröffentlichungen zeigten außerordentlich divergierende Ergebnisse. Viele Untersucher haben sich nicht der allgemein akzeptierten Schlußfolgerung angeschlossen, daß Neuroleptika das hypofrontale Muster betonen und die relative metabolische Aktivität der Basalganglien erhöhen. Buchsbaum et al. (1987) und DeLisi et al. (1985), die beständig über ein hypofrontales Muster bei der Schizophrenie berichteten, konnten keine signifikante Veränderung des anteroposterioren Glukosegradienten von

Patienten nachweisen, die sowohl unter unmedizierten als auch unter medizierten Bedingungen untersucht wurden. Anderen Autoren gelang es, diese Ergebnisse zu replizieren (Brodie et al. 1984; Wolkin et al. 1985). Das offensichtliche Unvermögen der Neuroleptika, das hypofrontale Muster zu normalisieren, wurde als Ausdruck des Nichtansprechens negativer Symptome auf die Therapie interpretiert. Der Stoffwechsel ganzer Schichten und des gesamten Gehirns nimmt unter Neuroleptika zu (Brodie et al. 1984; Wolkin et al. 1985). Widen et al. (1983) und Wolkin et al. (1985) konnten bei Patienten nach Applikation von Neuroleptika eine Verschiebung des striatalen Hypermetabolismus in Richtung Normalisierung nachweisen. Andere Autoren zeigten, daß Neuroleptika den Metabolismus der Basalganglien erhöhen (DeLisi et al. 1985; Wiesel et al. 1985). Die Unvereinbarkeit der Ergebnisse kann z. T. auf methodische Gegebenheiten zurückgeführt werden, wie z. B. geringe Probandenzahl. Darüber hinaus führten auch die Ausgangsuntersuchungen im medikamentenfreien Zustand zu unterschiedlichen Ergebnissen. Der Stoffwechsel der Basalganglien bei unbehandelten Schizophrenen wurde in verschiedenen Studien als normal, erhöht oder erniedrigt beschrieben (Buchsbaum et al. 1982; Widen et al. 1983; Kling et al. 1986). Einige Autoren fanden den Hypermetabolismus regional verschieden ausgeprägt, i. allg. stärker erhöht im Putamen und Nucleus lenticularis als im Nucleus caudatus (Buchsbaum et al. 1987). Niemals medizierte Schizophrene wurden mit Patienten verglichen, die unangemessen kurzen "washout"-Perioden von weniger als einem Monat Dauer unterzogen worden waren. Die Neuroleptika unterschieden sich im Typ, in der Dosierung und in der Anwendungsdauer.

Schließlich wird die Wirkung der Neuroleptika auf zerebrale Strukturen bekanntermaßen von Speziesunterschieden beeinflußt. So fanden McCulloch et al. (1982) bei Ratten während der Behandlung mit Neuroleptika eine Abnahme im Glukosestoffwechsel des Striatums anstatt der erwarteten Zunahme. PET-Studien an Tiermodellen, wie die durch Neuroleptika induzierte tardive Dyskinesie bei Cebus-Apella-Affen, müssen solche möglichen speziesabhängigen Unterschiede der Arzneimittelwirkung berücksichtigen.

4.4 Schlußfolgerungen

PET-Befunde bei der Schizophrenie haben sich als so variabel erwiesen wie das zugrundeliegende schizophrene Syndrom selbst. Bahnbrechende erste Untersuchungen, die mit Tomographen von begrenztem räumlichem Auflösungsvermögen (über 15 mm in der Fläche) durchgeführt wurden, haben sich notgedrungen mit relativ großen Strukturen beschäftigt, wie dem Nucleus caudatus oder ganzen Hirnlappen, um Partialvolumeneffekte zu begrenzen (Mazziotta et al. 1981). Der Hypometabolismus des Frontallappens hat sich nicht als pathognomonisch für die Schizophrenie erwiesen (Buchsbaum et al. 1984). Die Zukunftsperspektiven für die Schizophrenieforschung mittels PET sind durch das Zusammentreffen zweier wesentlicher Ereignisse grundlegend verbessert worden. Zuerst und vor allem ist es die gegenwärtige Verfügbarkeit von hochauflösenden PET-Scannern (unter 5 mm in der Fläche). Dieser große technische Fortschritt wird es erlauben, kleine Strukturen des medialen Temporallappens, wie z. B. den Hippocampus, in

D2-Rezeptoren bei der Schizophrenie

(LIGAND = 18 FESP)

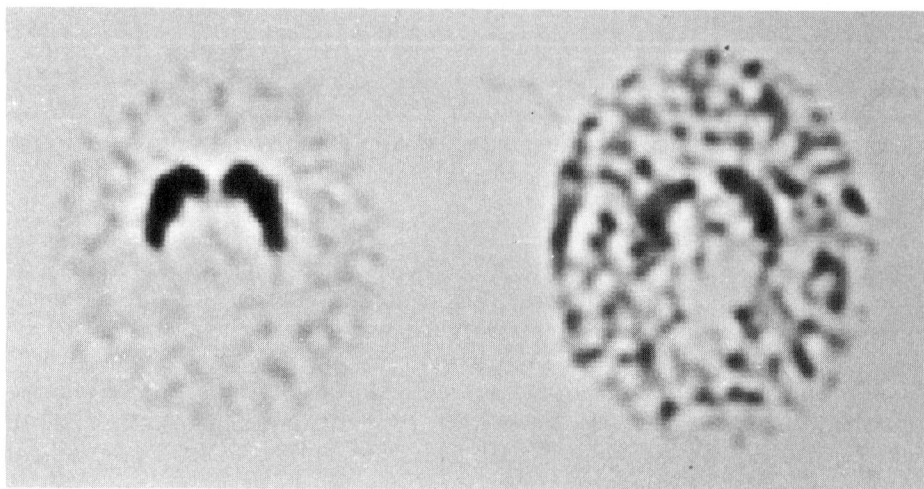

        a. pre d2-Blocker   b. post d2-Blocker

Abb. 1. D_2-Dopaminrezeptoren bei der Schizophrenie. Die Abbildung zeigt Aufnahmen eines 19jährigen chronisch Schizophrenen, der bei Durchführung des ersten 18-F-Äthylspiperon-(18-FESP)-PET-Scans (*linkes Bild*) seit 6 Monaten medikamentenfrei war. Der zweite Scan (*rechtes Bild*) wurde nach 2wöchiger neuroleptischer Therapie aufgenommen (10 mg Haloperidol täglich nach initialer i.m. Injektion eines Depots von 25 mg). – Beachtenswert ist, daß die Ligandenaufnahme vor Applikation eines Neuroleptikums normalerweise überwiegend im Bereich des Striatums erfolgt, wie das linke Bild zeigt, welches 2 h nach Injektion des "Tracers" aufgenommen wurde. Das rechte Bild (ebenfalls 2 h nach Injektion des "Tracers" aufgenommen) läßt eine beträchtliche Verminderung der Ligandenaufnahme erkennen, bedingt durch vorangegangene Besetzung der D_2-Dopamin-Rezeptorbindungsstellen durch unmarkiertes Haloperidol. Dennoch reichert sich eine gewisse Menge 18-FESP an, da nicht alle Rezeptorbindungsstellen durch Haloperidol besetzt sind. Unter Anwendung quantitativer pharmakokinetischer PET-Methoden könnte es möglich werden, therapeutische Fenster für Medikamente zu bestimmen auf der Grundlage der relativen Verteilung ihrer regionalen zerebralen Aufnahme.

axialer, koronarer und sagittaler Standard-Aufnahmetechnik zu untersuchen. Zweitens sind neue „Tracer" entwickelt worden, die es gestatten werden, einzelne neurochemische Systeme zu analysieren, denen man eine Rolle in der Pathophysiologie der Schizophrenie zuschreibt. 18-F-Dopa und 18-F-Äthylspiperone (18-FESP) sind benutzt worden, um prä- bzw. postsynaptische Aspekte der dopaminergen Funktion zu untersuchen. In vivo konnte bei schizophrenen Patienten eine Zunahme der D_2-Dopaminrezeptoren des Striatums demonstriert werden (Wong et al. 1986). Eine vorangehende Gabe von unmarkierten D_2-Dopaminrezeptorblockern führt zu einem wesentlichen Abfall der Verfügbarkeit von D_2-Rezeptorbindungsstellen für die endogene Dopamin-Neurotransmitter-Wirkung. Abbildung 1 veranschaulicht die Verteilung von D_2-Dopaminrezeptoren bei einem 19

Jahre alten chronisch Schizophrenen vor und nach der Gabe von unmarkiertem Haloperidol. Nach Blockade mit Neuroleptika wird eine Verminderung der Ligandenaufnahme (18-FESP) sichtbar. Eine Quantifizierung des Sättigungszustandes der Rezeptoren könnte in Zukunft benutzt werden, um das therapeutische Fenster für spezifische Medikamente bei individuellen Patienten zu bestimmen. Der Brennpunkt psychiatrischer Forschung im kommenden Jahrzehnt wird sich noch weiter zu den grundlegenden Neurowissenschaften verlagern. PET wird in zunehmendem Maße als neurowissenschaftliches Laborwerkzeug benutzt werden, um die anatomische Lokalisation der zugrundeliegenden primären pathologischen Prozesse zu bestimmen und deren pathophysiologische Natur zu verstehen. Daraus ergibt sich, daß die psychiatrischen diagnostischen Systeme sich zukünftig möglicherweise stärker an biochemischen Erkenntnissen orientieren werden. Weiterhin wird die PET dazu benutzt werden, Personen zu identifizieren, die ein hohes Risiko für die Entwicklung einer psychiatrischen Erkrankung haben, und sie zu diagnostizieren bevor sie ernsthaft erkranken. Es sollte ebenso möglich sein, die Wirkungen psychotherapeutischer und somatischer Behandlungsverfahren auf ausgewählte PET-Variable darzustellen. Letztlich werden neue psychopharmakologische Agenzien entwickelt und mit Hilfe der hochauflösenden Positronenemissionstomographie pharmakokinetisch charakterisiert werden.

Danksagung. Die Autoren danken L. Griswold für die Herstellung der Abbildungen, Maureen Chang, Maggie Marquez und Robin Boynton für die Anfertigung des Manuskriptes und Ron Sumida für seine technische Assistenz. – Die vorliegende Arbeit wurde teilweise unterstützt durch einen "Contract" (AMO3-76-SF00012) des U.S. Department of Energy, einen "grant" (PO1-NS-15654) des U.S. Public Health Service, und einen "Teacher-Investigator Award" (IKO7-0058-05 NSPA, verliehen an J.C.M.) des National Institute of Neurologic and Communicative Disorders and Stroke.

Literatur

Alzheimer A (1897) Beiträge zur pathologischen Anatomie der Hirnrinde und zur anatomischen Grundlage einiger Psychosen. Monatsschr Psychiatr Neurol 2:82–119

Andreasen N, Nasrallah HA, Dunn V et al. (1986) Structural abnormalities in the frontal system in schizophrenia: A magnetic resonance imaging study. Arch Gen Psychiatry 43:136–144

Baron M (1985) The genetics of schizophrenia: New perspectives. Acta Psychiatr Scand [Suppl 319] 71:85–92

Bear DM (1983) Commentary. Integrat Psychiatry 1:55–56

Benes FM, Davidson J, Bird ED (1986) Quantitative cytoarchitectural studies of the cerebral cortex of schizophrenics. Arch Gen Psychiatry 43:31–35

Besson JAO, Corrigan FM, Cherryman GR, Smith FW (1987) Nuclear magnetic resonance brain imaging in chronic schizophrenia. Br J Psychiatry 150:161–163

Bleuler E (1916) Physisch und psychisch in der Pathologie. Z Ges Neurol Psychiat 30:426–475

Bogerts B, Meertz E, Schonfeldt-Bausch (1985) Basal ganglia and limbic system pathology in schizophrenia: A morphometric study of brain volume and shrinkage. Arch Gen Psychiatry 42:784–791

Bogerts B, Wurthmann C, Piroth HD (1987) Hirnsubstanzdefizit mit paralimbischem und limbischem Schwerpunkt im CT Schizophrener. Nervenarzt 58:97–106

Brodie JD, Christman DR, Corona JF (1984) Patterns of metabolic activity in the treatment of schizophrenia. Ann Neurol 15 [Suppl]: S166–S169

Brown R, Colter N, Corsellis N (1986) Postmortem evidence of structural brain changes in schizophrenia: Differences in brain weight, temporal horn area, and parahippocampal gyrus compared with affective disorder Arch Gen Psychiatry 43:36–42

Buchsbaum MS, Ingvar DH, Kessler R et al. (1982) Cerebral glucography with positron to-
    mography: Use in normal subjects and in patients with schizophrenia. Arch Gen Psychiatry
    39:251–259
Buchsbaum MS, DeLisi LE, Holcomb HH (1984) Anteroposterior gradients in cerebral glucose
    use in schizophrenia and affective disorders. Arch Gen Psychiatry 41:1159–1166
Buchsbaum MS, Wu JC, DeLisi LE, Holcomb HH, Hazlett E, Cooper-Langston K, Kessler R
    (1987) Positron emission tomography studies of basal ganglia and somatosensory cortex
    neuroleptic drug effects: differences between normal controls and schizophrenic patients.
    Biol Psychiatry 22:479–494
Calne DB, Langston JW, Martin WRW et al. (1985) Positron emission tomography after MPTP:
    observations relating to the cause of Parkinson's disease. Nature 317:246–248
Chugani HT, Phelps ME, Mazziotta JC (1987) Positron emission tomography study of human
    brain functional development. Ann Neurol 22:487–497
Clark CM, Hayden MR, Stoessl J, Martin WRW (1986) Regression model for predicting dissoci-
    ations of regional cerebral glucose metabolism in individuals at risk for Huntington's dis-
    ease. J Cereb Blood Flow Metab 6:756–762
DeLisi LE, Holcomb HH, Cohen RM et al. (1985) Positron emission tomography in schizo-
    phrenic patients with and without neuroleptic medication. Cereb Blood Flow Metab 5:201–
    206
Delabar JM, Goldgaber D, Lamour (1987) B-Amyloid gene duplication in Alzheimer's disease
    and karyotypically normal Down syndrome. Science 235:1390–1392
Dennert JW, Andreasen NC (1983) CT scanning and schizophrenia: A review. Psychiatr Devel-
    opm 1:105–121
Dewan MJ, Pandurangi AK, Lee SH et al. (1986) A comprehensive study of chronic schizo-
    phrenic patients. I. Quantitative computed tomography: Cerebral density, ventricle and sul-
    cal measures. Acta Psychiatr Scand 73:152–160
Egeland JA, Gerhard DS, Pauls DL et al. (1987) Bipolar affective disorders linked to DNA
    markers on chromosome 11. Nature 325:783–787
Farkas T, Reivich M, Alavi A (1980) The application of [18F]2-deoxy-2-fluoro-D-glucose and
    positron emission tomography in the study of psychiatric conditions. In: Passonneau JV,
    Hawkins RA, Lust DW, Welsh FA (eds) Cerebral metabolism and neural function. Williams
    & Wilkins, Baltimore
Farkas T, Wolf AP, Jaeger J, Brodie JD, Christman DR, Fowler JS (1984) Regional brain glu-
    cose metabolism in chronic schizophrenia: A positron emission transaxial tomographic
    study. Arch Gen Psychiatry 41:293–300
Flor-Henry P (1976) Lateralized temporal-lobe dysfunction and psychopathology. Ann NY
    Acad Sci 280:777–793
Flor-Henry P (1978) The endogenous psychoses. A reflection of lateralized dysfunction of the
    anterior limbic system. In: Livingston KE, Hornykiewicz O (eds) The continuing evolution
    of the limbic system concept. Plenum Press, New York, pp 389–404
Flor-Henry P (1983a) Determinants of psychosis in epilepsy. Laterality and forced normaliza-
    tion. Biol Psychiatry 18(9):1045–1057
Flor-Henry P 81983b) Functional hemispheric asymmetry and psychopathology. Integrat Psy-
    chiatry 1:46–52
Garnett ES, Firnau G, Chan PKH et al. (1978) [18F]fluoro-dopa, an analogue of dopa and its
    use in direct external measurement of storage degradation and turnover of intracerebral do-
    pamine. Proc Natl Acad Sci USA 75:464–467
Gur RE, Resnick SM, Alavi A et al. (1987a) Regional brain function in schizophrenia. I. A posi-
    tron emission tomography study. Arch Gen Psychiatry 44:119–125
Gur RE, Resnick SM, Gur RC, Alavi A, Caroff S, Kushner M, Reivich M (1987b) Regional
    brain function in schizophrenia: II. Repeated evaluation with positron emission tomogra-
    phy. Arch Gen Psychiatry 44:126–129
Gusella JF, Wexler NS, Conneally PM et al. (1983) A polymorphic DNA marker genetically
    linked to Huntington's disease. Nature 306:234–238
Hayden MR, Martin WRW, Stoessl J, Clark C, Robertson C, Moennich D (1985) The combined
    use of positron emission tomography (PET) and DNA polymorphisms in preclinical detec-
    tion of Huntington's disease. Am J Hum Genet 37 [Suppl]:A58 (abstract)

Hayden MR, Martin WRW, Stoessl AJ et al. (1986) Positron emission tomography in the early diagnosis of Huntington's disease. Neurology 36:888–894

Hodgkinson S, Sherrington R, Gurling H et al. (1987) Molecular genetic evidence for hetereogeneity in manic depression. Nature 325:805–806

Ingvar DH (1979) "Hyperfrontal" distribution of the cerebral grey matter flow in resting wakefulness; on the functional anatomy of the conscious state. Acta Neurol Scand 60:12–25

Ingvar DH, Franzen G (1974) Abnormalities of cerebral blood flow distribution in patients with chronic schizophrenia. Acta Psychiatr Scand 50:425–462

Jernigan TL, Sargent III T, Pfefferbaum A, Kusubov N, Stahl SM (1985) ^{18}Fluorodeoxyglucose PET in schizophrenia. Psychiat Res 16:317–329

Johnstone EC (1985) Structural changes in the brain in schizophrenia. In: Iversen SD (ed) Psychopharmacology: Recent advances and future prospects. Oxford University Press, Oxford, pp 196–203

Kety SS, Woodford RB, Harmel MH, Freyhan FA, Appel KE, Schmidt CF (1948) Cerebral blood flow and metabolism in schizophrenia: The effects of barbiturate semi-narcosis, insulin coma and electroshock. Am J Psychiatry 104:765–770

Kling AS, Metter EJ, Riege WH, Kuhl DE (1986) Comparison of PET measurement of local brain glucose metabolism and CAT measurement of brain atrophy in chronic schizophrenia and depression. Am J Psychiatry 43:175–180

Kovelman JA, Scheibel AB (1986) Biological substrates of schizophrenia. Acta Neurol Scand 73:1–32

Kraepelin E (1919) Dementia praecox and paraphrenia. Edinburgh, E&S Livingstone

Kuhl DE, Phelps ME, Markham CH, Metter EJ, Riege WH, Winter J (1982) Cerebral metabolism and atrophy in Huntington's disease determined by ^{18}FDG and computed tomographic scan. Ann Neurol 12:425–434

Leenders KL, Plamer AJ, Quinn N et al. (1986) Brain dopamine metabolism in patients with Parkinson's disease measured with positron emission tomography. J Neurol Neurosurg Psychiatry 49:853–860

Levy J (1983) Commentary. Integrat Psychiatry 1:52–53

Mazziotta JC, Phelps ME (1984) Human sensory stimulation and deprivation: Positron emission tomographic results and strategies. Ann Neurol 15 [Suppl]:S50–S60

Mazziotta JC, Phelps ME, Kuhl DE (1981) Quantitation in positron emission computed tomography. 5. Physical-anatomical effects. J Comput Assist Tomogr 5:735–743

Mazziotta JC, Phelps ME, Pahl JJ et al. (1987) Reduced cerebral glucose metabolism in asymptomatic subjects at risk for Huntington's diseases. N Engl J Med 316:357–362

McCulloch J, Savaki HE, Sokoloff L (1982) Distribution of effects of haloperidol on energy metabolism in the rat brain. Brain Res 243:81–90

Nasrallah HA, Andreasen NC, Coffman JA, Olson SC, Dunn VD, Ehrhardt JC, Chapman SM (1986) A controlled magnetic resonance imaging study of corpus callosum thickness in schizophrenia. Biol Psychiatry 21:274–282

Owens DGC, Johnstone EC, Crow TJ, Frith CD, Jagoe JR, Kreel L (1985) Lateral ventricular size in schizophrenia: Relationship to the disease process and its clinical manifestations. Psychol Med 15:27–41

Reveley MA, Reveley AM, Baldy R (1987) Left cerebral hemisphere hypodensity in discordant schizophrenic twins. Arch Gen Psychiatry 44:625–632

Sedvall GC, Blomqvist G, DePaulis et al. (1984) PET studies on brain energy metabolism and dopamine receptors in schizophrenic patients and monkeys. In: Psychiatry: The state of the art, vol 2. Plenum, New York, pp 305–312

Sheppard G, Gruzelier J, Manchanda R, Hirsch SR (1983) ^{15}O-Positron emission tomographic scanning in predominantly nevertreated acute schizophrenic patients. Lancet 24/31:1448–1452

Stevens JR (1973) An anatomy of schizophrenia? Arch Gen Psychiatry 29:117–189

Stevens JR (1982) Neuropathology of schizophrenia. Arch Gen Psychiatry 39:1131–1139

St. George-Hyslop PH, Tanzi RE, Polinsky RJ et al. (1987) The genetic defect causing familial Alzheimer's disease maps on chromosome 21. Science 235:885–890

Tsuang MT (1976) Genetic factors in schizophrenia. In: Grenell RG, Gabay S (eds) Biological foundations of psychiatry. Raven Press, New York, pp 633–644

Volkow ND, Brodie JD, Wolf AP, Angrist B, Russell J, Cancro R (1986) Brain metabolism in patients with schizophrenia before and after acute neuroleptic administration. J Neurol Neurosurg Psychiatry 49:1199–1202

Weinberger DR, Berman KF, Zec RF (1986) Physiologic dysfunction of dorsolateral prefrontal cortex in schizophrenia. Arch Gen Psychiatry 43:114–124

Widen L, Bergstrom M, Blomqvist G (1981) Glucose metabolism in patients with schizophrenia: Positron computed tomography measurements with 11-C glucose. J Cereb Blood Flow Metab 1[Suppl 1]:S455–S456

Widen L, Blomqvist G, Greitz T et al. (1983) PET studies of glucose metabolism in patients with schizophrenia. AJNR 4:550–552

Wiesel FA, Blomqvist G, Greitz T et al. (1985) Regional brain glucose metabolism in schizophrenic patients before and during neuroleptic treatment. J Cereb Blood Flow Metab 5[Suppl 1]:S181–S182

Wolkin A, Jaeger J, Brodie JD et al. (1985) Persistence of cerebral metabolic abnormalities in chronic schizophrenia as determined by positron emission tomography. Am J Psychiatry 142:564–571

Wong DF, Wagner HN, Tune LE et al. (1986) Positron emission tomography reveals elevated D_2 dopamine receptors in drug-naive schizophrenics. Science 234:1558–1563

Young AB, Penney JB, Starosta-Rubinstein S et al. (1987) Normal caudate glucose metabolism in persons at risk for Huntington's disease. Arch Neurol 44:254–257

5 Probleme der Lateralität und neurophysiologische Befunde bei Schizophrenien

W. GÜNTHER, R. STEINBERG, D. BREITLING, P. DAVOUS, J. L. GODET,
E. MOSER, R. PETSCH, H. HELLER, L. RAITH und P. STRECK

5.1 Einleitung

In eine Serie von psychometrischen und neurophysiologischen Studien versuchten wir, mögliche zentrale Korrelate gestörter motorischer Funktion bei Untergruppen schizophrener Patienten aufzufinden. Besonderen Wert legten wir hierbei auf die Erfassung der Psychopathologie in Hinblick auf eine „positiv-negativ Dimension" (z. B. Bleuler 1930; Schneider 1957; Huber et al. 1979; Andreasen 1982). In dem hier vorgelegten Überblick über unsere "Neuroimaging"-Studien haben wir als hypothesenbildenden Anfangsabschnitt Extremgruppen einer „Positiv-negativ"-Symptomatik untersucht (Anlehnung an das „Typ-I/II"-Konzept von CROW, z. B. 1985), um Grundlagen für eine spätere „dimensionale" Untersuchungsmethodik zu legen.

Motorische Störungen bei psychiatrischen Patienten wurden seit langem berichtet (Übersicht z. B. Manschreck 1986). Sie reichten von Veränderungen des optokinetischen Nystagmus (Latham et al. 1981) und langsamen Augenfolgebewegungen (Iacono et al. 1981; Mussbach et al. 1987), Veränderungen des spontanen Tempos bei der aktiven Reproduktion einer einfachen Melodie (Steinberg u. Raith 1985) bis zum Nachweis eines komplexen „psychotisch-motorischen Syndroms (PMS)" (Günther u. Gruber 1983; Günther et al. 1986a). Dieses PMS bestand aus Störungen der Feinmotorik der dominanten rechten Hand, der Lippen-, Zungen- und Mundmotorik sowie aus solchen der komplexen Bewegungskoordination der Extremitäten und schien sowohl bei unvorbehandelten als auch medikamentös behandelten schizophrenen Kranken in ähnlicher Form zu bestehen. Es zeigte keine signifikanten Zusammenhänge mit dem Variablen Alter, Geschlecht, intellektuelle und konzentrative Leistungsfähigkeit. Weiterhin schien es in nur wenig abgeschwächter Form auch im symptom„freien" Intervall zu persistieren, weshalb wir seine mögliche Rolle als "trait marker" für Schizophrenie diskutierten, ähnlich wie andere Autoren bereits zuvor (Asarnow u. McCrimmon 1978).

Unsere Serie von "Neuroimaging"-Studien versuchte, mögliche zentrale Korrelate solcher gestörter motorischer Funktion aufzuzeigen. Zur Verfügung hierzu standen uns bislang das EEG-Mapping, die Messung der regionalen Hirndurchblutung (rCBF) und die Kernspintomographie (NMR); über laufende Untersuchungen mittels Positronen-Emissions-Tomographie (PET) kann in dieser Übersicht noch nicht berichtet werden.

Aus Raumgründen werden wir uns beschränken auf die Übersichtsdarstellung unserer Befunde gestörter zerebraler Funktion während motorischer Aktivität. Wir werden auf die entsprechenden Originalarbeiten verweisen für die ausführli-

Tropon-Symposium, Bd. III
Die Schizophrenien
Hrsg. Kaschka/Joraschky/Lungershausen
© Springer-Verlag Berlin Heidelberg 1988

che Darstellung der Methodik sowie anderer untersuchter Aspekte (z. B. Musik-perzeption und -reproduktion; Befunde bei weiteren psychiatrischen Diagnose-gruppen). Die Befunde sollen schließlich im Hinblick auf gestörte „Lateralität" hemisphärischer Funktion diskutiert werden, einschließlich erster neurophysiolo-gischer Hypothesen zu schizophrenen Krankheitsformen.

5.2 EEG-Mapping-Untersuchungen an Typ I/II-Schizophrenen

5.2.1 EEG-Mapping an Typ-I-Kranken während einfacher motorischer Funktion

Untersucht wurden 10 neuroleptikabehandelte „extreme" Typ-I-Patienten (mit einem Kriteriumsscore von unter 10 auf der Münchner Version der SANS; Die-terle et al. 1986) gegenüber 10 Kontrollen mit einem 16-Kanal-EEG-Mapping-System während einfacher motorischer Funktion der dominanten rechten Hand (Details zum EEG, der Untersuchungs- und Auswertungsmethodik in Günther et al. 1986 b). Wir fanden bei gesunden Personen im EEG teils kontralateral be-tonte (Delta 1–4 Hz), teils bilaterale (Theta 4–8 Hz und Beta 1–3, 12–30 Hz) Funktionsänderungen gegenüber Ruhe, bei Typ-I-Schizophrenen dagegen Zei-chen einer linkshemisphärischen Hypofunktion, und z. T. weiter solche einer (kompensatorischen?) rechtshemisphärischen Überaktivierung.

5.2.2 EEG-Mapping an Typ-I-Kranken bei multisensorimotorischer Funktion

Untersucht wurden 10 neuroleptikabehandelte „extreme" Typ-I-Patienten (Kri-terien s. o.) gegenüber 10 Kontrollpersonen während multisensorischer motori-scher Funktion der dominanten rechten Hand (d. h. eine Bewegungsfolge der Fin-ger dieser Hand mußte mit einer unregelmäßigen, jedoch konstanten Serie von akustischen und/oder optischen Reizen synchronisiert werden); genaue Beschrei-bung des EEG-Mapping, der Untersuchungs- und Auswertungsmethodik s. Gün-ther u. Breitling (1985).

Bei den gesunden Personen fanden wir Zeichen einer umfassenden, bilateralen EEG-Funktionsänderung in allen Frequenzbändern. Demgegenüber zeigten Typ-I-Schizophrene wieder Zeichen linkshemisphärischer Hypofunktion, am deutlichsten ausgeprägt im Bereich der primären sensorimotorischen Areale in al-len Frequenzbändern (mit Ausnahme des Alpha-Bandes, in dem sich Kranke und Gesunde nicht signifikant unterschieden).

5.2.3 EEG-Mapping an Typ-II-Schizophrenen
während einfacher und multisensorimotorischer Funktion

Untersucht wurden 10 neuroleptikabehandelte schizophrene Kranke vom Typ II (Kriteriumswert auf der MV-SANS über 25), verglichen mit 10 Kontrollpersonen während je einer einfachen und visuomotorischen Bewegung der (dominanten) rechten und der linken Hand (kann hier nicht diskutiert werden).

Das EEG-Mapping-System war identisch, die Untersuchungs- und Auswertungsmethodik analog den EEG-Studien an Typ-I-Patienten (Details s. Günther et al. 1988).

Für gesunde Kontrollpersonen reproduzierten wir umfassende bilaterale EEG-Aktivitätsänderungen während der visuomotorischen Aufgabe (in allen Frequenzbändern), sowie ein Überwiegen der kontralateralen Aktivierung bei der einfachen motorischen Aufgabe.

Schizophrene Kranke vom Typ II zeigten dagegen erhebliche Abweichungen des „motorischen Aktivierungsmusters" im EEG, sowohl gegenüber Gesunden, als auch gegenüber dem „pathologischen" Muster von Typ-I-Kranken: Zeichen bilateraler Dysfunktion mit nahezu vollständiger „Nicht-Reaktivität" in den Frequenzbändern Delta, Theta und Beta (1–8 und 13–30 Hz), bei jedoch gegenüber Gesunden sogar vermehrter (diffuser) Alpha (8–13 Hz)-Blockadereaktion.

5.3 Regionale Hirndurchblutungs-(rCBF)-Untersuchungen an nichtmedizierten schizophrenen Kranken vom Typ I und II während einfacher motorischer Funktion

Untersucht wurden 8 „noch nie" (soweit dies zweifelsfrei feststellbar ist) medikamentös vorbehandelte schizophrene Ersterkrankte vom Typ I und 8 nicht aktuell (Medikamentenpause von 1 Woche bis über 1 Jahr) behandelte Typ-II-Kranke (Kriterien wie in den EEG-Studien) während einfacher Bewegung der dominanten rechten Hand, verglichen mit 16 endogen depressiven Kranken und 8 gesunden Kontrollpersonen. Verwendet wurde eine 64-Kristall-dynamische "single photon emission computerized tomography (SPECT)" mit ^{133}Xe als tracer (Tomomatic 64, Medimatic, Kopenhagen), welche Durchschnittsraten der regionalen Hirndurchblutung für graue und weiße Substanz in ml/100 g Hirngewebe und Minute in 3 axialen Schichten (0, 6 und 10 cm oberhalb der canthomeatalen Linie) errechnet. Details der rCBF-, Untersuchungs- und Auswertungsmethodik wurden berichtet in Günther et al. (1986c).

Bei Gesunden replizierten wir die in der Literatur berichteten Befunde (Olesen 1971; Lauritzen et al. 1981) eines ca. 25% rCBF-Anstiegs, eng umgrenzt in der kontralateralen primärmotorischen (kortikalen) Region, während einfacher repetitiver Handbewegungen der dominanten rechten Hand.

Ähnlich wie bereits in unseren EEG-Mapping-Studien zeigten weder schizophrene Kranke vom Typ I noch vom Typ II ein solches „normales Aktivierungsmuster".

Während Typ-I-Patienten rCBF-Steigerungen von 20–30% *„bilateral diffus"* aufwiesen (d. h. solche rCBF-Anstiege nicht streng umgrenzt kontralateral zeigten, sondern diffus in kortikalen und subkortikalen Schichten), zeigten Typ-II-Patienten eine *„Nichtreaktivität"* (unter Einschluß eines Fehlens des rCBF-Anstieges in der kontralateralen primärmotorischen Region). Erstaunlicherweise ähnelten die rCBF-Aktivierungsmuster von „leicht" endogen Depressiven (HAMD unter 20) denen von Schizophrenen vom Typ I, die von „schwer" Depressiven dagegen denen vom Typ II, worauf hier nicht näher eingegangen werden kann (cave: die endogen Depressiven waren medikamentös behandelt; weitere Diskussion dieses Befundes s. Günther et al. 1986 c, S. 894 ff.).

Ein Beispiel für „bilaterale Hyperaktivierung" und „Nichtreaktivität" ist in Abb. 2 dargestellt. Wir haben hierfür die erste uns im Längsschnitt vorliegende Patientin ausgewählt, welche diese zerebralen Funktionsveränderungen parallel zu einer klinisch deutlich erkennbaren Residualsymptomatik ausbildete (andere Beispiele s. Günther et al. 1986 c, 1987 b).

5.4 rCBF und Kernspintomographie-(NMR-)Untersuchungen an nichtmedizierten schizophrenen Kranken vom Typ I und II

In diese experimentell abgeschlossene, in der Auswertungsphase befindliche Untersuchung waren 31 schizophrene Kranke und 31 Kontrollpersonen einbezogen. Einschluß- und Ausschlußkriterien, Untersuchungs- und Auswertungsmethodik und erste Ergebnisse s. Günther et al. (1986 d).

Von allen Personen wurden Mediansagittalschnitte des Gehirns mittels NMR-Tomographie (0,5 Tesla; Spinechotechnik) angefertigt und als Grundlage morphometrischer Bestimmungen der relativen Fläche des Corpus callosum (CC) benutzt; Meßgröße war die sog. CBR ("Callosal-Brain-Ratio"), d. h. die planimetrierte Fläche des CC im Verhältnis zur Gesamtlänge/-fläche der Innenseite der rechten Hemisphäre (vgl. Nasrallah et al. 1986).

Abb. 1 a, b. EEG-Mapping funktionaler Aktivierung bei einer schizophrenen Patientin vom "Typ I" (G.D., 36 J., Diagnose 295.3, nicht medikamentös vorbehandelt; MV-SANS Gesamtscore 13) (linke Bildhälfte, **a**). EEG-Mapping derselben Patientin 2 Jahre später mit deutlicher "Typ-II"(Residual-)-Symptomatik (G.D., 38 J., Diagnose 295.6, medikamentöser Washout von 1 Woche, MV-SANS Gesamtscore 67) (rechte Bildhälfte, **b**). Jeweils in der oberen Abbildungshälfte (erste und zweite Zeile) sind die topographischen Powerverteilungen für Delta (0,5–4 Hz) kartographisch dargestellt, in der unteren Hälfte für $Beta_1$ (13–20 Hz). Die Elektrodenplazierung nach dem 10/20-System war hierbei: A Fp2, B F4, C C4, D O2, E Fp1, F F3, G C3, H O1, I F8, J T4, K T6, L Fz, M F7, N T3, O T5; die Ableitungen erfolgten mittels einer "mean reference", d. h. das Potential jeder Elektrode wird abgeleitet gegen das Summenpotential aus allen Elektroden. Die Powerwertskalen am jeweils rechten Kartenrand sind einheitlich für alle Karten innerhalb eines Frequenzbandes (unerläßlich für den visuellen Vergleich bei Karten von Einzelpersonen); die Lücken zwischen den 16 gemessenen Bildpunkten (d. h. Elektroden) werden durch lineare Interpolation gefüllt (weitere Details zum EEG-Mapping in unseren Originalarbeiten, z. B. 1985, 1986 b). Dargestellt sind somit "Typ I", Delta (Abb. 1 a oben), "Typ I" $Beta_1$ (Abb. 1 a unten), sowie analog für den späteren Untersuchungszeitpunkt derselben Patientin (Abb. 1 b oben und unten). Dargestellt sind *innerhalb jedes Quadranten* entgegen dem Uhrzeigersinn: "Augen zu", "Hand rechts", "Hand links", "Musik 3" – d. h. also jeweils der Durchschnitt von 30 s möglichst artefaktfreiem EEG während der entsprechenden Hirnfunktionszustände. Hierbei ist "Augen zu" ein Ruhezustand nach mehrminütigem Entspannungstraining, "Hand rechts" und "links" bedeuten wiederholtes Faustöffnen und -schließen mit einer Frequenz von 1/s und "Musik 3" schließlich bedeutet 30 s binaurales Hören eines Sambarhythmus mit einer Harmoniefolge. Auffällig sind die Zeichen "bilateral diffuser" Hyperaktivierung bei der Patientin zum Untersuchungszeitpunkt "Typ I" (Abb. 1 a) für beide dargestellten Frequenzen, sowie die demgegenüber deutliche "Nichtreaktivität" bei der späteren Untersuchung ("Typ II"; Abb. 1 b)

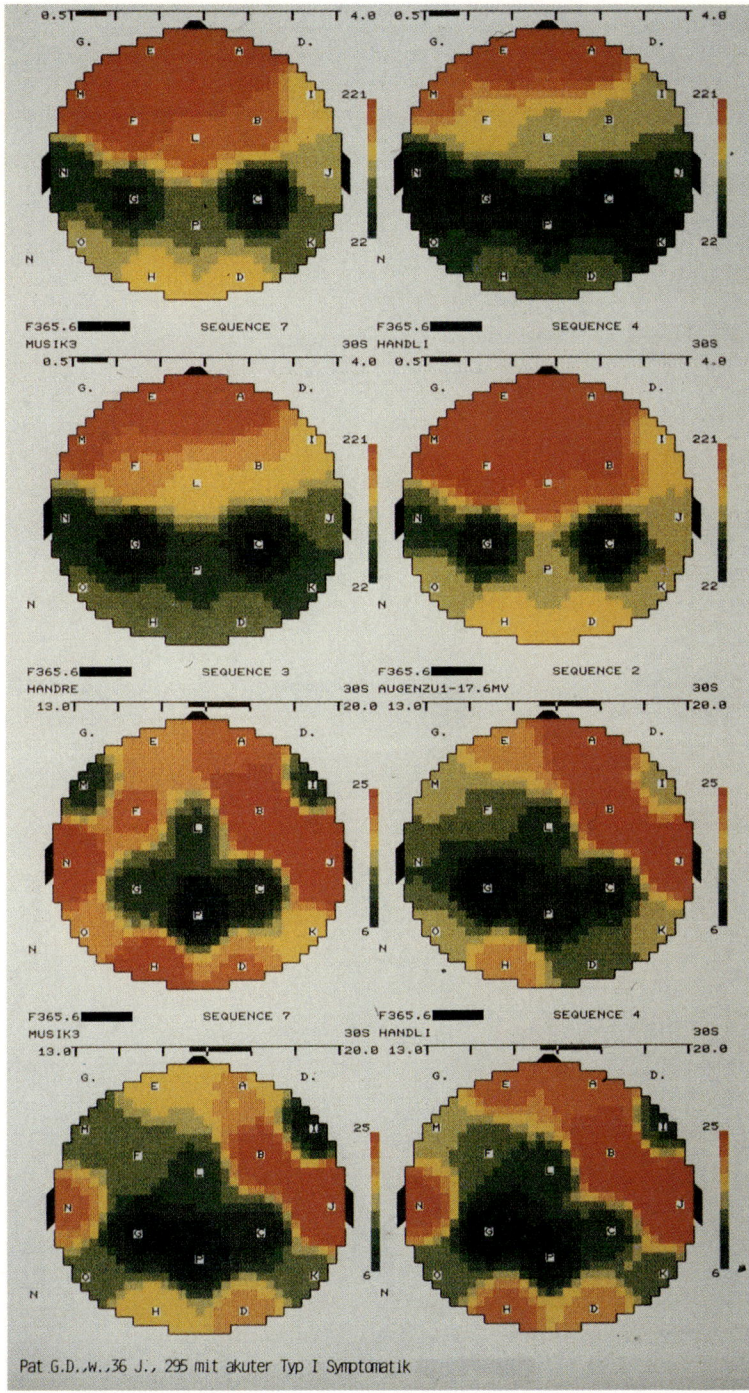

Abb. 1a

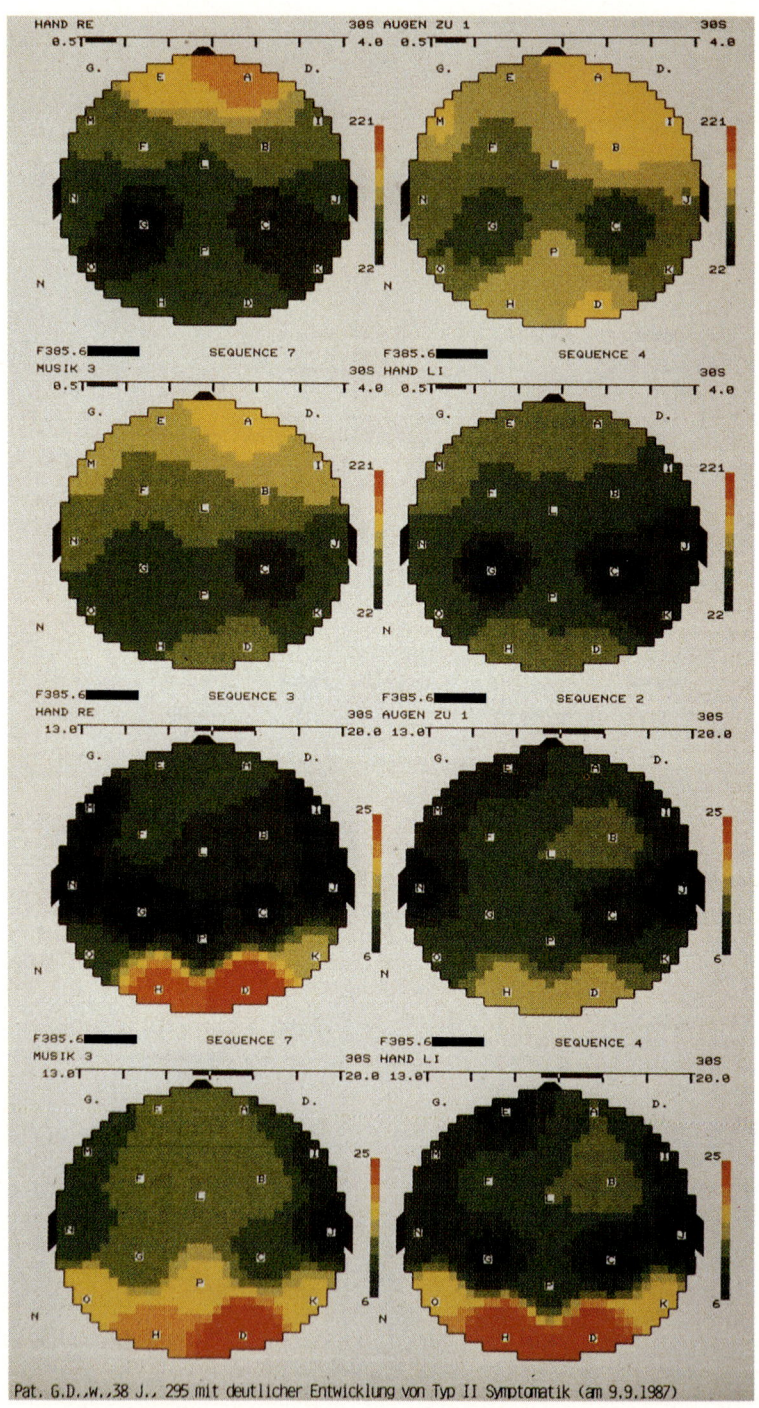

Pat. G.D.,w.,38 J., 295 mit deutlicher Entwicklung von Typ II Symptomatik (am 9.9.1987)

Abb. 1 b

Wir fanden bei „extremen Typ I"-schizophrenen (nicht medikamentös behandelten) Kranken in 12 von 16 Fällen Zeichen eines *vergrößerten* CC, dagegen nur in 2 von 15 Typ-II-Schizophrenen. *Verkleinerte* CC zeigten dagegen nur einer der Typ-I-Kranken, dagegen 11 der Typ-II-Kranken (jeweils im Vergleich zu altersangeglichenen Kontrollpersonen). Die Varianzanalysen zeigten eine signifikante Interaktion CC Größe · rCBF · Typ-I/II-Symptomatik bei den schizophren Kranken (keine rCBF-Messungen bei Gesunden aus ethischen Gründen!): „vergrößertes CC", „bilateraler Hyperflow (bei einfacher motorischer Stimulation)" und „klinische Typ-I-Symptomatik" schienen zu kovariieren, ebenso wie „verkleinertes CC", „Nichtreaktivität des rCBF" und „Typ-II-Symptomatik".

Wegen zu geringer Fallzahl können über mögliche Geschlechtsunterschiede leider keine Angaben gemacht werden, ebensowenig wie über eine mögliche differentielle Topologie der CC-Veränderungen (Nasrallah et al. 1986 hatten in ihrer NMR-Studie v. a. anteriore und mittlere CC-Bereiche bei weiblichen Schizophrenen vergrößert gefunden).

5.5 EEG-Mapping-Untersuchungen während motorischer und musikalischer Funktion an schizophrenen und depressiven Kranken

Untersucht wurden in dieser experimentell abgeschlossenen, aber noch nicht vollständig ausgewerteten Studie 48 schizophrene, 56 endogen depressive, 29 nicht endogen depressive und 42 gesunde Personen. Nur für schizophrene Patienten können hier erste Befunde berichtet werden. Wir untersuchten schizophrene Kranke sowohl „nie behandelt mit antipsychotischer Medikation" (soweit so etwas feststellbar ist)/nach einem „Wash-out von mindestens 1 Woche", als auch im Längsschnitt später nach Anwendung neuroleptischer Medikation. Besondere Beachtung galt wieder der positiv-negativ-*Dimension* (gemessen mit der MV-SANS wie in den EEG-Studien an neuroleptikabehandelten Schizophrenen, nunmehr aber ohne starre Kriterien für „Typ I/II"). Das EEG-Mapping war analog unseren obigen Studien, die Durchführungs- und Auswertungsmethodik ähnlich (Details werden demnächst vorgelegt).

Wir fanden bei nichtmedizierten weiblichen Schizophrenen, welche niedrige Werte auf der MV-SANS erhielten (d. h. unter dem Median von 51-*Gesamtscore*-lagen) Zeichen einer eher bilateralen Hyperaktivierung, verglichen mit Patientinnen mit hoher Ausprägung von negativer Symptomatik. Dieser Befund wurde sowohl bei einfacher motorischer als auch musikperzeptorischer Funktion deutlich.

Abbildung 1 zeigt ein Beispiel: Während die Patientin im akuten Zustand v. a. in den Frequenzbändern Delta und $Beta_1$ deutliche bilateral-diffuse Anstiege zeigt, weist sie 2 Jahre später klinisch eine deutliche Residualsymptomatik auf und im EEG-Mapping Zeichen bilateraler Hyporeaktivität. Interessanterweise zeigten die parallelen rCBF-Untersuchungen *derselben Patientin* im Längsschnitt ebenfalls einen Übergang von Hyper- und Hypoaktivierung, welcher in Abb. 2 demonstriert wird.

Neuroleptische Behandlung scheint nach unserer vorläufigen Erkenntnis eine „dämpfende" Wirkung auf die im EEG erkennbaren Aktivierungsmuster auszuüben, und zwar sowohl bei eher „hyperaktivierter", als auch „hypoaktivierter" Ausgangslage.

Weitere Befunde dieser in Auswertung befindlichen größeren EEG-Mapping-Studie können hier noch nicht vorgelegt werden, es sei abschließend nur darauf hingewiesen, daß neben vielen anderen methodischen Aspekten und Problemen auch das der „sequentiellen Hirnaktivierung" besonders berücksichtigt werden muß (s. Günther et al. 1987a), da nach Ausführung einzelner Aufgaben das Gehirn funktional keineswegs zur „Ausgangslage" zurückzukehren scheint.

5.6 Diskussion

Vor einer kurzen, spekulativen Diskussion unserer Befunde zu motorischer Dysfunktion bei Untergruppen schizophrener Patienten erscheinen kritische methodische Anmerkungen angezeigt:

Die Kreuzvalidierungsstudien mittels EEG-Mapping an nichtbehandelten schizophrenen Patienten (z. T. „noch nie" behandelt, z. T. "Wash-out" von mindestens 1 Woche) ergeben Hinweise auf hemisphärische Funktionsanomalien, welche durch medikamentöse Therapie erheblich beeinflußt werden. Dies bringt Unsicherheiten im Hinblick besonders auf die Patienten, welche nur nach einem

----

Abb. 2a, b. Karten regionaler Hirndurchblutung (rCBF) bei derselben nichtmedizierten schizophrenen Patientin wie in Abb. 1: mit ausgeprägter "Typ-I"-Symptomatik (Abb. 2a) sowie mit ausgeprägter "Typ-II"(Residual)-Symptomatik (Abb. 2b). Dargestellt sind in ml/100 h Hirngewebe und Minute in den Einheiten einer Farbskala (jeweils am rechten Kartenrand) jeweils die Topographie der Hirndurchblutung in Ruhe in der 2. (subkortikalen; 6 cm oberhalb der canthomeatalen Linie) Schicht (*1. Bildzeile*) und der 3. (kortikalen; 10 cm oberhalb) Schicht (*2. Bildzeile*). Dies wird gefolgt von Abbildungen des rCBF während einfacher motorischer Aktivität mit der rechten dominanten Hand (repetitiver Faustschluß gegen Widerstand – "mit Hantel rechts") (subkortikale Schicht *3. Bildzeile*, kortikale Schicht *4. Bildzeile*). Zu jeder Einzelflußkarte (a und b, *linke Bildreihe*) sind dann – rechts daneben – dieselben Flußkarten mit computerzugeordneten "*Regions Of Interest*", einschließlich der errechneten rCBF-Werte für jede ROI, abgebildet (a und b, *rechte Reihe*). Dargestellt sind somit „Typ I", Ruhe, 2. und 3. Schicht/mit und ohne ROIs (Abb. 2a oben); „Typ I, Handbewegung rechts, 2. und 3. Schicht/mit und ohne ROIs (Abb. 2b unten); entsprechend für den späteren Meßzeitpunkt („Typ II") in Ruhe (Abb. 2b oben) und Handbewegung rechts (Abb. 2b unten). Dargestellt *innerhalb einer Abbildungshälfte* sind jeweils 4 Einzelkarten – für das Beispiel Abb. 2a oben (d. h. „Typ I", „In Ruhe") *entgegen dem Uhrzeigersinn, von rechts oben beginnend*: subkortikale Schicht mit ROIs (linke und rechte Hemisphäre im Durchschnitt und in jeder der jeweils 6 ROIs), daneben dieselbe Flußkarte ohne ROIs, darunter die Flußkarte der kortikalen Schicht ohne ROIs, sowie schließlich dieselbe kortikale rCBF-Karte mit ROIs. Die rCBF-Karten zeigen Werte, welche errechnet sind über einen "steady state" während 4 min („Ruhe" bzw. „Handbewegung/Hantel rechts") und Durchschnittswerte der Hirndurchblutung für weiße und graue Hirnsubstanz darstellen (weitere Details s. Günther et al. 1986c, S. 892ff.). – Die Patientin zeigt zum ersten Untersuchungszeitpunkt („Typ I") „diffuse bilaterale" Durchblutungsanstiege während Motorik (Abb. 2a untere Hälfte), gegenüber Ruhe (Abb. 2a obere Hälfte) (im Durchschnitt über alle ROIs z. B. für die 3./kortikale Schicht von 55,0 ml (linke Hemisphäre)/50,3 ml (rechte Hemisphäre) in Ruhe – auf 63,3 ml/58,8 ml bei Motorik). Demgegenüber sind diese rCBF-Anstiege zum Zeitpunkt „Typ II" bei derselben Patientin, *die Residualsymptomatik entwickelt hatte*, bis fast zu „Nichtreaktivität" zurückgebildet (Abb. 2b)

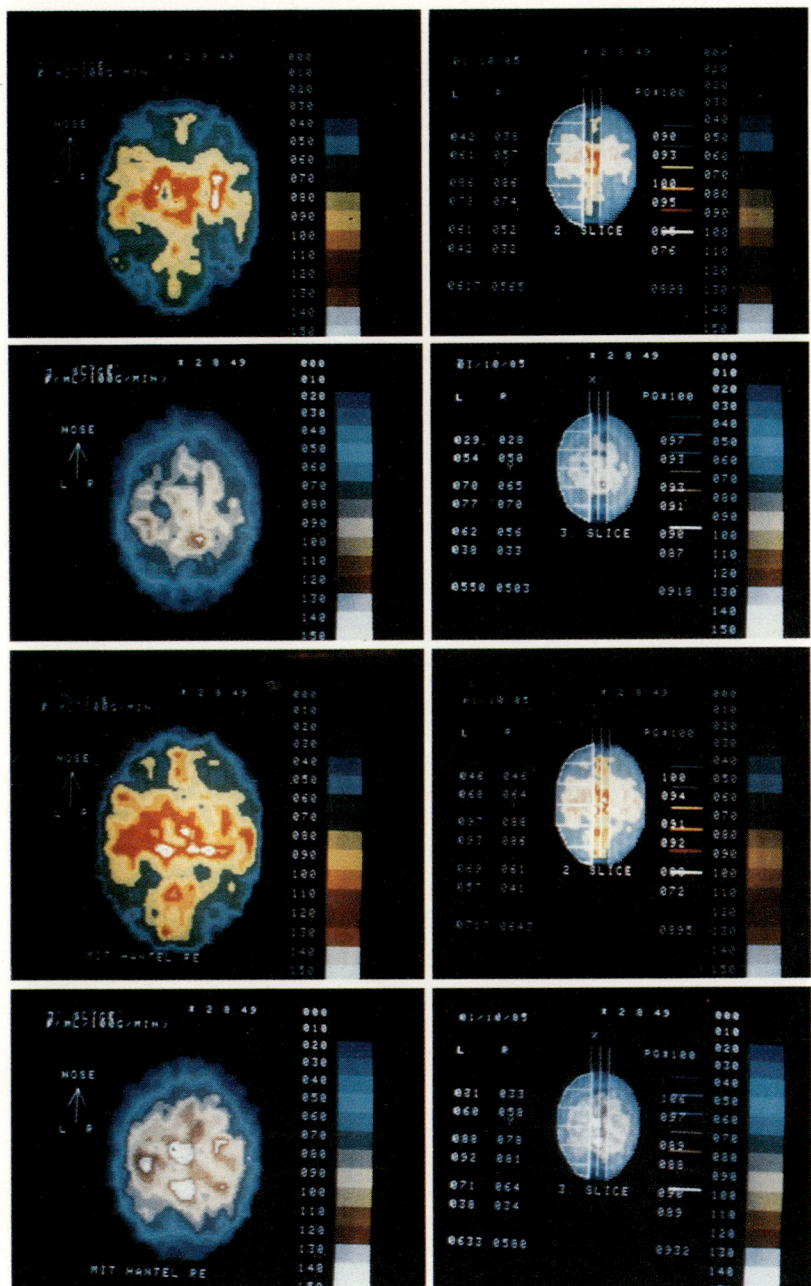

Abb. 2 a

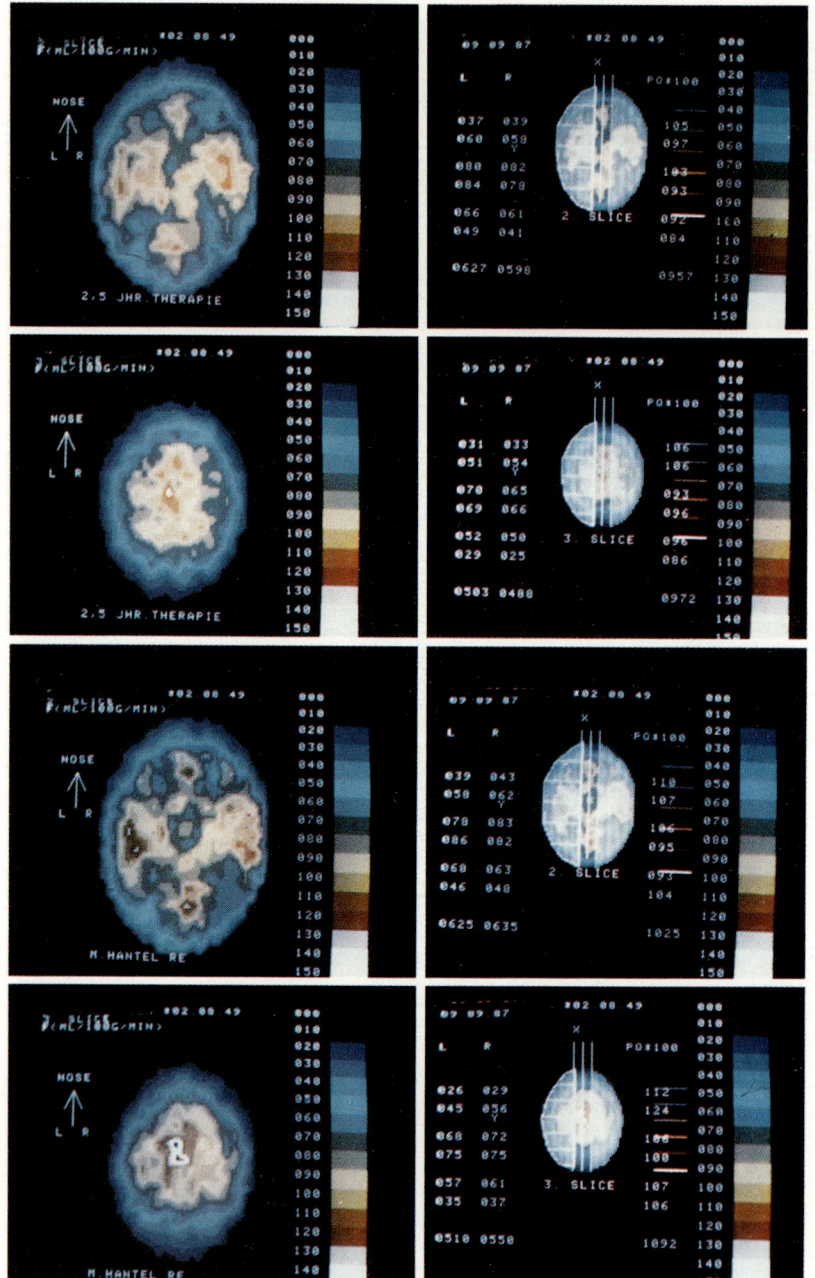

Abb. 2b

kurzen "Wash-out" untersucht werden können und insgesamt in ihrem Leben bereits größere Dosen von zentral wirkenden Medikamenten erhalten haben. Daß solche Patienten mehr am „Typ-II"-Pol der positiv-negativ-Dimension zu finden sind, erschwert Vergleiche zu „noch nie" behandelten „Typ-I"-Patienten zusätzlich.

Der Übergang von extremen Gruppen hinsichtlich der Ausprägung „positiv-negativ" zu einer Untersuchung auch aller Zwischenausprägungen ist notwendig für erweiterte mögliche klinische Anwendbarkeit der Befunde, erschwert jedoch Vergleiche zu unseren früheren Befunden an „Typ-I/II-Kranken".

Ein schwierig zu lösendes Problem bei allen EEG-Untersuchungen bleiben Artefakte, die die Ergebnisse verfälschen. Eine retrospektive Selektion von „artefaktfreien" EEG-Perioden für quantitative Analysen könnte die Datenqualität verbessern, bedarf jedoch ebenfalls sorgfältiger methodischer Vorkehrungen. Es muß z. B. der auswählende EEG-Experte völlig „blind" sein im Hinblick auf Fragestellung und Gruppenzugehörigkeit (u. a.), was zuweilen nicht unbeträchtliche Schwierigkeiten bereiten könnte; automatische Artefakterkennung könnte hierfür nützlich sein, allerdings auch „echte EEG"-Potentiale ausschließen; weiterhin bleibt das Problem von „sequentieller Aktivierung" des Gehirns davon gänzlich unberührt und eine potentielle Verfälschungsquelle, welche kontrolliert werden sollte. Diese beiden letzten methodischen Ziele werden in unseren „sequentiellen" EEG-Mapping-Studien höherer Hirnfunktion bei verschiedenen Personengruppen angestrebt (Günther et al. 1987a).

EEG-Aktivitätsverteilungen können hinsichtlich topographischer Hirnfunktionsverteilungen nur sehr schlecht räumlich auflösen, was von übergenauen topographischen Interpretationen von EEG-Befunden (auch „Mapping"-Befunden!) abraten läßt; ungeklärt bleibt zudem die Frage, wieweit tiefergelegene Dipole eine am Skalp abgegriffene Potentialverteilung mitbeeinflussen.

Ungeklärt bleiben Zusammenhänge zwischen Veränderungen einzelner EEG-Parameter während definierter Funktion und anderen Hirnfunktionsparametern, wie z. B. regionale Hirndurchblutung, Glukose- und Sauerstoffverbrauch. Erste Versuche einer solchen „Außenvalidierung" der EEG-Befunde haben wir mittels rCBF-Messungen an vergleichbaren Patientengruppen vorgelegt. Methodisch bleibt als Problem unserer Studien, daß *simultane* Messungen von EEG und rCBF aus apparativen Gründen unmöglich sind, so daß auf direkte Vergleiche verzichtet werden muß. Eine *simultane* Messung von EEG-Mapping-Parametern und Glukosekonsumption mittels PET (laufende Studie) dürfte weitergehende Aufschlüsse über solche „Koppelung" bei Gesunden und Untergruppen von Schizophrenen erbringen.

Diese unvollständige Aufzählung methodischer Probleme läßt somit anraten, die nachfolgenden kurzen Überlegungen zu gestörter „Lateralität" (hemisphärischer Funktion), basierend auf unseren oben skizzierten neurophysiologischen Befunden bei Schizophrenien, als spekulativ und vorläufig einzuschätzen.

Dennoch ergeben sich aus der Literatur vielfache Hinweise, die eine Fortführung unserer Experimente und Überlegungen stützen können:

Motorische Störungen bei schizophrenen Kranken sind seit langem bekannt und auch vielfach psychometrisch untersucht (Übersicht z. B. Manschreck 1986), auch schon vor Einführung antipsychotischer Substanzen in die Behandlung (Wulfeck 1941); die Untersuchung solcher "functio laesa" mittels neuer "Neuro-imaging"-Methoden könnte entsprechende zerebrale Korrelate solcher Dysfunktion erbringen. Unsere Befunde gestörter hemisphärischer Aktivierung und mangelnder „Lateralisierung" bei Untergruppen schizophrener Patienten, erhalten mit EEG-Mapping und rCBF, geben Hinweise in diese Richtung, ähnlich wie zahlreiche Befunde anderer Arbeitsgruppen (Übersichten z. B. Flor-Henry u. Gruzelier 1983; Takahashi et al. 1987).

Motorische Störungen sind bereits in "high-risk" (für Schizophrenie)-Personen bekannt geworden, lange bevor eine erste klinisch-psychotische Dekompensation in Erscheinung trat. Unsere Befunde eines relativ vergrößerten Corpus callosum bei unvorbehandelten Ersterkrankten, im Zusammenhang mit Zeichen veränderter „unökonomischer(!)" hemisphärischer Funktionsorganisation bei unvorbehandelten ersterkrankten Schizophrenen lassen ebenfalls Hirnfunktionsanomalien lange vor einer psychotischen Erstmanifestation annehmen. Diese Zeichen bilateraler Hyperaktivierung stehen, je nach untersuchtem Funktionskreis, in Übereinstimmung mit vielen Berichten von „Überaktivierung" und „extremer Ablenkbarkeit" solcher Patienten (z. B. Gur 1978; Gur et al. 1983, 1985; Wexler u. Henninger 1979; Weinberger 1987).

Der Übergang von schizophrenen klinischen Syndromen mit mehr „akuter", „produktiver", „sekundärer" (Bleuler 1930), „akzessorischer" (Schneider 1957) Symptomatik in solche beschrieben als „chronisch-residual", „grundsymptomatisch" (Bleuler 1930), „ersten Ranges" (Schneider 1957), „reiner/gemischter Defekt" (Huber et al. 1979) u. ä. ist seit langem bekannt. Unser Beispiel des Übergangs einer Patientin von vorwiegend „Typ-I"- in deutliche „Typ-II"-Symptomatik ist in seiner Übereinstimmung von neurophysiologischem und klinischem Befund überraschend (und deprimierend) deutlich.

Es muß jedoch ausdrücklich betont werden, daß unsere Befunde über die mögliche Reversibilität von „negativ" (Typ II) nach „positiv" (Typ I) keine Aussage machen können. Dies gilt auch für die Interpretation unserer Befunde eines verkleinerten CC bei „Typ-II"-Patienten, welche nur auf eine längerdauernde zerebrale Hyporeaktivität (Schutzfunktion vor erneuter „Überlastung" und „Funktionsdiffusion" bei vorbestehender extremer Übererregbarkeit?) schließen lassen, aber nichts zur Reversibilität aussagen können.

Gerade um auch „Typ-II"-Patienten gezielter helfen zu können (Vermeidung von Überforderung, zurückhaltende Aktivierung, niedrigdosierte Neuroleptikagabe zur Rezidivprophylaxe, unter Vermeidung einer weiteren Funktionsreduktion), wäre ein „Hirnfunktionsmonitoring" von psychiatrischen Patienten unter Therapie von möglicher größerer klinischer Bedeutung.

Falls weitere „Außenvalidierung" des EEG-Mapping an belastenderen, aber aussagefähigeren Methoden wie PET an verschiedenen Patientengruppen möglich wäre, könnten solche klinischen Längsschnittuntersuchungen mittels quantitativem funktionalen EEG realisierbar und sinnvoll werden. Besonders wichtig erscheint uns hierbei, daß das EEG für Patienten völlig ungefährlich ist, und eine solche größere Anwendung deshalb ärztlich-ethisch (und auch kostenmäßig) vertretbar wäre.

Literatur

Andreasen NC (1982) Negative symptoms in schizophrenia. Arch Gen Psychiatry 39:784–788

Asarnow RF, McCrimmon DJ (1978) Residual performance deficit in clinically remitted schizophrenics: A marker of schizophrenia? J Abnorm Psychol 87:597–608

Bleuler E (1930) Primäre und sekundäre Symptome der Schizophrenie. Z Ges Neurol Psychiat 124:607

Crow TJ (1985) The two-syndrome concept. Origins and current status. Schizophr Bull 11:471–486

Dieterle DM, Albus MI, Eben E, Ackenheil M, Rockstroh W (1986) Preliminary experiences and results with the Munich version of the Andreasen scale for the assessment of negative symptoms. Pharmacopsychiatry 19:96–100

Flor-Henry P, Gruzelier J (eds) (1983) Laterality and psychopathology. Elsevier, Amsterdam

Günther W, Gruber H (1983) Psychomotorische Störungen bei psychiatrischen Patienten als mögliche Grundlage neuer Ansätze in Differentialdiagnose und Therapie. I. Ergebnisse erster Untersuchungen an depressiven und schizophrenen Kranken. Arch Psychiatr Nervenkr 233:187–209

Günther W, Breitling D (1985) Predominant sensorimotor area left hemisphere dysfunction in schizophrenia measured by brain electrical activity mapping. Biol Psychiatry 20:515–532

Günther W, Günther R, Eich FX, Eben E (1986a) Psychomotor disturbances in psychiatric patients as a possible basis for new attempts at differential diagnosis and therapy. II. Cross validation study on schizophrenic patients: Persistance of a "psychotic motor syndrome" as possible evidence of an independent biological marker syndrome for schizophrenia. Eur Arch Psychiatr Neurol Sci 235:301–308

Günther W, Breitling D, Banquet JP, Marcie P, Rondot P (1986b) EEG mapping of left hemisphere dysfunction during motor performance in schizophrenia. Biol Psychiatry 21:249–262

Günther W, Moser E, Müller-Spahn F, Oefele K von, Buell U, Hippius H (1986c) Pathological cerebral blood flow during motor function in schizophrenic and endogenous depressed patients. Biol Psychiatry 21:889–899

Günther W, Petsch R, Eich FX et al. (1986d) Störungen der Hemisphärenfunktion und Corpuscallosum-Veränderungen bei schizophrenen Patienten. Erste Ergebnisse. Psycho 12:359–360

Günther W, Kugler J, Günther R (1987a) Sequentielles EEG-Mapping kognitiver Prozesse. Abstr 32. Jahrestagung Dtsch EEG-Ges, Ludwigshafen

Günther W, Breitling D, Moser E, Davous P, Petsch R (1987b) Brain mapping, rCBF and MRI measurements of motor dysfunction in type I and II schizophrenic patients. In: Takahashi R, Flor-Henry P, Gruzelier J, Niwa S (eds) Cerebral dynamics, laterality and psychopathology. Elsevier, Amsterdam, pp 519–533

Günther W, Günther R, Streck P, Römig H, Rödel A (1988) Psychomotor disturbances in psychiatric patients as a possible basis for new new attempts at differential diagnosis and therapy. III. Cross validation study on depressed patients: The "psychotic motor syndrome" as a possible state marker for endogenous depression. Eur Arch Psychiatry Neurol Sci 237:65–73

Günther W, Davous P, Godet JL, Guillibert E, Breitling D, Rondot P (1988) Bilateral brain dysfunction during motor activation in type II schizophrenia measured by EEG mapping. Biol Psychiatry 21:295–311

Gur RE (1978) Left hemisphere dysfunction and left hemisphere overactivation in schizophrenia. J Abnorm Psychol 87:226–238

Gur RE, Skolnick BE, Gur RC, Caroff S, Obrist WD, Younkin D, Reivich M (1983) Brain function in psychiatric disorders. I. Regional cerebral blood flow in medicated schizophrenics. Arch Gen Psychiatry 40:1250–1254

Gur RE, Gur RC, Skolnick BE, Caroff S, Obrist WD, Sesnick S, Reivich M (1985) Brain function in psychiatric disorders. III. Regional cerebral blood flow in organic dementia and affective disorders. Arch Gen Psychiatry 42:329–334

Huber G, Gross G, Schüttler R (1979) Schizophrenie. Eine verlaufs- und sozialpsychiatrische Langzeitstudie. Springer, Berlin Heidelberg New York

Iacono WG, Tuason VB, Johnson RA (1981) Dissociation of smooth-pursuit and saccadic eye-tracking in remitted schizophrenics. Arch Gen Psychiatry 38:991–996

Latham C, Holzman PS, Manschreck TC, Tole J (1981) Optokinetic nystagmus and pursuit eye movements in schizophrenia. Arch Gen Psychiatry 38:997–1003

Lauritzen M, Henriksen L, Lassen NA (1981) Regional cerebral blood flow during rest and skilled hand movements by Xenon-133 inhalation and emission computerized tomography. J Cerebr Blood Flow Metab 1:385–389

Manschreck TC (1986) Motor abnormalities in schizophrenia. In: Nasrallah HA, Weinberger DR (eds) Handbook of schizophrenia. Elsevier, Amsterdam, pp 65–96

Mussbach P, Büchele W, Rüther E, Scherer J (1987) Störung langsamer Augenfolgebewegungen unbehandelter schizophrener Patienten und der Einfluß neuroleptischer Therapie. In: Beckmann H, Laux G (Hrsg) Biologische Psychiatrie. 4. Kongr Dtsch Ges Biol Psychiatrie. Springer, Berlin Heidelberg New York Tokyo

Nasrallah HA, Andreasen NC, Coffman JA, Olson SC, Dunn VD, Ehrhardt JC, Chapman SM (1986) A controlled magnetic resonance study of corpus callosum thickness in schizophrenia. Biol Psychiatry 21:274–282

Olesen J (1971) Contralateral focal increase of cerebral blood flow in man during arm work. Brain 94:635–645

Schneider K (1957) Primäre und sekundäre Symptome bei der Schizophrenie. Fortschr Neurol Neurosurg Psychiatry 25:487–490

Steinberg R, Raith L (1985) Music psychopathology. I. Musical tempo and psychiatric disease. Psychopathology 18:254–264

Takahashi R, Flor-Henry P, Gruzelier J, Niwa S (eds) (1987) Cerebral dynamics, laterality and psychopathology. Elsevier, Amsterdam

Weinberger DR (1987) Implications of normal brain development for the pathogenesis of schizophrenia. Arch Gen Psychiatry 44:660–669

Wexler B, Henninger GR (1979) Alteration in cerebral laterality during acute psychotic illness. Arch Gen Psychiatry 36:278–284

Wulfeck W (1940) Motor function in the mentally disordered. I. A comparative investigation in psychotics, psychoneurotics and normals. Psychol Rec 4:272–323

6 Emotionale Irritierbarkeit der rechten Hemisphäre bei akut Schizophrenen *

G. OEPEN

6.1 Einleitung

Die Suche nach „der" Ursache „der" Schizophrenie führte zu verschiedenen Modellvorstellungen (s. Beitrag von Kaschka in diesem Buch, S. 3), die meist statischen Charakter haben und im Falle von biochemischen Merkmalen sich sehr weit entfernt von der klinisch-psychopathologischen Ebene befinden. Demgegenüber erfaßt ein neuropsychologischer Ansatz die präphänomenale Ebene, ohne spezifisch an eine bestimmte Ätiologie gebunden zu sein. Neuere Adoptionsstudien zeigen, daß sogar der genetische Einfluß weit geringer ist, als bisher angenommen: Genetisch wird eine Vulnerabilität für Schizophrenie zwar vorgegeben, die Manifestation wird jedoch wesentlich durch die belastende oder gesunde familiäre Umwelt bestimmt. Tienari (1987) konnte zeigen, daß Kinder, deren leibliche Mutter schizophren ist oder war, in gesunden Adoptivfamilien nicht häufiger schizophrene Psychosen entwickeln als Kinder psychisch gesunder Mütter, hingegen auch nicht vorbelastete adoptierte Kinder gefährdet sind, wenn die Adoptivmutter schizophren ist. Als wesentlicher Belastungsfaktor für die Manifestierung einer Schizophrenie oder die Anfälligkeit für Rückfälle im Verlauf hat sich das emotionale Klima der Familie (sog. "expressed emotions") herausgestellt (Leff u. Vaughn 1985). In diesem Zusammenhang ist es nun interessant, in einem dynamischen neuropsychologischen Ansatz zu untersuchen, inwieweit emotionale Einflüsse die Hirnfunktion von Schizophrenen anders beeinflussen als bei nichtschizophrenen Kontrollen.

Die Neuropsychologie, die in Deutschland ihren Ausgang ursprünglich von der Psychiatrie nahm, hat in den letzten Jahren besonders durch die „Split-brain-Forschung" (Springer u. Deutsch 1987) große methodische Fortschritte gemacht und Modelle entwickelt, die sich mit Erfolg auf die Psychiatrie anwenden lassen (Flor-Henry 1983; Takahashi et al. 1987). Das Paradigma der Hemisphärenspezialisierung erlaubt in diesem Zusammenhang, das Leistungsverhalten beider Hirnhälften in Beziehung zum jeweils klinisch dominierenden psychopathologischen Befund zu setzen. Schon im 19. Jahrhundert wiesen klinische (Bruce 1895) und anatomische Beobachtungen (Crichton-Browne 1878) auf die rechte Hemisphäre (RH) als den Sitz der „Verrücktheit" hin. Zeitgenössische neuropsychologische und elektrophysiologische Studien betonen demgegenüber eher eine Funktionsstörung der linken Hirnhemisphäre (LH) bei Schizophrenen (Gruzelier u. Venables 1974; Flor-Henry 1976; Gur 1978; Magaro u. Page 1983; Myslobodsky et al. 1983). Bereits Conrad (1958) betont jedoch in seiner Analyse der beginnen-

* Die vorliegende Arbeit wurde unterstützt durch die DFG (Projekt Oe 112/1-1).

den Schizophrenie Wesensqualitäten wie z. B. die Physiognomisierung der Umgebung, das Vorherrschen von Wesenseigenschaften (d. h. semantischen Merkmalen – einem Verarbeitungsschwerpunkt der rechten Hemisphäre) im Wahrnehmen und Denken Schizophrener, ein „Ansteigen der quälenden Bodenaffektivität" und die „besondere Bedeutung emotionaler Einstellungen bei Wahnkranken", was an eine Überfunktion rechtshemisphärischer Prozesse bei akuter Schizophrenie denken läßt. Denn physiognomisches Erkennen, affektive (besonders „negativ-emotionale") Tönung und semantische Prozesse sind eine Domäne der RH (Heilman u. Satz 1983; Geschwind u. Galaburda 1987). Wie jedoch jeder Kliniker weiß, sind schizophrene Psychosen keine stabilen Syndrome, sondern bieten ein buntes Bild fluktuierender, meist affektiv modulierter (Conrad 1958) psychopathologischer Zustände, vor allem bei akuten schizophrenen Psychosen. Eine solche Instabilität des Leistungsverhaltens fand sich in einer neuropsychologischen Vorstudie zur vorliegenden Arbeit in Form spontan auftretender Perioden größerer Seitenunterschiede der Reaktionszeiten beider Gesichtsfelder in einer tachistoskopischen Aufgabe, bei der Buchstaben in beiden Gesichtsfeldern erkannt werden sollten. Selbstschilderungen der Patienten im Anschluß an diese Untersuchungen ließen auf eine veränderte emotionale Befindlichkeit in Form von Angst und Gespanntheit während der Untersuchung als Korrelate der beobachteten dissoziierenden Leistungsvariation beider Hemisphären schließen (Oepen et al. 1985).

Wegen der besonderen Bedeutung emotionaler Prozesse für die Psychopathologie (Bleuler 1911, 1926) und allgemein für die Integration unterschiedlicher Hirnregionen zu einem gemeinsamen funktionellen Substrat (Wexler 1986) prüften wir daraufhin gezielt die Störbarkeit der Hemisphärenfunktionen akut schizophrener Patienten durch emotionale Reize. In einer tachistoskopischen Studie untersuchten wir dabei die Anfälligkeit des Leistungsverhaltens in sprachlichen und nichtsprachlichen tachistoskopischen Aufgaben auf emotionale Zusatzreize, in einer Untersuchung des Hirnstoffwechsels Veränderungen durch emotionale Filmmusik. Darüber hinaus untersuchten wir das motorische Verhalten der rechten und linken Hand Schizophrener vor und nach Behandlung mit Neuroleptika und stellen den bisher genannten Studien bei Schizophrenen Befunde des Hirnstoffwechsels während einer durch Mescalinsulfat induzierten Modellpsychose bei gesunden freiwilligen Probanden aus einer noch laufenden Studie gegenüber.

6.2 Tachistoskopische Studien

6.2.1 Patienten und Methode

50 rechtshändige männliche akut schizophrene Patienten einer geschlossenen Station der Psychiatrischen Universitätsklinik Freiburg sowie 30 männliche rechtshändige nichtpsychiatrische Patienten einer operativen Station der Dermatologischen Universitätsklinik Freiburg nahmen an den Untersuchungen teil, weiterhin 25 männliche endogen depressive Patienten. Die psychiatrischen Diagnosen wurden nach der ICD-9 gestellt (Degkwitz et al. 1980). Die aktuelle Psychopathologie wurde mit Hilfe der Brief Psychiatric Rating Scale, BPRS (Overall u. Gorham

1976) durch den Untersucher ermittelt, daneben wurde die Paranoid-Depressionsskala, PDS (von Zerssen 1976), sowie der Frankfurter Beschwerdefragebogen, FBF (Süllwold 1977), angewandt. Alle Probanden nahmen an 2 visuellen Halbfeldexperimenten mit einem 3-Kanal-Tachistoskop teil. Die Aufgabe bestand darin, bei doppelt simultaner Darbietung beidseits eines kurz erscheinenden Fixationspunktes deutsche Funktionsworte (Sprachtest) bzw. Gesichter (Gesichtertest) zu erkennen und so schnell wie möglich ipsilateral zum Zielreiz eine Taste mit dem rechten oder linken Zeigefinger herabzudrücken. Nach jeweils 2 Durchgängen mit je 36 Karten erfolgte ein weiterer Durchgang mit zusätzlichen emotionalen Distraktoren (Rückansicht einer nackten Frau, realistische Zeichnung einer Spinne und Rorschach-Tafel Nr. 10). Schizophrene Patienten wurden baldmöglichst nach Aufnahme in die geschlossene Station (t_1) sowie nach eingetretener klinischer Besserung unter neuroleptischer Behandlung ca. 6–8 Wochen später (t_2) in dieser Form untersucht. Weitere methodische Angaben finden sich bei Oepen et al. (1987, 1988).

6.2.2 Ergebnisse

Abbildung 1 zeigt die wesentlichen Ergebnisse bei Schizophrenen im Vergleich zu den dermatologischen Kontrollpersonen. Bei Betrachtung der Durchgänge ohne emotionale Zusatzreize (ausgefüllte Symbole) zeigt sich eine gleichsinnige Leistungsasymmetrie bei Schizophrenen und Kontrollpersonen: sprachliche Reize werden im rechten Gesichtsfeld (RVF) prozentual häufiger richtig beantwortet (Linkshemisphärenvorteil), die nichtsprachlichen Gesichterreize dagegen umgekehrt im linken Gesichtsfeld (LVF), was bei den insgesamt schlechteren Schizophrenen relativ deutlicher ausgeprägt ist (Rechtshemisphärenvorteil). In den Durchgängen mit zusätzlichen emotionalen Distraktoren (offene Symbole) zeigt sich nun ein wesentlicher Unterschied zwischen Kontrollen und Schizophrenen: Während Nichtschizophrene entweder in beiden Gesichtsfeldern (Worttest) oder zumindest im LVF (Gesichtertest) eine deutliche Leistungsverbesserung durch die emotionalen Zusatzreize zeigen, zeigen Schizophrene eine Leistungsverbesserung lediglich im RVF (linke Hemisphäre). Im Gesichtertest zeigt sich parallel dazu eine deutliche Leistungsverschlechterung im LVF (rechte Hemisphäre). Dies war in der multivariaten Analyse richtiger Antworten hoch signifikant [F (1,64) = 9,34; $p = 0,003$]. Die neuroleptische Behandlung führte parallel zur psychopathologischen Stabilisierung zu einer Stabilisierung des Leistungsverhaltens besonders im Gesichtertest, wo zum Zeitpunkt t_2 neben einer allgemeinen Anhebung des Leistungsniveaus die Störbarkeit rechtshemisphärischer Leistungen durch emotionale Zusatzreize nicht mehr beobachtet wurde. Die statistische Analyse ergab, daß Neuroleptika die Distraktorwirkung entscheidend beeinflussen, und zwar gesichtsfeldspezifisch [signifikante Interaktion „t_1 vs. t_2" · „ohne vs. mit Distraktor" · „linkes vs. rechtes Gesichtsfeld": F (1,24) = 4,21; $p = 0,051$], i.S. einer selektiven RH-Stabilisierung.

Endogen depressive Patienten verhielten sich eher wie Kontrollen und zeigten nicht die bei Schizophrenen beobachtete Leistungsabnahme im LVF. Die 3-Weg-Interaktion „Schizophrene vs. Depressive" · „ohne vs. mit Distraktor" · „LVF vs.

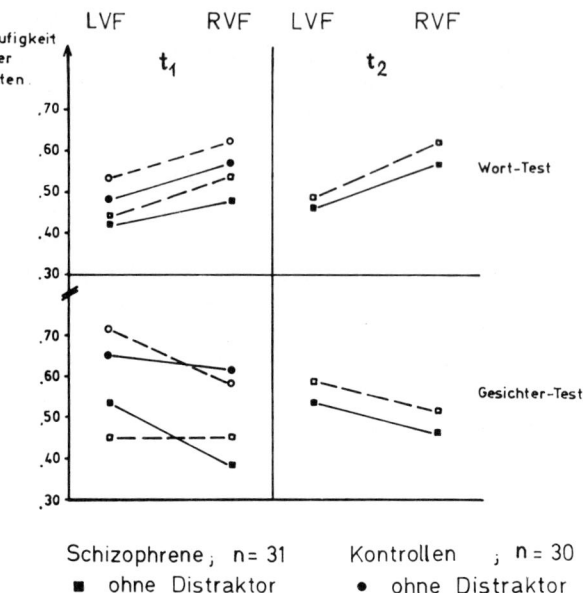

Abb. 1. Relative Häufigkeit richtiger Reaktionen bei Wort- und Gesicht-Entscheidungsaufgaben. Da die Effekte zu Beginn (t_1) und nach erfolgter neuroleptischer Therapie (t_2) verglichen werden, konnten von 50 Schizophrenen zum Zeitpunkt t_1 nur 31 berücksichtigt werden, die alle Tests zu beiden Zeitpunkten vollständig absolviert hatten. Ergebnisse ohne emotionale Distraktoren sind mit durchgezogenen, solche mit zusätzlichen emotionalen Reizen mit unterbrochenen Linien dargestellt. (Weitere Erklärungen im Text)

RVF" war im Worttest hoch signifikant ($p = 0{,}001$), was bedeutet, daß sich Distraktoren gesichtsfeldspezifisch bei Schizophrenen anders als bei Depressiven auswirken (LH-Verschlechterung i.S. einer RH-Irritation nur bei Schizophrenen).

6.2.3 Psychopathologie

Weder eine Unterteilung in paranoide und nichtparanoide, noch in produktive bzw. nichtproduktive Schizophrene ergab eine signifikante Korrelation mit dem Leistungsverhalten im tachistoskopischen Test. Alle Untergruppen zeigten die gleichen Distraktoreffekte (Verschlechterung der rechtshemisphärischen Leistungen im LVF). Paranoide (nach der PDS) wiesen einen deutlicheren LVF-Vorteil im Sinne einer größeren RH-Aktivität im Worttest auf als Nichtparanoide ($p = 0{,}017$). Dies deutet auf einen Zusammenhang zwischen erhöhter rechtshemisphärischer Aktivität und Paranoia hin. Weiterhin fand sich eine signifikante Korrelation der BPRS-Subskala „Denkstörungen" mit richtigen Antworten im LVF des Worttests bei Schizophrenen ($p = 0{,}058$). Mit anderen Worten: Psychiater diagnostizieren bei Schizophrenen um so mehr Denkstörungen, je aktiver deren rechte Hemisphäre in sprachlichen Leistungen ist! Die BPRS-Subskala „Anergie" korrelierte sowohl im Worttest ($p = 0{,}005$) als auch im Gesichtertest ($p = 0{,}032$) negativ mit den richtigen Antworten im LVF bei Schizophrenen. Auch hier also: Je höher die rechtshemisphärische Aktivierung, um so lebhafter die akut psychotische Symptomatik!

6.2.4 Diskriminanzanalyse

Zunächst wurde ein Kennwert gebildet, wobei der relative Anteil richtiger Antworten im linken Gesichtsfeld im Durchgang ohne Distraktoren durch die relative Häufigkeit richtiger Antworten in beiden Gesichtsfeldern geteilt wurde, anschließend dann von diesem Wert der gleiche Quotient im Durchgang mit Distraktoren subtrahiert wurde. Eine hiermit vorgenommene Diskriminanzanlayse konnte 70% der Gesunden und 66% der Patienten richtig klassifizieren. Endogen depressive Patienten konnten mit Hilfe dieses Kennwertes in 71% korrekt von Schizophrenen unterschieden werden.

6.3 Untersuchung des Hirnstoffwechsels mit Single-Photon-Emissions-Computertomographie (SPECT)

In einer noch laufenden Studie konnten 8 schizophrene Patienten im SPECT untersucht werden. Die Untersuchung wurde mit ^{99m}Tc-d,1-HMPAO i.v. durchgeführt, wobei bisher bei einem Schizophrenen eine Ruhebedingung mit der Belastung während der 10minütigen Inkubation durch Filmmusik über Stereokopfhörer verglichen werden konnte. Aufgrund der auffälligen pathomorphologischen Veränderungen im Bereich limbischer Regionen (Bogerts et al. 1987) wurden bei diesem Patienten die "regions of interest" (ROI) im Bereich des mediobasalen Temporallappens gewählt. Es fand sich bereits in der Ruhebedingung ohne zusätzliche Belastung eine leicht asymmetrische Anreicherung des Technetiums im Bereich subkortikaler Strukturen des Temporallappens der RH. Dieser Befund fiel noch asymmetrischer aus unter der „emotionalen Belastungsbedingung" des Anhörens von Filmmusik (für weitere Angaben und ausführliche Diskussion s. Oepen u. Botsch 1988). Dieser Befund kann in Anlehnung an Sokoloff (1981) als erhöhte Aktivierung subkortikal-limbischer Strukturen der RH interpretiert werden.

6.4 Untersuchungen zur Motorik

Feinmotorische Leistungen der rechten und linken Hand wurden mit dem Hand-Dominanz-Test (Steingrüber 1971) untersucht, daneben das motorische Verhalten im tachistoskopischen Test. Die Handpräferenz war mit dem Edinburgh-Handedness-Inventory (Oldfield 1971) festgestellt worden. Es fand sich statistisch kein signifikanter Unterschied in der Händigkeit zwischen Schizophrenen und dermatologischen Kontrollpersonen. Methodische Einzelheiten finden sich in Fünfgeld et al. (1988). Als wesentliches Ergebnis zeigte sich, daß Patienten mit akuter paranoid-halluzinatorischer Schizophrenie einerseits insgesamt schlechtere Zeichenzeiten aufwiesen, dabei besonders schlechte Leistungen jedoch mit der linken Hand zeigten ($p = 0,001$), womit paranoide Denkinhalte korreliert waren ($p = 0,040$). Dementsprechend zeigte sich auch der Effekt der neuroleptischen Behandlung besonders deutlich in einer Leistungsverbesserung der Zeichenzeit der linken Hand ($p = 0,03$). Bei der Analyse der motorischen Reaktionen im tachistoskopischen Experiment zum Zeitpunkt t_1 (Abschn. 6.2) fand sich bei Betrachtung aller motorischen Reaktionen (richtige und falsche Tastendrücke der rechten und linken Hand) eine unterschiedliche Asymmetrie zwischen Schizophrenen und Kontrollen: Kontrollen drückten häufiger rechts als links, wie bei Rechtshändern zu erwarten, Schizophrene dagegen relativ häufiger links (relatives Dominieren einer rechtshemisphärischen Aktivierung). Bei Betrachtung lediglich der falsch-positiven Antworten wird dies noch deutlicher: Während Kontrollen rechts und links etwa gleich häufig falsch-positive Tastendrucke abgaben, zeigte sich dieses Verhalten bei Schizophrenen wesentlich häufiger mit der linken Hand. Obwohl Schizophrene insgesamt weniger richtige Antworten gaben und auch insgesamt weniger falsch-positive Antworten produzierten, machten sie also relativ gesehen mit der linken Hand mehr positive Fehler als mit der rechten, i.S. einer allgemein erhöhten motorischen Aktivierung der linken Hand (d. h. rechten Hemisphäre).

6.5 Befunde bei Modellpsychosen

Da bekannt ist, daß Amphetamine und Mescalin schizophrenieähnliche Psychosen erzeugen können (für eine Übersicht s. Hermle et al. 1988), untersuchten wir auch den möglichen Zusammenhang zwischen experimentellen Modellpsychosen

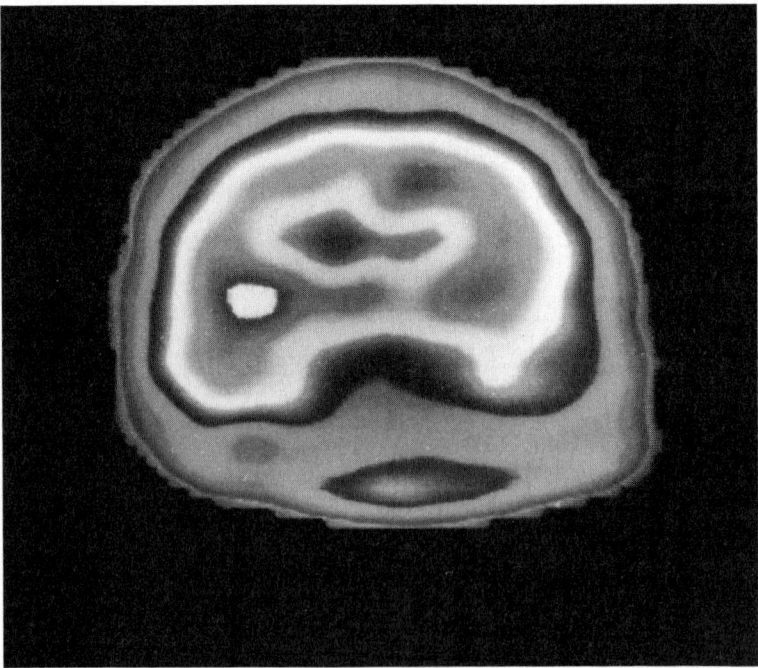

Abb. 2. SPECT einer freiwilligen gesunden Versuchsperson (G.O.) mit ^{99m}TC-HMPAO-Anreicherung besonders subkortikal-temporal in der rechten Hemisphäre während einer mescalinsulfatinduzierten Modellpsychose

und der zerebralen Asymmetrie. In einer Pilotstudie mit dem Amphetaminderivat AN 1 fanden wir abgrenzbare psychopathologische Phasen, denen ein unterschiedliches Antwortverhalten in beiden Gesichtsfeldern zuzuordnen war (s. Hermle et al. 1988). Beim Vergleich mit dem Gesichtertest vor Drogeneinnahme (mit einer Asymmetrie zugunsten des RVF) fand sich eine Abnahme richtiger Antworten im RVF mit einer parallelen Zunahme richtiger Antworten im LVF (RH). Dies kann im Sinne einer drogenbedingten Zustandsänderung beider Hemisphären mit jetzt relativ erhöhter Aktivierung der RH gegenüber der LH erklärt werden. In einer noch laufenden Studie zur Hemisphärenfunktion bei mescalininduzierten Psychosen fand sich demgegenüber auf dem Höhepunkt der experimentellen Psychose bei bisher 6 Probanden eine charakteristische Labilität des tachistoskopischen Leistungsverhaltens mit Abnahme richtiger Antworten im LVF bei zusätzlichen emotionalen Reizen. Abbildung 2 zeigt die dazugehörige Hirnstoffwechseluntersuchung mit ^{99m}Tc-HMPAO (Selbstversuch): Es zeigt sich deutlich ein Überwiegen subkortikaler Aktivierung gegenüber kortikaler sowie eine asymmetrische Aktivierung subkortikaler temporaler Strukturen der rechten Hemisphäre unter Mescalinsulfat.

6.6 Diskussion

Die vorgestellten Ergebnisse weisen gemeinsam auf eine pathologische Überaktivität und Irritabilität der rechten Hemisphäre bei akut schizophrenen Patienten, nicht jedoch bei Depressiven und Kontrollpersonen hin, wobei emotionale Reize zu einer Leistungseinbuße der rechten Hemisphäre (im LVF des Tachistoskops) führen bzw. eine zusätzliche Aktivierung subkortikal-temporaler Strukturen der rechten Hemisphäre induzieren (SPECT). Die bei Kontrollen beobachtete Leistungsverbesserung als Folge emotionaler Störreize stellt eine physiologische Aktivierung via rechte Hemisphäre dar, welche bekannterweise besonders mit Aufmerksamkeitsprozessen und der Verarbeitung emotionaler Information zu tun hat (Regard u. Landis 1986; Heilman u. van den Abell 1979). In Übereinstimmung mit dem Gesetz von Yerkes u. Dodson (1908) vermuten wir, daß der Verschlechterung der RH-Leistungen nach zusätzlicher emotionaler Stimulation in der akuten Psychose eine vorbestehende pathologische RH-Überaktivierung entspricht. Die gleichzeitige Besserung der (vorher wohl supprimierten) LH-Funktion im LVF ist nicht als isoliertes Phänomen zu sehen, sondern deutet auf eine inhibitorische interhemisphärische Balance hin: Ein Zusammenbruch der RH-Funktionen führt so auch zu einer entsprechenden Verminderung der kontralateralen Inhibition (überwiegend Gaba-erge Balkenfasern: Cook 1984) und damit zu einer Freisetzung der vorher von einer überaktivierten RH gehemmten LH-Leistung. Das umgekehrte Balancephänomen, nämlich eine Freisetzung der RH-Funktionen von einer LH-Kontrolle, wurde diskutiert für Sprachleistungen der RH bei Split-brain-Patienten (Zaidel 1985), bei Aphasikern (Bogen 1985; Landis et al. 1983) und während subkortikaler epileptischer Anfälle der LH (Regard et al. 1985).

Bei der Analyse motorischer Leistungen zeigte die linke Hand die auffälligsten Abweichungen der Therapieeinflüsse, was einer Dysfunktion rechtshemisphärischer Prozesse zugeordnet werden kann. Die Befunde im SPECT zeigten ebenfalls Hinweise für eine asymmetrische Überaktivierung subkortikal-temporaler Strukturen der RH bei einem akut Schizophrenen sowie bei mescalininduzierter Modellpsychose. Brodie et al. (1987) beschrieben hiermit übereinstimmend bei PET-Studien eine relative Überaktivierung rechtshemisphärisch-subkortikaler Strukturen bei Schizophrenen. Auch im Brain-mapping zeigen Schizophrene als Hauptunterschiede zu Gesunden eine signifikant geringere lokale Kohärenz über alle Frequenzbänder temporal und parietal in der RH (Pockberger et al. 1988). Die beschriebene Korrelation von Denkstörungen und paranoiden Symptomen mit rechtshemisphärischen Testleistungen unterstreicht die Bedeutung einer rechtshemisphärischen Aktivierung für die akute schizophrene Psychose.

Das dynamische neuropsychologische Modell einer emotionalen Irritierbarkeit und Überaktivität der rechten Hemisphäre bei akut Schizophrenen ist in der Lage, den besonderen Einfluß emotionaler Faktoren, wie er in Adoptionsstudien und Verlaufsuntersuchungen gefunden wurde (Tienari 1987; Leff u. Vaughn 1985), zu erklären. Die Vulnerabilität für Schizophrenie, die genetisch vorgegeben ist, besteht offensichtlich in einer Labilität rechtshemisphärischer Funktionen. Es ist anzunehmen, daß bei Schizophrenen eine von Geburt an pathologisch veränderte rechtshemisphärische Funktion vorliegt, wofür die bei Schizophrenen beschriebenen Störungen des Erkennens von emotionalem und gestischem Ausdruck (Berndl et al. 1986; Walter et al. 1980), visuo-konstruktive Störungen (West 1984) und Hinweise für dominierende rechtshemisphärische Funktionsstörungen beim Asperger-Autismus (Hermle u. Oepen 1987) sprechen. Diese womöglich angeborene Schwäche rechtshemisphärischer Leistungen (emotionale und soziale Orientierung, Steuerung der Aufmerksamkeit) führt durch die erniedrigte Leistungsbreite bei zusätzlichem Auftreten emotionaler Belastungen und Konflikte (Pubertät, Partnerkonflikt etc.) zur pathologischen Überaktivierung („Alarmierung") der überlebenswichtigen, stammesgeschichtlich älteren RH-Funktionen (Geschwind u. Galaburda 1987), wobei zusätzliche kleine Belastungen zur Übersteuerung des Systems im beschriebenen Sinne führen können. Nach unseren Befunden weisen Neuroleptika einen spezifisch stabilisierenden Einfluß auf rechtshemisphärische Leistungen auf. Ein typisch „linkshemisphärisches" Verhalten (nicht mehr akut) Schizophrener mit emotionaler Kühle oder Indifferenz, Überbetonung von Details, hyperlogisch-verbalisierendem Denken und umständlich-sequentieller zwanghafter Handlungsweise wäre im Rahmen der dynamischen interhemisphärischen Balance als sinnvoller Copingmechanismus zur Eindämmung eines drohenden RH-Überwiegends durch vorwiegende LH-Aktivierung zu verstehen.

Therapeutisch impliziert das vorgestellte Modell demnach eine vorrangige Beeinflussung „rechtshemisphärischer" emotionaler und sozialer Funktionen (Ciompi 1985) vor einem evtl. später möglichen „linkshemisphärisch"-kognitiven Training (Bender et al. 1985), unter gleichzeitigem („spezifischem") neuroleptischen Schutz gegen emotionale Irritation.

Literatur

Bender W, Vaitl P, Schnattinger H (1985) Kognitive Störungen bei schizophrenen Patienten. Eur Arch Psychiatry Neurol Sci 235:97–101

Berndl K, Cranach M von, Grüsser OJ (1986) Impairment of perception and recognition of faces, mimic expression and gestures in schizophrenic patients. Eur Arch Psychiatry Neurol Sci 5:282–291

Bleuler E (1911) Dementia praecox oder die Gruppe der Schizophrenien. Deuticke, Leipzig, S 297

Bleuler E (1926) Affektivität, Suggestibilität, Paranoia. Marhold, Halle/Saale

Bogen JE (1985) The dual brain: Some historical and methodological aspects. In: Benson DF, Zaidel E (eds) The dual brain. Guilford, Amsterdam, pp 27–39

Bogerts B, Wurthmann C, Piroth HD (1987) Hirnsubstanzdefizit mit paralimbischem und limbischem Schwerpunkt im CT Schizophrener. Nervenarzt 58:97–106

Brodie JD, Barouche F, Wolf AP, Smith MR, Volkow ND, Wolkin A (1987) PET Studies of cerebral metabolism in schizophrenia. In: Takahashi R, Flor-Henry P, Gruzelier J, Niwa S (eds) Cerebral dynamics, laterality and psychopathology. Elsevier, Amsterdam, pp 545–554

Bruce A (1895) Notes of a case of dual brain action. Brain 18:54–65

Ciompi L (1985) Schizophrenie als Störung der Informationsverarbeitung – eine Hypothese und ihre therapeutischen Konsequenzen. Aus: Stierlin H, Wynne LC, Wirsching M (Hrsg) Psychotherapie und Sozialtherapie der Schizophrenie. Ein internationaler Überblick. Springer, Berlin Heidelberg New York Tokyo, S 59–72

Conrad K (1958) Die beginnende Schizophrenie. Thieme, Stuttgart

Cook ND (1984) Homotopic callosal inhibition. Brain Lang 23:116–125

Crichton-Browne J (1878) On the weight of the brain and its component parts in the insane. Brain 1:504–518

Degkwitz R, Helmchen H, Kockott G, Mombour W (1980) Diagnosenschlüssel und Glossar psychiatrischer Krankheiten, Chapt V. In: Deutsche Ausgabe der Internationalen Klassifikation der Krankheiten der WHO (ICD, Mainz, Revision). Springer, Berlin Heidelberg New York

Flor-Henry P (1976) Lateralized temporal-limbic dysfunction and psychopathology. Ann NY Acad Sci 280:777–795

Flor-Henry P (1983) Cerebral basis of psychopathology. Wright, Boston

Fünfgeld M, Oepen G, Zimmermann P (1988) Zustandsabhängige Veränderung der Handpräferenz bei paranoid-halluzinatorischer Schizophrenie. In: Oepen G (Hrsg) Psychiatrie des rechten und linken Gehirns. Deutscher Ärzteverlag, Köln

Geschwind N, Galaburda AM (1987) Cerebral lateralization. Biological mechanisms, associations, and pathology. A Bradford book. The MIT Press Cambridge, Massachusetts

Gruzelier JH, Venables PH (1974) Bimodality and lateral asymmetry of skin conductance orienting activity in schizophrenics: Replication and evidence of lateral asymmetry in patients with depression and disorders of personality. Biol Psychiatry 8:55–73

Gur RE (1978) Left hemisphere dysfunction and left hemisphere overactivation in schizophrenia. J Abnorm Psychol 87:226–238

Heilman KM, Abell T van den (1979) Right hemispheric dominance for mediating cerebral activation. Neuropsychologia 17:315–321

Heilman KM, Satz P (1983) Neuropsychology of human emotion. Guilford, New York

Hermle L, Oepen G (1987) Hemisphärenlateralität und frühkindlicher Autismus. Nervenarzt 58:644–647

Hermle L, Oepen G, Spitzer M (1988) Zur Bedeutung der Modellpsychosen. Fortschr Neurol Psychiat 56:48–58

Hermle L, Oepen G, Fünfgeld M, Jost A (1988) Der Einfluß von Amphetaminderivaten auf die cerebrale Asymmetrie. In: Oepen G (Hrsg) Psychiatrie des rechten und linken Gehirns. Deutscher Ärzteverlag, Köln

Landis T, Regard M, Graves R, Goodglass H (1983) Semantic paralexia: A release of right hemispheric function from left hemispheric control. Neuropsychologia 21:359–364

Leff J, Vaughn C (1985) Expressed emotion in families: Its significance for mental illness. Guilford, New York

Magaro PA, Page J (1983) Brain disconnection, schizophrenia and paranoia. J Ment Nerv Dis 171:133–140

Myslobodsky MS, Mintz M, Tomer R (1983) Neuroleptic effects and the site of abnormality in schizophrenia. In: Myslobodsky MS (ed) Hemisyndromes: Psychobiology, neurology, psychiatry, Chap 14. Academic, Orlando, CA

Oepen G, Botsch H (1988) SPECT bei Schizophrenie. In: Oepen G (Hrsg) Psychiatrie des rechten und linken Gehirns. Deutscher Ärzteverlag, Köln

Oepen G, Huber E, Zimmermann P, Hermle L, Birg W (1985) Impairment of intra- and interhemispheric function in schizophrenia. In: Proceedings of the 6th South-East European Neuropsychiatric Conference, Halkidiki/Greece, pp 573–587

Oepen G, Fünfgeld M, Höll T, Zimmermann P, Landis T, Regard M (1987) Schizophrenia – an emotional hypersensitivity of the right cerebral hemisphere. Int J Psychophysiol 5:261–264

Oepen G, Fünfgeld M, Höll TH, Zimmermann P, Landis TH, Hermle L (1988) Rechtshemisphärische Überaktivität und emotionale Irritabilität bei akuter Schizophrenie. In: Oepen G (Hrsg) Psychiatrie des rechten und linken Gehirns. Deutscher Ärzteverlag, Köln

Oldfield RC (1971) The assessment and analysis of handedness: The Edinburgh inventory. Neuropsychologia 9:97–113

Overall JE, Gorham DR (1976) BPRS: Brief Psychiatric Rating Scale. In: Guy W (ed) ECDEU Assessment Manual for Psychopharmacology. Rockville, pp 157–169

Pockberger H, Thau K, Lovrek A, Petsche H, Rappelsberger P (1988) Coherence mapping reveals differences in the EEG between psychiatric patients and healthy persons. Manuscript, to be submitted

Regard M, Landis T (1986) Affective and cognitive decisions on faces in normals. In: Ellis HD, Jeeves MA, Newcombe F, Young A (eds) Aspects of face processing. Martinus Nijhoff, Dordrecht, pp 363–369

Regard M, Landis T, Wieser HG, Hailemariam S (1985) Functional inhibition and release: Unilateral tachistoscopic performance and stereoencephalographic activity in a case with left limbic status epilepticus. Neuropsychologia 23:575–581

Sokoloff L (1981) Relationships among local functional activity, energy metabolism and blood flow in the central nervous system. Fed Proc 40:2311

Springer SP, Deutsch G (1987) Linkes–Rechtes Gehirn – Funktionelle Asymmetrien. Verlag Spektrum der Wissenschaft, Heidelberg

Steingrüber HJ (1971) Zur Messung der Händigkeit. Exp Angew Psychol 18:337–357

Süllwold L (1977) Symptome schizophrener Erkrankungen. Springer, Berlin Heidelberg New York

Takahashi R, Flor-Henry P, Gruzelier J, Niwa SI (1987) Cerebral dynamics, laterality and psychopathology. Elsevier, Amsterdam

Tienari P (1987) The finnish adoptive family study of schizophrenia. The possible joint effects of genetics and family environment. In: The role of mediating processes in understanding and treating schizophrenia (Proc. II. Int. Symp. on Schizophrenia, Bern 10.–12. Sept. 1987). Huber, Bern

Walter E, Marwitt SJ, Emory EA (1980) A cross-sectional study of emotion recognition in schizophrenics. J Abnorm Psychol 89:428–436

West ED (1984) Right hemisphere dysfunction and schizophrenia. Lancet II:344

Wexler BE (1986) A model of brain function: Its implications for psychiatric research. Br J Psychiatry 148:357–362

Yerkes RM, Dodson JD (1908) The relation between strength of stimulus to rapidity of habit formation. J Comp Neurol Psychol 18:459–482

Zaidel E (1985) Language in the right hemisphere. In: Benson DF, Zaidel E (eds) The dual brain. Guilford, New York, pp 205–226

Zerssen D von (1976) Paranoid-Depressionsskala (PDS). Klinische Selbstbeurteilungsskalen aus dem Münchner Psychiatrischen Informationssystem, Psychis, München

7 Entwicklungsbiologisches Maturationsdefizit und Schizophrenie

Dargestellt an einer integrativen Mehrebenenanalyse zur Psychophysiologie schizophrener Aufmerksamkeitsstörungen

J. BÖNING

7.1 Einleitung

Die Vielzahl weitgehend noch ungeklärter Fragen in der ätiopathogenetisch orientierten Schizophrenieforschung kann nur dann beantwortet werden, wenn auf dem erkenntnistheoretischen Hintergrund eines möglichst allseits kohärenten, mehrdimensionalen Krankheitsmodells die konzeptuell richtigen Fragen gestellt werden. Obwohl die auf M. Bleuler zurückgehende Vulnerabilitätshypothese sich als das derzeit plausibelste – sowohl neurobiologische wie psychodynamische und soziale Verstehensweisen widerspruchsfrei integrierende – Schizophreniekonzept zunehmend bestätigt findet, wird forschungsstrategisch der entwicklungsbiologischen Perspektive bislang nur von kinder- und jugendpsychiatrischer Seite Rechnung getragen (Eggers 1981; Lempp 1984; Steinhausen 1984). Vor allem Lempp und Eggers haben die praktisch wie theoretisch traditionelle Diskussion zur Ätiologie des schizophrenen Krankheitsspektrums mit entwicklungspsychologisch-biologischen Aspekten verknüpft. Sie haben ferner einsichtig zu machen versucht, wie neuropsychologische Dysfunktionen selbst bei leichten frühkindlichen Hirnschädigungen in vitiösen Zirkeln mit der sozialen Umwelt einmünden (Lempp 1984) und kognitive (sowie neurophysiologische) Defizite als Folge limbischer Funktionsstörungen gedeutet werden können (Eggers 1981).

7.2 Aufriß zum Problem

Allgemein stellen an genetisch determinierte homologe Hirnstrukturen gebundene Funktionssysteme und die ihnen zuordbaren spezifischen Leistungen etwas Fundamentales in den ontogenetischen Determinationsstufen fortschreitender Struktur- und Funktionsbildung dar (Conrad 1963). Sie können aber nur im Kontext von frühen entwicklungsbiologischen Reifungsprozessen zentralnervöser Funktionssysteme gesehen werden. Die sich hieraus später ableitbaren emotionalen, affektiven und kognitiven Modi sind bei allem genetisch verankerten Verhaltensrepertoir letztlich immer als Ausdruck einer strukturell-funktionellen Verkoppelung der dynamischen Struktur des Gehirns mit dem ebenso dynamischen sozialökologischen Prägungseinfluß der Umwelt zu interepretieren (Maturana 1982). Die revolutionierende Bedeutung der (neuro-)ethologischen Emotions-, Kommunikations- und Interaktionsforschung (u. a. Krause 1983; Papousek et al. 1986; Ploog 1986) verweist jedenfalls auf die enorme systemische Plastizität in der Frühentwicklung. Allerdings scheinen in diesem dynamischen Interaktionsprozeß weniger psychotraumatische Einzelerlebnisse als vielmehr anhalten-

Tropon-Symposium, Bd. III
Die Schizophrenien
Hrsg. Kaschka/Joraschky/Lungershausen
© Springer-Verlag Berlin Heidelberg 1988

de Milieutraumatisierungen „bleibende Narben" im Sinne unspezifischer, strukturgenetisch erworbener Vulnerabilitätsmerkmale (Böning et al. 1986) verursachen zu können. Aus methodisch auch noch so schwierig erfaßbaren substrat-
und umweltbedingten Faktoren ein pathoplastisch unterschiedlich relevantes
Modell zur Psychopathogenese bestimmter schizophrener Störungen herzuleiten,
heißt Forschungshypothesen zuzulassen, die sich weniger an den hochkomplexen
psychopathologischen Endphänomenen selbst orientieren als vielmehr an dem,
jene Phänomene konstituierenden entwicklungsbiologischen Bedingungsgefüge.

So vielschichtig auch das heterogene Krankheitsbild „Schizophrenie" ist, um
so weniger kann diese ätiopathogenetische und klinisch-psychopathologische
Komplexität analytisch-reduktionistisch erfaßt und um so eher muß sie syste-
misch-holistisch zu orten versucht werden. Der Nachteil eines solchen holistisch-
integrativen Ansatzes ist indes, daß man aufgrund weitgehend unbekannter inter-
systemischer Beziehungs- und Zuordnungsregeln sich in vagen Verallgemeinerungen verliert, wo in Wirklichkeit mangelnde Durchsicht herrscht. Dieses Dilemma
ist nur überwindbar, wenn auf dem Hintergrund eines „integrativen (psycho-)bio-
logischen Schizophreniemodells" (Ciompi 1986) mit relativ optimaler Konstruktvalidität für ein gleichermaßen theoriengeleitetes wie empirisch-experimentelles,
multivariates Vorgehen plädiert wird. Nur so kann etwa in bezug auf schizophrene Aufmerksamkeitsstörungen ein metapsychologischer Konstruktbegriff wie
der des „entwicklungsbiologischen Maturationsdefizits" (Ulrich u. Otto 1984)
oder der der „neurointegrativen Dysfunktion" (Meehl 1962) auch forschungsstrategisch greifen. Er ermöglicht letztlich sinnvolle empirische Korrelationen zwischen vordergründig unvereinbaren Beschreibungsebenen des neurobiologischen
Funktions- und Organisationsniveaus und des beobachteten bzw. subjektiv wahrgenommenen Verhaltens. Die notwendige Reflektion beider Denkansätze dürfte
damit wissenschaftliches Denken und Forschen qualitativ angemessener und
quantitativ umfassender machen.

7.2.1 „MCD"-Konzeption und Maturationsniveau

Bei den stets dynamisch zu sehenden Wechselbeziehungen der beiden ersten, in
Abb. 1 schematisierten zentralnervösen Organisations- und Entwicklungsstufen
ist zu berücksichtigen, daß gerade auf der Ebene dendritisch-neuronaler Mikro-
struktur sich unter dem Schlüsselphänomen der neuronalen Plastizität und Bah-
nungsfähigkeit (Haracz 1984) maßgeblich erst postnatal im komplementären Interaktionsprozeß von stimulusabhängiger (exogener) Hirnreifung und sozialer
Früherfahrung auch kognitive Schemata samt zugrundeliegender Informationsverarbeitungssysteme präformieren. Schließlich sind die hierarchisch konzipier-
ten zentralnervösen Funktionsabläufe letztlich die neurobiologischen Organisationsstufen menschlichen Verhaltens allgemein. Es liegt deshalb nahe anzunehmen,
daß im Rahmen dieses dynamischen Differenzierungsprozesses frühe topiselekti-
ve Traumatisierungen in funktionell wichtigen Hirnregionen (z. B. limbisch) auch
zu Fehlprogrammierungen zentraler Informationsverarbeitungssysteme führen
können. Bei sehr vielen Schizophrenen muß man aufgrund subtiler klinischer
Anamneseerhebung und prospektiv kontrollierter "High-risk"-Studien und Zwil-

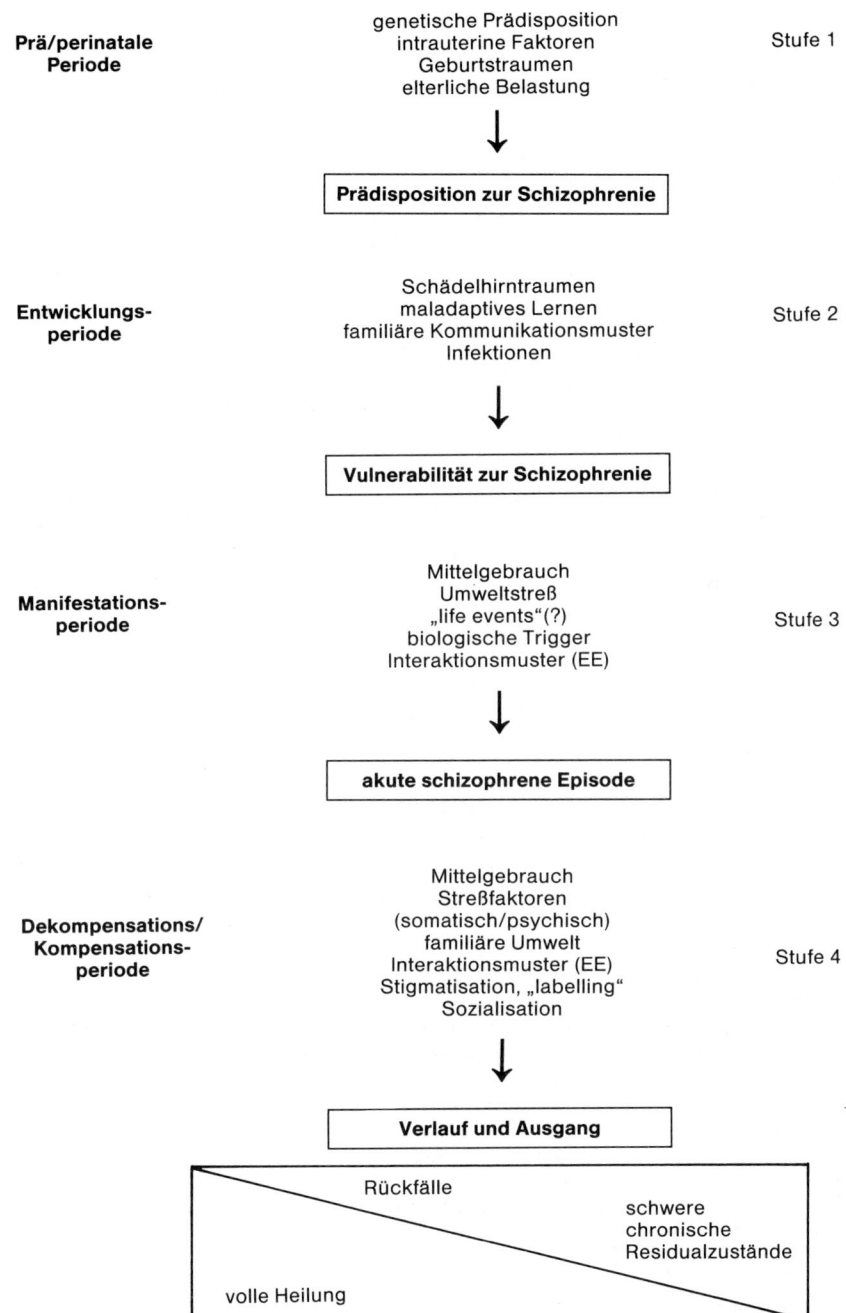

Abb. 1. Interaktionales Schizophreniemodell mit möglichen Einflußfaktoren zu Beginn, Verlauf und Ausgang schizophrener Erkrankungen. (Nach Shepherd 1987)

lingsuntersuchungen vermuten (Lit. bei Erlenmeyer-Kimling u. Cornblatt 1984; Steinhausen 1984), daß besonders perinatal erworbene Hirnfunktionsstörungen und zusätzlich ungünstige soziale Entwicklungsbedingungen zu einem besonders vulnerablen neuronalen „Terrain" führen (Ciompi 1986), das sich möglicherweise auch in einer neurointegrativen Dysfunktion analoger limbo-thalamo-kortikaler Funktionskreise ausdrückt.

Insbesondere die dänische Arbeitsgruppe um Mednick und Schulsinger hat in ihren Langzeituntersuchungen *Schwangerschafts- und Geburtsbelastungen* und *frühe familiäre Deprivationsereignisse* als zwei voneinander unabhängige Hauptbelastungsfaktoren neben dem unterschiedlichen genetischen Einfluß für eine schizophrene Diathese wahrscheinlich gemacht (Beuhring et al. 1982). Mittlerweile ist auch unabhängig von der Schizophrenieproblematik an prospektiv nachuntersuchten Risikokindern im Sinne des „MCD"-Konzeptes neurophysiologisch und neuropsychologisch nachgewiesen worden, wie unter sozial ungünstigen Bedingungen eine Verzögerung der Hirnreifung selbst einschließlich informationsverarbeitender Systeme stattfindet (Camman et al. 1985; Esser u. Schmidt 1987). Belmont et al. haben bereits 1964 bei ihrer Gegenüberstellung von Schizophrenen mit und ohne Anamnese infantiler Verhaltensauffälligkeiten im Sinne des „MCD"-Konzeptes sowie von nichtschizophrenen psychiatrischen Patienten die schlechtesten experimentalpsychologischen Ergebnisse im perzeptuell-analytischen Leistungsvermögen überwiegend bei männlichen Schizophrenen mit „MCD"-Anamnese gefunden. Im Rahmen der nur dynamisch-prozeßhaft vorstellbaren Interaktion von Organismus und Umwelt beinhaltet das entwicklungsbiologische Merkmal einer potentiell pathoplastisch wirksamen „MCD"-Symptomatik eine *dimensionale Dispositionsvariable* (Ulrich u. Otto 1984). Diese stellt ein, das zentralnervöse Maturationsniveau widerspiegelndes Trait-Merkmal dar, wie es auch aus jüngsten Untersuchungen über die psychopathologische und neuropsychologische Symptomatik bei „MCD" im Rahmen von Neuroseerkrankungen und Persönlichkeitsstörungen im Erwachsenenalter (Lit. bei Linden 1987) deutlich wird.

Nach kürzlich erneut bestätigten kinderpsychiatrischen Erhebungen muß damit gerechnet werden, daß etwa 10% der Bevölkerung an minimalen zerebralen Dysfunktionen, häufig im Zusammenhang mit perinatalen Schädigungen des ZNS, leiden. Diese Menschen haben mehrheitlich eine biographische Entwicklung genommen, in der die oft nur latent kompensierten Folgen einer „MCD" zu verarbeiten oder weiterhin noch zu kompensieren sind (Esser u. Schmidt 1987). Bei dem im Erwachsenenalter zu unterstellenden Gestaltwandel und den sich teilweise auf verschiedenen Funktionsebenen überlappenden Zielsymptomen (Raumorientierungsschwäche, mnestische Schwäche, Konzentrations- und Aufmerksamkeitsstörungen, Affekt- und Impulskontrollstörungen, motorische Störungen, neurasthenisch-vegetatives Syndrom, spezifische kognitive Störungen) muß davon ausgegangen werden, daß unter entsprechender Mehrebenendiagnostik die komplementäre „Metadiagnose" eines *substratnahen hirnorganischen Achsensyndroms* bei mindestens 25% aller Neurosen und Persönlichkeitsstörungen vorliegt (Linden 1987). Im Alter von 20 Jahren neuropsychologisch Nachuntersuchte mit gesicherter „MCD" im Kindesalter zeigen nämlich, daß gerade auch leichtere hirnorganische Schädigungen über die Zeit hin nicht nur persistieren und nachweisbar bleiben, sondern auch zu einer problematischen Lebensentwicklung führen (Sarazin u. Spreen 1986). Die Zusammenhänge zwischen obstetrischen Komplikationen und Schädigungen des ZNS gelten im Prinzip für jede prä-, peri- und postnatale Komplikation, auch wenn die Korrelationen zwischen auffälliger Anamnese und späterer Entwicklung keineswegs so eng sind, wie man lange glaubte (Esser u. Schmidt 1987). Bei Inrechnungstellung einer nie kalkulierbaren „kompensatorischen Reserve" kann es aber keinem Zweifel unterliegen, daß vornehmlich bei (männlichen) "Early-onset"-Schizophrenien die Prävalenz für obstretische Komplikationen und frühe Schädeltraumen sowie neurologische "soft signs", neuropsychologische Defizite und körperliche Reifeanomalien, stärker ist als bei gesunden Kontrollen und affektiven Psychosen.

Da vor allem subjektive kognitive Basissymptome (Süllwold) bzw. „substratnahe" Basissymptome (Huber) in weiten Bereichen den Teilleistungsstörungen bzw. dem "cognitive impairment" bei „MCD" gleichen können, trifft das hypothetische „Basisstörungskonzept" (Süllwold u. Huber 1986) mit der „Anfälligkeit funktioneller zerebraler Systeme durch Interferenz" für beide Ansätze zu. Damit ist ein wenig präjudizierender und allseits offener Ansatz zu einem letztlich nosologieübergreifenden dimensionalen Konzept gemacht. Beispielhaft hierfür ist die in ruhigen und akuten Stadien der Schizophrenie gefundene Beeinträchtigung der als extreme Ablenkbarkeit sichtbaren selektiven Aufmerksamkeit. Sie läßt sich auch bei "High-risk"-Kindern für Schizophrenie (Garmezy 1978) und ebenso bei Kindern mit „MCD" (Tarter 1983) nachweisen. Trotz gewisser Schwächen und Fehlermöglichkeiten in der Anwendung des „MCD"-Konzeptes bleibt die entsprechende "High-risk"-Strategie in der Schizophrenieforschung auch weiterhin ein allseits kompatibles und attraktives Modell (vgl. Erlenmeyer-Kimling u. Cornblatt 1984). Die „inhaltlichen" Beziehungen zur gelegentlich bis ins Erwachsenenalter persistierenden Variante der "adult brain dysfunction" sowie zu Conrads Deutung vom „hirnbedingten pathologischen Funktionswandel" liegen ebenso auf der Hand wie zu Hubers „substratnahen Basissymptomen" und Janzariks Überlegungen zum „vorauslaufenden Defekt" (vgl. Ulrich u. Otto 1984). All diese epiphänomenologisch verwandten, klinisch-psychopathologischen Beschreibungsebenen lassen sich mit Ulrich aus dem ihnen gemeinsam zugrunde liegenden, theoretischen Konstrukt eines „entwicklungsbiologischen Maturationsdefizits" interpretieren. Dabei ist mit Janzarik in bezug auf schizophrene „Übergänge im Längsschnitt, wie im Querschnitt" der Suche nach den hinter den Typen stehenden „Aufbauprinzipien" (im Sinne definierter Systemzustände) der Vorrang einzuräumen gegenüber den herkömmlichen, psychopathologischen Konventionen entnommenen Klassifizierungsbemühungen.

Somit könnte die entwicklungsbiologische Perspektive wegweisend sein für eine auch systemtheoretisch haltbare und rationale Erklärungsbasis für die sich zwischen den Befunden der verschiedenen Beschreibungsebenen ergebenden Befundkonstellationen. Ein daran ausgerichtetes methodisches Vorgehen relativiert die bislang favorisierte deterministische Konzeption in sich geschlossener natürlicher „physikalischer" Systeme. Dies trifft streng genommen auch für das „Hirn-Computer-Analogon" zu, wenngleich bei begrenzter Fragestellung zwecks Untersuchung von Teilkonstrukten in diesem System natürlich weiterzuarbeiten ist. Das neue Paradigma hebt auf ein Erkennen des selbstreferentiellen autopoietischen Charakters lebender Systeme ab (Maturana 1982), wobei hier das *menschliche* Gehirn als selbstregulierendes Organsystem strukturell-funktioneller Integrationsprozesse in Erscheinung tritt (Singer 1986).

7.2.2 Funktionsdynamische Mehrebenenanalyse
unter "High-risk"-Strategie

Auf diesem empirisch-theoretischen Hintergrund haben wir in bezug auf die lange Zeit bei schizophrenen Erkrankungen postulierte Annahme einer gestörten Informationsverarbeitung folgende entwicklungsbiologische Arbeitshypothese formuliert:

Neben der eigentlichen genetischen Disposition stellt bei vielen schizophrenen Kranken ein prä-, peri- oder postnatal erworbenes und unter ungünstigem sozialen Niveau negativ verstärktes neuronales Maturationsdefizit im Sinne einer neurointegrativen limbischen Dysfunktion ein strukturgenetisch erworbenes Vulnerabilitätsmerkmal für psychiatrische Dekompensationsanfälligkeit allgemein und für eine schizophrene Diathese im besonderen dar.

Unter Anwendung des reifungsbiologischen Paradigmas vom *Optimalitätsprinzip* (Prechtl) einerseits und dem Prinzip der *sequentiellen Traumatisierungsmöglichkeit* andererseits haben wir unausgelesen und semiprospektiv 40 junge schizophrene Kranke anhand eines standardisierten Anamneseprotokolls und unter besonderer Berücksichtigung der 25 Kriterien von Littmann u. Parmelee (1978) zu perinatalen Risikofaktoren sowie des Family-Adversity-Index (Rutter u. Quinton 1977) zu familiär-sozialen Belastungen unter bestimmten Ein- bzw. Ausschlußkriterien *ausschließlich* nach einem vorhandenen oder nichtvorhandenen entwicklungsbiologischen Summenrisikofaktor in der Anamnese (BRF-A) dichotomisiert. Aus methodischen Gründen der Trait-Merkmalsstrategie wurde im psychopathologisch entaktualisierten Zustand (Frankfurter Beschwerdefragebogen, FBF) und bei adaptierter neuroleptischer Erhaltungsdosis untersucht. Tabelle 1 gibt die beiden hinsichtlich Alter, Bildungsniveau (GF, HAWIE) Krankheitsdauer, Erstmanifestationsalter und FBF-Gesamtprofil homogenen Schizophreniegruppen wieder. Sie unterscheiden sich nur hinsichtlich ihrer operationalisierten Risikoanamnese hochsignifikant voneinander. Auch bezüglich der psychopathologischen Subgruppen und familiär-genetischen Belastung wichen beide Gruppen nicht voneinander ab. Als Kontrollgruppen dienten einerseits 15 gesunde, altersangepaßte Medizinstudenten sowie andererseits 13 „MCD-Neurosen" im Sinne unseres Hypothesenkonzeptes.

Die Frage war, ob mittels bestimmter ereigniskorrelierter evozierter Potentiale (EP), komplexer Wahl-Reaktionszeiten (WRZ) und bestimmter Subskalen des FBF eine diskriminative Aussage zum unterschiedlichen zentralnervösen Organisationsprinzip informationsverarbeitender Prozesse möglich ist. Sowohl im Modell des Filterdefektes als auch in dem der zeitlich verzögerten Informationsverarbeitung wird bekanntlich im Auftreten von Interferenzerscheinungen eine wesentliche Basis schizophrener Störungen gesehen. Als pathophysiologisches Korrelat wird hierfür eine Dysfunktion des limbischen Systems (Hippokampus, Mandelkern, Regio entorhinalis) angenommen. Der derzeitige Stand der Hirnphysiologie scheint es zu erlauben, ein gewisses Spektrum schizophrener Symptome (etwa Realitätsverlust, Parathymie, gestörte emotionale Kategorisierung von Reizkonstellationen, Unfähigkeit zur Herausfilterung irrelevanter Reizstimuli) mit einer Störung der limbischen Vermittlerfunktion zwischen primären und sekundären Assoziationsarealen des Neokortex und des Hypothalamus zu interpretieren (vgl. Bogerts et al. 1987). Vor allem gestörte selektive Filter, welche im Broadbent-Filtermodell sonst nur die wichtigsten sensorischen Reize durchlassen und so die Voraussetzung für selektive Aufmerksamkeit sind, werden bei Schizophrenen vermutet.

Auf neurophysiologischer Ebene wird als direktes psychophysiologisches Korrelat gestörter selektiver Aufmerksamkeit eine Amplitudenminderung der

Tabelle 1. Schizophreniekollektiv mit fehlendem (−) bzw. vorhandenem (+) anamnestischen entwicklungsbiologischen (BRF-A) Risikofaktor und zwei Kontrollgruppen

Untersuchungszeitpunkt ⟨ psychopathologisch entaktualisiert („postpsychotisch")
adaptierte neuroleptische Erhaltungsdosis ⟩

RDC/DSM III ICD-9	Alter 20–37 Jahre	IQ (GF) >95	K-Dauer Jahre	EM-Alter Jahre	FBF (Süllwold)	BRF-A Score	n	m	w
Schizophrenie (−)	27,6±4,9	115±6	5,3±3,6	22,0±4,4	20,8±14,8	3,6±1,3	17	13	4
Schizophrenie (+)	27,3±5,4	113±6	5,6±4,1	22,3±4,8	20,6±15,8	11,7±3,8[b]	23	21	2
„MCD"-Neurose	22,2±4,0	111±8	?	?	19,5±14,4	18,1±3,8[a]	13	7	6
Kontrollen	26,6±4,5	121±4	−	−	−	−	15	8	7

[a] $p < 0,001$; [b] $p < 0,00001$.
85% (sub-)chronischer Verlauf (>2 Jahre) mit akuter Exazerbation (DSM III).

sehr gut reproduzierbaren kognitiven Komponente N_{100} bzw. N_{120} (N_1) von ereigniskorrelierten evozierten Hirnrindenpotentialen gesehen. Wahrscheinlich stellt die bislang in der Schizophrenieforschung überwiegend untersuchte kognitive Welle P_{300} bei einfacher Sinnesmodalitätsreizung bereits den Abschluß aller kognitiven Prozesse dar. Ereigniskorrelierte („endogene") Potentialkomponenten treten immer dann auf, wenn ein Proband eine für ihn bedeutsame Aufgabe zu bewerkstelligen hat (hier einfache Reaktionszeitbearbeitung auf randomisierte elektrische Reizungen der Nn. mediani). Da die durch spezifische Sinnesreizverarbeitungen (akustisch, optisch, sensibel) ausgelösten kognitiven Komponenten wesentlich über das limbische System mitgeneriert bzw. moduliert werden, kann in dieser subtilen Untersuchung eine adäquate neurophysiologische Methode zur Überprüfung von bestimmten Informationsverarbeitungsprozessen gesehen werden.

Im Gegensatz zu den meisten Forschergruppen arbeiten wir deshalb mit somatosensorisch evozierten Potentialen (SSEP), weil die zusätzlich möglichen artifiziellen Störungsquellen des optischen (85%) und akustischen (9%) Sinnesreiz-Inputs ausgeschaltet sind und der somatosensorische Kortex gut zugänglich ist. Durch die simultane Ableitung über beiden somatosensorischen Kortexregionen (C_3, P_3, C_4, P_4) können auch temporospatiale und inter- sowie intrahemisphärale Aspekte biolektrischer Signalverarbeitung verfolgt werden. Die Verarbeitungsnegativität der N_1-Amplitude soll der Effektivität entsprechen, mit der im Sinne der Broadbent-Theorie der selektiven Aufmerksamkeit eine Filterung der Umweltreize vorgenommen wird (Hillyard et al. 1973; Baribeau-Braun et al. 1983). Um dieses psychophysiologische Korrelat neuronaler Verarbeitungskapazität bezüglich selektiver Aufmerksamkeitsleistung noch besser zu erfassen, hat der neurophysiologische Experte unserer Arbeitsgruppe (Prof. Dr. Dr. F. Drechsler) eine Integrierungsmethode der Flächen (ΦN_1) unter dem N_1-Gipfel bis zur jeweiligen Baseline entwickelt. Dies dürfte ein wesentlich validerer funktionsdynamischer neurophysiologischer „Leistungsparameter" sein.

Auf *psychoexperimenteller Ebene* kann auch bei komplexen „crossmodalen" WRZ-Messungen, wo bei einer Schrittdauer von 2 s zwischen randomisierten Sinnesreizfolgen (auf Licht folgt kombinierter Ton-Lichtreiz) diskriminiert werden muß, das damit gleichfalls überprüfbare "Modality-shift"-Defizit ebenfalls als Indikator für *zeitstabile*, selektive Aufmerksamkeitsstörungen gelten (vgl. Zubin 1975; Rey u. Oldigs 1980). Zumindest männlichen und nichtparanoiden Schizophrenen fällt es offensichtlich schwer, zwischen handlungsrelevanten und handlungsnichtrelevanten Aspekten einer komplexen RZ-Aufgabenstellung zu unterscheiden. Auch die von den Kranken subjektiv erlebten, kognitiven Wahrnehmungs-, Denk- und Handlungsstörungen, wie wir sie im FBF und speziell im Subscore „Störung der selektiven Aufmerksamkeit" (SA) zu erfassen versuchen, können als eine Beeinträchtigung der Selektionsprozesse bei der Informationsverarbeitung interpretiert werden. Wir streben also eine simultane Mehrebenenanalyse ausschließlich inhaltlich benachbarter Funktionsbereiche an und versuchen den Bezug zueinander über Korrelationsberechnungen in einen integrativen Zusammenhang zu bringen.

7.2.3 *Eigene Ergebnisse und Interpretation*

In der Literatur wird unter "selective attention" ein Prozeß verstanden, aufgrund dessen eine bestimmte Informationsquelle anderen, ebenfalls vorhandenen vorge-

Tabelle 2. Kognitive N_1-„Verarbeitungseffektivität" (C_3) und WRZ sowie deren Rangkorrelationen zum FBF-Subscore „SA" bei Schizophrenen und Kontrollen

	n	$\Phi N_1/$ μv^2	$\Phi N_1/SA$ Kendall Tau	WRZ ms	WRZ/SA Kendall Tau
Schizophrenie	40	1199 ± 945	$0,33^b$	406 ± 115	$0,43^b$
Kontrollen	15	2415 ± 1418^c	–	357 ± 76^a	–

^{a} $p < 0,05$; ^{b} $p < 0,01$; ^{c} $p < 0,001$.

Tabelle 3. WRZ und Rangkorrelationen neurophysiologischer und experimentalpsychologischer Parameter bei alternativ diskriminierten Schizophrenen und zwei Kontrollgruppen

	n	SA/WRZ Kendall Tau	$\Phi N_1/WRZ$ Spearman rho	$\Phi N_1/SA$ Kendall Tau	WRZ ms t-Test (2seitig)
Schizophrenie	17	$0,39^a$	$0,30$	$0,40^a$	365 ± 98
Schiz./BRF-A	23	$0,44^c$	$0,63 (\downarrow\uparrow)^e$	$0,31^c$	430 ± 100^a
„MCD"-Neurose	13	$0,41^b$	$0,73 (\downarrow\uparrow)^e$	$0,55^d$	364 ± 68
Kontrollen	15	–	$0,53 (\uparrow\downarrow)^c$	–	357 ± 76

^{a} sig. Trend; ^{b} $p < 0,05$; ^{c} $p < 0,025$; ^{d} $p < 0,01$; ^{e} $p < 0,005$.

zogen wird. Nimmt man – ohne Rücksicht auf das entwicklungsbiologische Hypothesenkonstrukt – unsere schizophrenen Kranken wie bislang üblich zunächst als Gesamtgruppe, so findet sich auf den ersten Blick sowohl die Hypothese vom selektiven Filterdefekt als auch die des "Modality-shift"-Defizits bestätigt (Tabelle 2). Zu gesunden Kontrollen hochsignifikant reduzierte N_1-Flächenintegrale (als hirnelektrisches Korrelat verminderten Aufmerksamkeitsverhaltens) und verlängerte WRZ scheinen in Einheit mit dem signifikanten korrelativen Zusammenhang zwischen diesen beiden Meßgrößen mit dem kognitiven Basissymptom „SA" schizophrene Kranke diskriminieren zu können. Es wird also das Postulat bestätigt, wonach die selektive Aufmerksamkeitsleistung sich psychophysiologisch in einer ganz bestimmten kognitiven Welle ereigniskorrelierter EP widerspiegelt.

Allerdings liegt auch hier wie so oft bei komplexen psychiatrischen Sachverhalten der wahre Kern im Detail. Differenziert man nämlich unter entwicklungsbiologischer Perspektive unsere schizophrenen Patienten nach dem mehrdimensional definierten Systemzustand eines unterschiedlichen Maturationsniveaus (vgl. Ulrich u. Gaebel 1987), so unterscheiden sich die Befunde der drei verschiedenen, sich nur teilweise einander überlappenden Befundebenen hinsichtlich ihrer *Nähe zu einem organischen Funktionssubstrat* doch beträchtlich (Tabelle 3). Hinsichtlich der WRZ wie der einzelnen psychologisch-neurophysiologischen Korrelationen unterscheiden sich die beiden Schizophrenie-Subgruppen signifikant voneinander. Es gelingt die experimentalpsychologische Objektivierung, daß entwicklungsbiologisch „risikofreie" Schizophrene sowohl zu Gesunden als auch – entgegen des theoretischen Konzeptes – zur Kontrollgruppe der „MCD"-Neurosen nahezu identische WRZ aufweisen. Diese Schizophrenen vermögen jedoch die hinsichtlich verschiedener klinischer Daten parallelisierte schizophrene Risikogruppe durch signifikant verlängerte WRZ zu diskriminieren.

Auch die *nur* bei den Risikoschizophrenen signifikant nachweisbaren korrelativen Zusammenhänge zwischen psychophysiologischen und experimentalpsychologischen Indikatorparametern für gestörte selektive Aufmerksamkeitsleistung lassen vermuten, daß die "Response-interference-Theorie" mit dem "Modality-shift"-Effekt möglicherweise nur für diese Merkmalsgruppe zutrifft. Abgesehen von den unbeeinträchtigten WRZ bestätigen nämlich die bei der Kontrollgruppe der „MCD-Neurosen" ebenfalls auffälligen Korrelationsergebnisse das im Grunde genommen nosologisch unspezifische theoretische Konstrukt eines „neurointegrativen Defektes". Die verlängerten „crossmodalen" WRZ und die erniedrigten N_1-Flächenintegrale dürften ganz im Sinne unserer Arbeitshypothese ein *funktionsdynamisches experimentalpsychologisches und neurophysiologisches Korrelat* einer neurointegrativen Dysfunktion infolge gestörten neuronalen Maturationsniveaus sein. Beiden Kenngrößen wäre also in bezug auf das Aufmerksamkeitsverhalten die Bedeutung relativ „substratnaher", sensibler indikativer Risikofaktoren im Sinne erhöhter Vulnerabilität beizumessen. Eine früh erworbene, selektive organische Vorschädigung von funktionell wichtigen limbischen Strukturen *und* die sich neuronal autonomisierende (prä-)schizophrene Störung würden möglicherweise zusammenwirken. Immerhin zeigen die „MCD"-Neurosen die zu erwartende Verlängerung der WRZ nicht. Offensichtlich sind ihre dennoch mit subtilen neurophysiologischen Untersuchungsmethoden nachweisbaren „Systemschwächen" der Informationsverarbeitung noch einigermaßen kompensiert. (Eine intraindividuelle Beziehung zwischen WRZ, SA-Score sowie elektrophysiologischen Daten und neuroleptischer Äquivalenzdosis findet sich bei keiner der beiden Schizophreniegruppen.)

Danach wäre die unzulässigerweise auf „Schizophrenien" schlechthin generalisierte Annahme, daß sowohl im Modell eines Filterdefektes als auch in dem der zeitlich verzögerten Informationsverarbeitung das Auftreten von Interferenzerscheinungen als Basis schizophrener Störungen der Informationsaufnahme und -verarbeitung zu sehen sei, gründlich zu revidieren. Dies würde entsprechend auch für das auf das gesamte Schizophreniespektrum ausgedehnte „Basisstörungskonzept" gelten. Sehr wahrscheinlich trifft jene Aussage nur für bestimmte „zerebrale" Risikogruppen mit besonders vulnerablen Informationsverarbeitungssystemen zu. Im Gegensatz hierzu scheinen die „reinen" Schizophrenen hinsichtlich ihrer selektiven Filterfähigkeit und neuronalen Kanalkapazität nicht eingeschränkt zu sein. Diese polare Sichtweise steht in guter Übereinstimmung mit Camerons (1938) Konzept des "overinclusive thinking". Damit ist die etwa nur bei der Hälfte (!) aller Schizophrenen nachzuweisende Unfähigkeit gemeint, situativ irrelevante Stimuli unbeachtet zu lassen, wobei es sich hierbei um keine Denk-, sondern eben um eine Aufmerksamkeitsstörung handelt.

7.2.4 *Intersystemische Beziehungen*

Die vorgestellten elektrophysiologischen und experimentalpsychologischen Befunde fallen besonders mehrheitlich bei den schizophrenen Kranken ins Gewicht, wo die Aufmerksamkeitsstörung im Zusammenhang mit einer hemisphäralen Funktionsasymmetrie (Ulrich u. Gaebel 1987) zu sehen ist. Wir haben nämlich am gleichen schizophrenen Kollektiv sowohl mittels einer temporospatialen SSEP-Funktionsdiagnostik als auch mit Hilfe der Bestimmung von peripheren Lateralitätsmerkmalen die Hypothese einer vermindert lateralisierten Hemisphärenorganisation bestimmter Funktionsleistungen (Etevenon 1983) bzw. deren reduzierter Integriertheit (Mundt 1986) bestätigen können (Böning et al. 1988). Während bei den in der entwicklungsbiologischen Anamnese unauffälligen Schizophrenen sich eine linkshemisphärale Dysfunktion *und* eine interhemisphärische Koordinationsstörung bezüglich der bioelektrischen Informationsverarbeitung abzeichnet, deuten die Befunde bei der schizophrenen Risikogruppe eher auf eine überwiegend transkallöse Störung im geordneten funktionellen Zusammenspiel beider Hemisphären (Lit. bei Ulrich u. Gaebel 1987) hin.

Der sich hieraus „als Ausdruck eines sich im Lateralisationsverhalten bekundenden Defizits der funktionellen Hirnreifung" (Ulrich u. Otto 1984) logischerweise ableitende Interpretationsansatz wird eindrucksvoll durch die Ergebnisse der Präferenzdominanz von Händigkeit und Äugigkeit gestützt. Hier ist bezeichnenderweise nur bei den Risikoschizophrenen eine signifikant vermehrte Nichtrechtshändigkeit, Linksäugigkeit und gekreuzte Hand-Auge-Dominanz auszumachen (Böning et al. 1988). Im Paradigma der asymmetrischen Organisation zerebraler Leistungen geht es ja um die Frage, ob aus dem (psycho-)motorischen Verhalten Rückschlüsse auf hemisphärale Aktivitäten bzw. interhemisphärale Beziehungen abzuleiten sind (Geschwind u. Behan 1984). Akzeptiert man die Funktion der Motorik als ein „adäquates Fenster" (Günther u. Gruber 1983) zur (Patho-)Physiologie der Hemisphärenfunktion, so kann ein persistierendes peripheres Lateralisationsmerkmal als ein indirektes Zeichen einer zerebralen Funktionsorganisation gedeutet werden.

In bezug auf die mehrschichtig quantifizierten Aufmerksamkeitsstörungen bei unseren Risikoschizophrenen stimmt dies gut mit einer jüngst vorgestellten Arbeitshypothese überein (Riedo u. Hobi 1986), derzufolge die neuropsychologischen Leistungsdefizite chronisch Schizophrener auf Koordinationsdefizite zweier unterschiedlich lateralisierter „Aufmerksamkeitssysteme" beruhen sollen (linkshemisphärales „Aktivationssystem" und rechtshemisphärales „Arousalsystem"). Auch wenn hier das entwicklungsbiologische Maturationskonzept unberücksichtigt bleibt, deckt sich die gezogene Schlußfolgerung, schizophrene Aufmerksamkeitsstörungen auf interhemisphärale Koordinationsstörungen zu beziehen, in evidenter Weise mit unseren Befunden. Ebenso dürfte die bisherige Konfusion bei der validen Abgrenzung hemisphärischer Funktionszuordnungen dadurch weiter reduzierbar sein, wenn man zwischen Funktionen unterscheidet, die von strukturell fixierten Prozessen (Maturationsniveau) abhängig sind und solchen, die dynamisch und reversibel (Vigilanzkonstrukt im Bente'schen Sinne) sind (Cohen et al. 1984). In diese Vorstellung würde sich auch widerspruchsfrei die inzwischen überwundene Alternativposition von sog. „Positiv-" und „Negativsymptomen" einordnen lassen. Nach der erweitert interpretierbaren Jackson-Schichthypothese (Berrios 1985), ließen sich „Positivsymptome" als ohne Modulation durch mesenzephale Strukturen leerlaufende kortikale Aktivitäten (regelhafte Hirnreifung mit gut lateralisierter Hemisphärenorganisation) deuten und

„Negativsymptome" als direkter Ausdruck geschwächter mesenzephaler Strukturen (Maturationsdefizit mit interhemisphärisch reduzierter Funktionsasymmetrie).

Anstatt schizophrene Patienten bevorzugt diagnostisch alternativen Subgruppen wie etwa akut–chronisch, paranoid–nichtparanoid, Positivsymptome–Negativsymptome, reaktiv–prozeßhaft, Frühmanifestation–Spätmanifestation oder sporadisch–genetisch zuzuordnen, wäre es dringend angezeigt, *auch* untergruppentrennende systembiologische Variablen stärker zu berücksichtigen. Allerdings sind derartige, letztlich in allen psychiatrischen Diagnosegruppen anzutreffende Systemvariablen bislang mit keinem genügend validen Untersuchungsinstrument identifizierbar. Dieses Grundproblem erklärt, warum die Variationskoeffizienten sowohl psychologischer wie auch physiologischer Parameter für Gruppen nichthomogener schizophrener Kranker etwa 3mal so groß sind wie für Gesunde (Garmezy 1978).

7.3 Schlußbemerkung

Unser systemtheoretischer Exkurs und die von uns vorgestellten Ergebnisse veranschaulichen exemplarisch, daß für das tiefere Verständnis des bislang „chaotischen Schizophrenie-Puzzles" eine komplementäre Mehrebenenanalyse die zukünftig erfolgversprechendste Forschungsstrategie sein dürfte. Eine derartige Vorgehensweise reflektiert die strategische Interface-Position zwischen der klinisch-psychopathologischen Verhaltensbeobachtung einerseits und dem dynamisch-biologischen Referenzbereich andererseits. Bereits nach dem derzeitigen Erkenntnisstand dürfte schizophrene Vulnerabilität keineswegs als eine ausschließlich genetisch bedingte Störung aufzufassen sein. Bei vielen Schizophrenen gibt es wohl auch strukturgenetisch erworbene Spielarten von Vulnerabilität. Damit wird die entwicklungsbiologische Perspektive erhärtet, welche schon Conrad (1963) in seiner ontogenetischen Sichtweise zum genetischen Strukturprinzip allgemeiner biologischer Gesetzmäßigkeiten als richtungsweisend erkannt hat.

Integriert man psychodynamische, kommunikations- und lerntheoretische Konzepte, die Ergebnisse von Langzeitkatamnesen und von kaum mehr überblickbaren neurobiologischen Grundlagenforschungen im Lichte der täglich erlebten klinischen Wirklichkeit in ein, ontologische wie auch erkenntnistheoretische Aspekte berücksichtigendes, epistemiologisches Modell, dann beginnen sich die Einsichten zur „ganzheitlichen" Erfassung der komplementären Zusammenhänge somatischer und psychischer Prozesse bei schizophrenen Erkrankungen schemenhaft abzuzeichnen. Anderenfalls müßten wir uns tatsächlich von Bateson (1972) vorwerfen lassen, daß gerade wir als Psychiater die Grundfragen der Erkenntnistheorie aus den Augen verloren haben. Festgefahren in einem falschen, ausschließlich „physikalischen Kraftmodell" werden die formalen Analogien zwischen biologischer Entwicklung und schöpferischem Denken und Lernen weitgehend außer acht gelassen. Aus dieser Sicht stellt die Integration von entwicklungsbiologischen und -psychologischen Erkenntnissen eine gleichermaßen befruchtende Herausforderung für das klinische Denken orthodoxer Psychoanalytiker wie allzu reduktionistisch vorgehender, somatologisch orientierter Psychiater dar. Schließlich würde eine „ideologische funktionelle Kommisurotomie" ausgerechnet jenen kreativen Erfindungsreichtum blockieren, der zur Lösung wesentlicher Probleme bei schizophrenen Erkrankungen unbedingt notwendig ist.

Literatur

Baribeau-Braun J, Picton TW, Gosselin JY (1983) Schizophrenia: A neurophysiological evaluation of abnormal information processing. Science 219:874–876

Bateson G (1972) Steps to an ecology of mind. Ballantine, New York

Belmont I, Birch HG, Klein DF, Pollack M (1964) Perceptual evidence of CNS dysfunction in schizophrenia. Arch Gen Psychiatry 10:395–408

Berrios GE (1985) Positive and negative symptoms and Jackson. A conceptual history. Am J Psychiatry 42:95–97

Beuhring T, Cudeck R, Mednick SA, Walker EF, Schulsinger F (1982) Vulnerability to environmental stress: High risk research on the development of schizophrenia. In: Neufeld RWJ (ed) Psychological stress and psychopathology. McGraw-Hill, New York

Bogerts B, Wurthmann C, Piroth HD (1987) Hirnsubstanzdefizit mit paralimbischem und limbischem Schwerpunkt im CT Schizophrener. Nervenarzt 58:97–106

Böning J, Drechsler F, Kropp M, Milech U (1988) Zum entwicklungsbiologischen Strukturprinzip schizophrener Erkrankungen – neurobiologische Aspekte und eigene Befunde. In: Böker F, Weig W (Hrsg) Aktuelle Kernfragen in der Psychiatrie. Springer, Berlin Heidelberg New York Tokyo, S 118–125

Camman R, Göllnitz G, Camman G, Heider B, Meyer-Probst B, Teichmann H (1985) Der Einfluß psychosozialer Risiken auf die Reifung der EEG-Hintergrundaktivität bei frühkindlich hirngeschädigten Kindern. Z Kinder Jugendpsychiat 13:5–15

Ciompi L (1986) Auf dem Wege zu einem kohärenten multidimensionalen Krankheits- und Therapieverständnis der Schizophrenie: Konvergierende neue Konzepte. In: Böker W, Brenner HD (Hrsg) Bewältigung der Schizophrenie: Multidimensionale Konzepte, psychosoziale und kognitive Therapie, Angehörigenarbeit und autoprotektive Strategien. Huber, Bern, S 47–61

Cohen R, Hermanutz M, Rist F (1984) Zur Spezifität sequentieller Effekte in den Reaktionszeiten und ereignisbezogenen Potentialen chronisch Schizophrener. In: Hopf A, Beckmann H (Hrsg) Forschungen zur Biologischen Psychiatrie. Springer, Berlin Heidelberg New York Tokyo, S 24–34

Conrad K (Hrsg) (1963) Der Konstitutionstypus, 2. Aufl. Springer, Berlin Göttingen Heidelberg

Eggers C (1981) Die Bedeutung limbischer Funktionsstörungen für die Ätiologie kindlicher Schizophrenien. Fortschr Neurol Psychiat 49:101–108

Erlenmeyer-Kimling L, Cornblatt B (1984) Kinder schizophrener Eltern: Die Untersuchung psychobiologischer Merkmale. In: Steinhausen H-C (Hrsg) Ergebnisse der Kinderpsychiatrie und Psychologie. Kohlhammer, Stuttgart, S 156–177

Esser G, Schmidt M (1987) Minimale zerebrale Dysfunktion – Lehrformel oder Syndrom? Enke, Stuttgart

Etevenon P (1983) A model of intra- und interhemispheric relationship. In: Flor-Henry P, Cruzelier J (eds) Laterality and psychopathology. Elsevier, Amsterdam

Garmezy N (1978) Attentional process in adult schizophrenic and in children at risk. J Psychiatr Res 14:3–34

Geschwind N, Behan P (1984) Laterality, hormones and immunity. In: Geschwind N, Galaburda A (eds) Cerebral dominance: The biological foundations. Harvard University Press, Cambridge, MA

Günther WE, Gruber H (1983) Psychomotorische Störungen bei psychiatrischen Patienten als mögliche Grundlage neuer Ansätze in Differentialdiagnose und Therapie. Arch Psychiatr Nervenkr 233:187–209

Haracz JL (1984) A neural plasticity hypothesis of schizophrenia Neurosci Biobehav Rev 8:59–71

Hillyard SA, Hink RF, Schwent VL, Picton TW (1973) Electrical signs of selective attention in the human brain. Science 182:177–180

Huber G (1983) Das Konzept substratnaher Basissymptome und seine Bedeutung für Theorie und Therapie schizophrener Erkrankungen. Nervenarzt 54:23–32

Janzarik W (1968) Schizophrene Verläufe – Eine strukturdynamische Interpretation. Springer, Berlin Heidelberg New York

Krause R (1983) Zur Onto- und Phylogenese des Affektsystems und ihrer Beziehungen zu psychischen Störungen. Psyche 11:1016–1043

Lempp R (1984) Die Schizophrenien als funktionelle Regression und Reaktion. In: Lempp R (Hrsg) Psychische Entwicklung und Schizophrenie. Huber, Bern, S 171–222

Linden M (1987) Psychopathologische und neuropsychologische Symptomatik bei minimaler cerebraler Dysfunktion im Rahmen von Neurose-Erkrankungen und Persönlichkeitsstörungen im Erwachsenenalter. (Unveröff. Arbeitsmanuskript)

Littmann B, Parmelee AH (1978) Medical correlates of infant development. Pediatrics 61:470–474

Maturana HR (1982) Erkennen: Die Organisation und Verkörperung von Wirklichkeit. Vieweg, Braunschweg

Meehl PE (1962) Schizotaxia, schizotypy, schizophrenia. Am Psychol 17:827–838

Mundt C (1986) Zum gegenwärtigen Stand hirnmorphologischer und „benachbarter" Funktionsdiagnostik bei Schizophrenen. Fortschr Neurol Psychiat 54:84–91

Papousek H, Papousek M, Giese R (1986) Neue wissenschaftliche Ansätze zum Verständnis der Mutter-Kind-Beziehung. In: Stork J (Hrsg) Zur Psychologie und Psychopathologie des Säuglings. Fromman-Holzboog, Stuttgart, S 53–71

Ploog D (1986) Ein neuroethologisches Konzept der Emotionen und sozialen Kommunikation. In: Keup W (Hrsg) Biologische Psychiatrie. Springer, Berlin Heidelberg New York Tokyo, S 3–13

Rey ER, Oldigs J (1980) Experimental research of an attention deficit in schizophrenia. Behav Anal Modif 4:127–140

Riedo C, Hobi V (1986) Kognitive Störungen bei Schizophrenie. Z Exp Angew Psychol 33:95–113

Rutter M, Quinton D (1977) Psychiatric disorder-ecological factors and concepts of causation. In: McGurk M (ed) Ecological factors in human development. North-Holland, Amsterdam

Sarazin FFA, Spreen O (1986) Fifteen year stability of some neuropsychological tests in learning disabled subjects with and without neurological impairment. J Clin Exp Neuropsychol 8:190–200

Shepherd M (1987) Formulation of new research strategies on schizophrenia. In: Häfner H, Gattaz WF, Janzarik W (eds) Search for the causes of schizophrenia. Springer, Berlin Heidelberg New York Tokyo, pp 29–38

Singer W (1986) The brain as self-organizing system. Eur Arch Psychiatr Neurol Sci 236:4–9

Steinhausen H-C (Hrsg) (1984) Risikokinder. Ergebnisse der Kinderpsychiatrie und Psychologie. Kohlhammer, Stuttgart

Süllwold L, Huber G (1986) Schizophrene Basisstörungen. Springer, Berlin Heidelberg New York Tokyo

Tarter RE (ed) (1983) The child at psychiatric risk. University Press, Oxford

Ulrich G, Otto W (1984) Intermittierend rechts-posterior betonte langsame Wellen (IRP) im EEG psychiatrischer Patienten und das theoretische Konstrukt des Maturationsdefizits. Nervenarzt 55:179–187

Ulrich G, Gaebel W (1987) Zur Psychophysiologie schizophrener Aufmerksamkeitsstörung – Konzepte, Befunde und Arbeitshypothesen. Fortschr Neurol Psychiat 55:273–278

Zubin J (1975) The problem of attention in schizophrenia. In: Kietzman ML, Sutton S, Zubin J (eds) Experimental approaches to psychopathology. Academic Press, New York

8 Bindung von ^{3}H-Spiperon an Lymphozyten von schizophrenen Patienten und deren Familienangehörigen

B. Bondy und M. Ackenheil

8.1 Einleitung

Durch die Ergebnisse von Familien-, Zwillings- und Adoptionsstudien erscheint es heute gesichert, daß genetische Faktoren wesentlich zur Ätiologie der schizophrenen Psychosen beitragen (Gottesman u. Shields 1982). Dennoch sind nach wie vor viele fundamentale Fragen dieser genetischen Komponente ungeklärt. So läßt sich die Verteilung von betroffenen Mitgliedern innerhalb einer Familie mit keinem der bisher bekannten Vererbungsschemata eindeutig bestimmen. Auch die Anwendung verschiedener statistischer Modelle brachte keinen klaren Hinweis auf den Vererbungsmodus (Mathyssee 1987). Als Grund dafür wurden sowohl methodische Probleme, wie die psychiatrische Diagnostik, als auch die Heterogenität der Erkrankung selbst diskutiert (Baron 1986). Insbesondere bei den endogenen Psychosen geht man heute davon aus, daß sie jeweils keine Einheit, sondern Gruppen von biologisch und vielleicht auch ätiologisch völlig verschiedenen Krankheitsbildern darstellen. Durch diese Heterogenität wird die Bewertung klinisch genetischer sowie auch biologischer Untersuchungen erheblich erschwert. Die Identifizierung sicherer biologischer Marker und deren Untersuchung im Rahmen von Familienstudien würde die Möglichkeit bieten, ätiologisch homogene Untergruppen abzugrenzen und könnte damit für die psychiatrische Forschung entscheidende Fortschritte bringen.

Auf dem Gebiet der biologischen Psychiatrie wurde die Suche nach biologischen Markern in den letzten Jahren zu einem zentralen Thema der Forschung. Als Ausgangspunkt für diese Untersuchungen bieten sich sowohl die Wirkungsmechanismen von Psychopharmaka an, als auch vor allem die zahlreichen biologischen Hypothesen endogener Psychosen, die in den letzten 25 Jahren aufgestellt wurden. So hat die Dopaminhypothese der Schizophrenie (Carlsson 1978) heute immer noch Gültigkeit und ist damit Basis vieler Untersuchungen. Wegen der relativen Unzugänglichkeit des Zentralnervensystems für biologische Untersuchungen gewinnen Bestimmungen in der Peripherie zunehmend an Bedeutung. Gemessen werden vor allem die Konzentrationen der Transmitter und deren Metabolite in Liquor und Blut. Auch die Untersuchungen von Rezeptoren an Blutzellen als mögliche periphere Modelle zentraler Neurone wurden in den letzten Jahren immer mehr etabliert.

Die ersten Ergebnisse von LeFur et al. (1980) wiesen darauf hin, daß an Lymphozyten neben einer Reihe von anderen Neurotransmitterrezeptoren, auch Dopaminrezeptoren vorhanden seien. Obwohl diese Befunde nicht bestätigt werden konnten und über die Art und Bedeutung dieser Bindungsstellen noch keine Einigkeit besteht (Bloxham et al. 1981; Fleminger et al. 1982; Maloteaux et al. 1983;

Shaskan et al. 1983) wurde von drei unabhängigen Arbeitsgruppen berichtet, daß die Anzahl der Bindungsstellen für den Dopaminantagonisten ^{3}H-Spiperon an Lymphozyten bei schizophrenen Patienten deutlich erhöht ist im Vergleich zu gesunden Kontrollen (LeFur et al. 1983; Rotstein et al. 1983) sowie zu anderen psychiatrischen Patienten (Bondy et al. 1984, 1985). Dieser replizierbare Befund eines Unterschiedes zwischen schizophrenen Patienten und Kontrollen läßt den Schluß zu, daß es sich dabei um einen Marker für Schizophrenie handelt, der auch als genetischer Vulnerabilitätsmarker von Bedeutung sein könnte.

8.2 Methodik

8.2.1 Patienten

Die Bindungsparameter von ^{3}H-Spiperon wurden an Lymphozyten von 45 akut schizophrenen Patienten (21 Männer, 24 Frauen, Alter 30 ± 14 Jahre) untersucht. Die Patienten waren vor der Bestimmung mindestens 6 Monate lang nicht mit Neuroleptika behandelt worden. Bei 25 dieser Patienten wurde die Bindung während der Behandlung mit Neuroleptika (zwischen 4 Wochen und 3 Monaten), bei 10 Patienten auch im therapiefreien Intervall, 2 Monate nach Absetzen der Medikation untersucht. Die Bindungsparameter wurden auch an 5 chronisch schizophrenen Patienten untersucht (4 Männer, 1 Frau, Alter 32–42 Jahre), die vor der Laboruntersuchung zwischen 2–5 Jahren kontinuierlich Neuroleptika erhalten hatten. Die genauen Diagnosen erfolgten nach den ICD-Kriterin, 9. Revision (ICD Nr. 295.1 n = 12, 295.3 n = 33). Die Mehrzahl der Patienten erfüllte die DSM-III-Kriterien für Schizophrenie, nur bei 10 Patienten lag der Beginn der Erkrankung weniger als 6 Monate zurück.

8.2.2 Familienangehörige

Die Bindungsparameter von ^{3}H-Spiperon wurden auch an Lymphozyten von Familienangehörigen ersten und zweiten Grades von 16 schizophrenen Patienten (3 hebephrenen, 13 paranoid-halluzinatorische) bestimmt. Untersucht wurden insgesamt 45 Angehörige der Indexpatienten (26 Eltern, 15 Geschwister – 10 Brüder und 5 Schwestern sowie 4 Tanten). Das Alter der Eltern und Tanten lag zwischen 43 und 71 Jahren, das der Geschwister zwischen 16 und 42 Jahren. Bei 8 Verwandten ersten Grades, deren Bindungsparameter untersucht wurden, waren eine oder mehrere vorausgegangene Episoden schizophrener Psychosen bekannt, 6 davon waren zum Zeitpunkt der Untersuchung psychopathologisch unauffällig und seit mindestens 1 Jahr ohne neuroleptische Medikation. Zwei dieser Verwandten waren noch unter neuroleptischer Langzeitbehandlung.

8.2.3 Gesunde Kontrollen

Die Bindungsdaten der Patienten und Familienangehörigen wurden mit den Daten von 50 gesunden Kontrollpersonen verglichen (28 Frauen, 22 Männer, Alter

18–61 Jahre). Bei diesen selbst, sowie auch bei deren Familienmitgliedern waren anamnestisch keine psychiatrischen Auffälligkeiten oder Krankheiten zu erheben.

8.2.4 Laboruntersuchung

Die Bindungsversuche wurden mit dem Dopaminantagonisten ³H-Spiperon (spezifische Aktivität 20–35 Ci/mmol) durchgeführt (Bondy et al. 1985). Nach Trennung der Lymphozyten mittels Dichtegradientenzentrifugation mit Ficoll-Paque (Pharmacia) wurden die Zellen mit dem radioaktiv markierten Liganden 60 min bei 37 °C inkubiert. Die unspezifische, verdrängbare Bindung wurde mit [+]-Butaclamol bestimmt (Endkonzentration 1 µmol). Die Reaktion wurde durch Zentrifugation gestoppt, die mit den Zellen verbleibende Bindung nach Zugabe des Solubilisators Protosol (NEN) und des Szintillators Econofluor (NEN) gemessen. Die Anzahl der Bindungsstellen (B_{max}) sowie die Affinität dieser Bindungsstellen für den Liganden ³H-Spiperon (K_D) wurde mit einem Computerprogramm für nichtlineare Scatchard-Analysen berechnet.

8.3 Ergebnisse

8.3.1 ³H-Spiperon-Bindung an Lymphozyten von Patienten im Vergleich zu Kontrollen

Die Untersuchung der Bindungsparameter von ³H-Spiperon an Lymphozyten zeigte eine deutliche Erhöhung der Anzahl der Bindungsstellen (B^{max}) bei akuten, unbehandelten schizophrenen Patienten (n = 45, Tabelle 1). Auffallend war, daß es zwischen den Daten der Patienten und Kontrollen (n = 50) nahezu keine Überlappung gab. Während der Behandlung konnte keine Veränderung der Bindung festgestellt werden. Zusätzlich zur erhöhten Bindungskapazität war auch die Affinität (K_D) dieser Bindungsstellen bei den Patienten verändert, allerdings war die Erhöhung des K_D-Wertes geringer ausgeprägt. Um zu untersuchen, ob es sich bei dieser Veränderung um ein Phänomen handelt, das nur die akute Episode charakterisiert, oder um ein Merkmal, das zustandsunabhängig ist, wurden die Bin-

Tabelle 1. Bindung von ³H-Spiperon an Lymphozyten von schizophrenen Patienten und Kontrollen

	B_{max} fmol/10^6 Zellen	K_D nmol
Unbehandelte Patienten (n = 45)	8,32 ± 5,34	0,35 ± 0,16
Behandelte Patienten (n = 25)	7,98 ± 4,32	0,31 ± 0,09
Chronische Patienten (n = 5)	7,72 ± 5,13	0,34 ± 0,21
Kontrollen (n = 50)	2,66 ± 0,69	0,17 ± 0,07

Mittelwert ± S_D.

Tabelle 2. Bindung von ^{3}H-Spiperon an Lymphozyten schizophrener Patienten vor und während der Behandlung sowie in Remission

	B_{max} fmol/10^6 Zellen	K_D nmol
Vor Behandlung	$7,92 \pm 3,98$	$0,32 \pm 0,20$
Während Behandlung	$7,82 \pm 3,18$	$0,30 \pm 0,18$
In Remission	$7,95 \pm 4,10$	$0,33 \pm 0,21$

$n = 10$, Mittelwert $\pm S_D$.

dungsversuche auch während der Behandlung und in Remission, 2 Monate nach Absetzen der Medikation, durchgeführt. Unter neuroleptischer Behandlung kam es nicht zur Veränderung der Bindungsparameter, auch die Untersuchung im freien Intervall ergab ähnlich hohe B^{max}-Werte, wie sie während der akuten, produktiven Phase gefunden werden konnten (Tabelle 2). Auch bei chronisch Schizophrenen ($n = 5$, Tabelle 1), die schon jahrelang unter neuroleptischer Behandlung sind, fanden wir die Anzahl der Bindungsstellen an Lymphozyten erhöht.

8.3.2 ^{3}H-Spiperon-Bindung an Lymphozyten von Familienangehörigen

Bei der Untersuchung der Bindung an Lymphozyten von Familienangehörigen ersten und zweiten Grades von 16 Indexpatienten fanden wir bei allen Probanden, bei denen jemals eine oder mehrere Episoden einer schizophrenen Erkran-

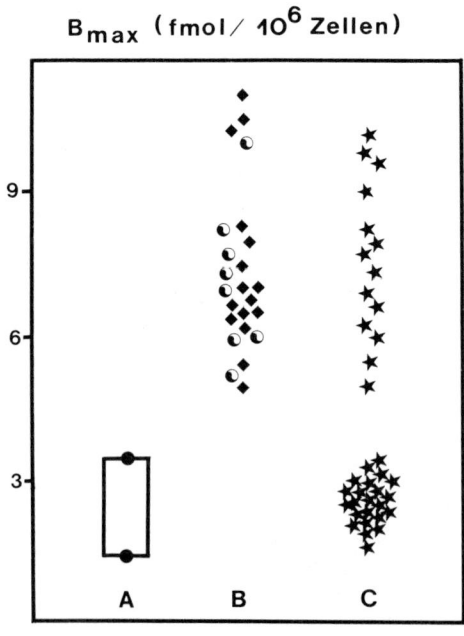

Abb. 1. Bindung von ^{3}H-Spiperon an Lymphozyten von schizophrenen Patienten und deren Familienangehörigen. *A* gesunde Kontrollen, $n = 50$, ● höchster und niedrigster Wert, *B* schizophrene Patienten (◆, $n = 16$), Angehörige, die schon eine oder mehrere schizophrene Episoden hatten (, $n = 8$), *C* gesunde Angehörige (★, $n = 37$)

kung stattgefunden hatte, ebenfalls erhöhte B^{max}-Werte, unabhängig davon, ob sie zum Zeitpunkt der Untersuchung psychopathologisch unauffällig und ohne neuroleptische Behandlung waren (n = 6) oder ob sie noch unter neuroleptischer Medikation standen (n = 2, Abb. 1). Aber auch bei einigen Probanden, bei denen niemals psychotische Symptome aufgetreten waren, konnte eine ähnliche ³H-Spiperon-Bindung an Lymphozyten gefunden werden wie bei den Indexpatienten selbst. Die Mehrzahl der gesunden Angehörigen unterschied sich in der Bindungskapazität für ³H-Spiperon nicht von denen der von uns untersuchten gesunden Probanden.

8.4 Diskussion

Die Ziele der genetischen Forschung in der Psychiatrie bestehen darin, die Existenz und relative Verteilung genetischer Einflüsse zu zeigen, sowie die Art der Vererbung zu bestimmen. Daß genetische Faktoren, evtl. im Sinne einer erhöhten Vulnerabilität, wesentlich zur Ätiologie der Schizophrenie beitragen, ist heute kaum noch umstritten (Reveley 1987). Allerdings ist es mit den klinischen genetischen Untersuchungen nicht gelungen, den Transmissionsmodus festzulegen oder zwischen genetischen und Umwelteinflüssen zu trennen (Mathyssee 1987).

Die Untersuchung genetischer Marker könnte wesentlich zur genetischen psychiatrischen Forschung beitragen. Unter genetischen Markern versteht man streng genommen Veränderungen des Genoms, die mit Hilfe molekularbiolgischer Untersuchungen identifiziert werden können. Vor allem in den letzten Jahren hat sich diese Forschungsrichtung rasch entwickelt und führte im Bereich affektiver Psychosen (Egeland et al. 1987; Baron et al. 1987) und der Chorea Huntington (Gusella et al. 1983) zu interessanten Ergebnissen.

Eine weitere Möglichkeit besteht in der Untersuchung erblicher biologischer Merkmale, die mit der Krankheit assoziiert sind, in Familien mit der Krankheit gemeinsam auftreten, d. h. mit ihr cosegregieren, und damit evtl. Personen mit einer erblich bedingten Vulnerabilität identifizieren könnten (Rieder u. Gershon 1978). Der Ausgangspunkt für diese Untersuchungen sind vor allem die in den letzten Jahren gewonnenen Befunde der sog. biologischen Marker, sei es auf biochemischem, psychophysiologischem oder morphologischem Gebiet. Untersucht wurden bisher vor allem die Monoaminoxidase-Aktivität der Thrombozyten (Siever u. Coursey 1985), evozierte Potentiale (Buchsbaum 1977) sowie Störungen der langsamen Augenfolgebewegungen, die heute zu den wenigen anerkannten möglichen genetischen Markern der Schizophrenie gehören (Siever u. Coursey 1985; Erlenmeyer-Kimling 1987).

Tabelle 3. Kriterien für Vulnerabilitätsmarker. (Nach Rieder u. Gershon 1978)

1. Der Marker muß mit der Krankheit assoziiert sein
2. Der Marker muß unabhängig vom jeweiligen Krankheitszustand sein
3. Der Marker muß erblich sein
4. Der Marker muß in Familien mit der Krankheit cosegregieren

In der vorliegenden Studie wurde anhand der von Rieder u. Gershon (1978) erstellten Kriterien für Vulnerabilitätsmarker (Tabelle 3) untersucht, ob die Bindung von ^{3}H-Spiperon an Lymphozyten eine Bedeutung als genetischer Vulnerabilitätsmarker für Schizophrenie haben könnte. Unsere sowie die Untersuchungen anderer Arbeitsgruppen (LeFur et al. 1983; Rotstein et al. 1983; Bondy et al. 1984, 1985) zeigten, daß die Bindung von ^{3}H-Spiperon an Lymphozyten schizophrener Patienten erhöht und mit der Krankheit assoziiert ist, da sie bei anderen psychiatrischen Patienten bisher nicht nachgewiesen werden konnte (Bondy u. Ackenheil 1987). Die Frage, ob dieses Merkmal vom Krankheitszustand unabhängig ist, wird derzeit noch kontrovers diskutiert. Von der Arbeitsgruppe LeFur et al. (1983) wurde eine Verminderung der Bindungskapazität während der Behandlung gefunden. Dieses Ergebnis konnte von anderen Arbeitsgruppen nicht bestätigt werden, da die Bindung auch während der Behandlung und in Remission (Bondy u. Ackenheil 1987) sowie während sog. "drug holidays" (Rotstein et al. 1983) unverändert erhöht war.

Bei unserer Untersuchung von kranken wie gesunden Familienangehörigen schizophrener Patienten fanden wir erhöhte ^{3}H-Spiperon-Bindung bei allen akut kranken Patienten, bei Probanden, bei denen jemals eine Schizophrenie diagnostiziert worden war, die zum Zeitpunkt der Untersuchung jedoch in Remission waren. Innerhalb der untersuchten Familien war das Merkmal immer mit der Krankheit assoziiert, d. h. Merkmal und Krankheit cosegregieren. Erhöhte Bindung konnte aber auch bei Familienangehörigen nachgewiesen werden, bei denen niemals Symptome der Schizophrenie aufgetreten waren. Bei diesen Probanden handelt es sich sowohl um Geschwister der Patienten, die das Risikoalter noch nicht überschritten haben, als auch um Eltern oder Tanten. Wenn es sich bei diesem Merkmal um einen erblichen Vulnerabilitätsfaktor handelt, dann können diese Probanden als Personen mit erhöhtem Risiko angesehen werden, da das Konzept der erblichen Vulnerabilität davon ausgeht, daß alle episodisch kranken Individuen zumindest einen erblichen (konstitutionellen) Faktor haben, der das Risiko zu erkranken erhöht. Prospektive Studien und Beobachtung der Probanden, bei denen das Merkmal gefunden wurde, sind daher notwendig, um weitere Aussagen über die Bedeutung dieses Merkmals als Beweis eines erhöhten Risikos machen zu können.

Das Ergebnis unserer Untersuchung macht deutlich, daß die erhöhte Bindung des Dopaminantagonisten ^{3}H-Spiperon an Lymphozyten Ausdruck einer genetisch determinierten Vulnerabilität für Schizophrenie sein könnte. Obwohl die ersten Ergebnisse der Zwillingsuntersuchungen auch darauf hinweisen, daß es sich dabei um ein erbliches Merkmal handelt, muß dieser Befund noch weiter untersucht werden. Weiterführende Studien mit großen Familien und Zwillingspaaren sind notwendig, um diesen Befund zu erhärten.

Literatur

Baron M (1986) Genetics of schizophrenia: Familial patterns and mode of inheritance. Biol Psychiatry 21:1051–1066

Baron M, Risch N, Hamburger R et al. (1987) Genetic linkage between X-chromosome markers and bipolar affective illness. Nature 326:289–292

Bloxham CA, Cross AJ, Crow TJ, Owen F (1981) Characteristics of ³H-spiperone binding to human lymphocytes. Br J Pharmacol 74:233

Bondy B, Ackenheil M (1987) ³H-spiperone binding sites in lymphocytes as possible vulnerability marker in schizophrenia. J Psychiatr Res 21(4):521–529

Bondy B, Ackenheil M, Birzle W, Elbrs R, Fröhler M (1984) Catecholamines and their receptors in blood: Evidence for alteration in schizophrenia. Biol Psychiatry 19:1377–1393

Bondy B, Ackenheil M, Elbers R, Fröhler M (1985) Binding of ³H-spiperone to lymphocytes: A biological marker in schizophrenia? Psychiatry Res 15:41–48

Buchsbaum MS (1977) The middle evoked response components and schizophrenia. Schizophr Bull 3:93–104

Carlsson A (1978) Antipsychotic drugs, neurotransmitters and schizophrenia. Am J Psychiatry 135(2):164–173

Egeland JA, Gerhard DS, Pauls DL et al. (1987) Bipolar affective disorders linked to DNA markers on chromosome 11. Nature 325:783–787

Erlenmeyer-Kimling L (1987) Biological markers for the liability to schizophrenia. In: Helmchen H, Henn FA (eds) Dahlem Workshop Reports: Biological perspectives of schizophrenia. Wiley, New York, pp 33–56

Fleminger S, Jenner P, Marsden CD (1982) Are dopamine receptors present on human lymphocytes? J Pharm Pharmacol 34:658–663

Gottesman II, Shields J (1982) Schizophrenia, the epigenetic puzzle. Cambridge University Press, Cambridge

Gusella JF, Wexler NS, Conneally PM et al. (1983) A polymorphic DNA marker genetically linked to Huntington disease. Nature 306:234–238

LeFur G, Phan T, Uzan A (1980) Identification of stereospecific ³H-spiperon binding sites in mammalian lymphocytes. Life Sci 26:1139–1148

LeFur G, Zarifian E, Phan T et al. (1983) ³H-spiperon binding in lymphocytes. Changes in two different groups of schizophrenic patients and effect of neuroleptic treatment. Life Sci 32:245–249

Maloteaux JM, Gossuin W, Waterkeyen C, Laduron PM (1983) Trapping of labelled ligand in intact cells: A pitfall in binding studies. Biochem Pharmacol 23:2543–2548

Mathyssee S (1987) "The middle game" in the genetics of schizophrenia. In: Helmchen H, Henn FA (eds) Dahlem Workshop Reports: Biological perspectives of schizophrenia. Wiley, New York, pp 7–17

Reveley AM (1987) Genetics as an approach to etiology. In: Helmchen H, Henn FA (eds) Dahlem Workshop Reports: Biological perspectives of schizophrenia. Wiley, New York, pp 72–82

Rieder RO, Gershon ES (1978) Genetic strategies in bilogical psychiatry. Arch Gen Psychiatry 35:866–873

Rotstein E, Mishra RK, Singal DP, Barone D (1983) Lymphocyte ³H-spiroperidol binding in schizophrenia: Preliminary findings. Prog Neuropsychopharmacol Biol Psychiatry 7:720–723

Shaskan EG, Ballow M, Oreland L, Wadell G (1983) Is there a functional significance for dopamine antagonist binding on lymphoid cells? Adv Biol Psychiatry 12:123–145

Siever LJ, Coursey RD (1985) Biological markers for schizophrenia and the biological high risk approach. J Nerv Ment Dis 173:4–16

9 Zur Suizidalität schizophren Erkrankter: klinische und biologische Aspekte

J. DEMLING

9.1 Klinische Aspekte

9.1.1 Zur Häufigkeit suizidaler Handlungen bei Schizophrenen

Kranke mit endogenen Psychosen sind unter den suizidgefährdeten Personen dem höchsten Risiko ausgesetzt. Der Frage, welchen Anteil diese Patientengruppe an der Suizidhäufigkeit der Gesamtbevölkerung hat, sind zahlreiche Studien gewidmet, die zu sehr unterschiedlichen Resultaten gelangen. Lungershausen (1969) fand in der seinerzeit zu diesem Thema vorliegenden Literatur Zahlen zwischen 6% (Weichbrodt 1937) und 66% (Gruhle 1940). Scharfetter et al. (1979) kamen bei der Übersicht über zahlreiche Angaben zu dem Ergebnis, daß ein Drittel bis die Hälfte aller Suizidanten an endogenen Psychosen gelitten hatten.

Der größten Gefahr, Opfer einer suizidalen Handlung zu werden, unterliegen die zyklothym Depressiven (Miles 1977; Häfner u. Schmidtke 1987). Aber auch bei schizophren Erkrankten ist die Suizidinzidenz beträchtlich. So fand Miles (1977) bei der Auswertung von 34 Studien, daß sich für Schizophrene eine Mortalität durch Suizid von durchschnittlich 10% errechnen läßt. Eine jüngst mitgeteilte prospekte Untersuchung über 17 Jahre ergab mit 9% eine identische Größenordnung (Nyman u. Jonsson 1986). – In den USA werden ca. 3800 Suizide pro Jahr von Schizophrenen verübt, etwa 13% aller Suizidopfer entfallen dort auf diese Patientengruppe. Das Mortalitätsrisiko durch Suizid liegt für Schizophrene zwischen dem 20- (Osmond u. Hoffer 1973) und 50fachen (Wilkinson 1982) über dem der Normalbevölkerung.

Über die Häufigkeit von Suizidversuchen Schizophrener gehen die Mitteilungen im Schrifttum naturgemäß noch weiter auseinander: die Angaben reichen bis zu 55% Betroffener, die im Verlaufe ihres Krankheitsgeschehens zumindest *eine* mehr oder weniger schwerwiegende suizidale Handlung unternehmen (zit. nach Nyman u. Jonsson 1986).

9.1.2 Risikofaktoren

Als besonders gefährdet müssen nach Gale et al. (1980) folgende beiden Gruppen schizophren Erkrankter gelten:

1. der akut kranke paranoide Schizophrene mit einem Suizidversuch in der Anamnese, und
2. der chronisch kranke, entdifferenzierte Schizophrene mit affektiver Komponente im Krankheitsverlauf, der sich in den Augen des Therapeuten stabilisiert hat, sich selbst aber das Leben nach der Entlassung nicht zutraut.

Tropon-Symposium, Bd. III
Die Schizophrenien
Hrsg. Kaschka/Joraschky/Lungershausen
© Springer-Verlag Berlin Heidelberg 1988

Vor allem Patienten im letztgenannten Verlaufsstadium fallen als „Langzeit-patienten" mitunter einer gewissen Versorgungsroutine anheim, der das Gespür für die Regungen des gesundgebliebenen Persönlichkeitsanteils des Patienten ab-handen zu kommen droht (Mundt 1984). Die Befunde von Drake et al. (1984) weisen in eine ähnliche Richtung: der größten Gefahr einer Verzweiflungstat ist *der* Kranke ausgesetzt, der sich primärpersönlich durch eine hohe Erwartungshal-tung sich selbst gegenüber auszeichnet, sich aber nach Abklingen einer floriden Symptomatik schmerzlich bewußt wird, daß die Erfüllung dieses Anspruchsni-veaus an der Schwere der Erkrankung – tatsächlich oder vermeintlich – scheitern muß. Drake charakterisiert diese Gruppe als "High-expectations-awareness"-Pa-tienten. Dem entspricht der epidemiologische Befund, daß unter den suizidalen Schizophrenen Männer im jüngeren Lebensalter überrepräsentiert sind. Als wei-tere Risikofaktoren (vgl. Nyman u. Jonsson 1986) werden soziale Isolation (im Sinne des Alleinlebens oder der Arbeitslosigkeit) genannt, außerdem die bevorste-hende oder kürzlich erfolgte Entlassung aus der Langzeithospitalisation (Wegfall des „Krankenhauskorsetts"). Suizidversuche in der Anamnese und Suizidankün-digungen sind, wie bei anderen psychischen Störungen (vgl. Bürk u. Möller 1985), so auch bei Schizophrenen als besonders schwerwiegende Prädiktoren anzusehen. Breier u. Astrachan (1984) weisen jedoch darauf hin, daß Schizophrene weniger als andere Patienten geneigt sind, Selbsttötungsabsichten mitzuteilen, weshalb suizidale Handlungen Schizophrener die Umwelt oft „wie aus heiterem Himmel" treffen.

9.2 Biologische Aspekte

9.2.1 Zur Frage der Vererbbarkeit suizidalen Verhaltens

Die hierzu durchgeführten Erhebungen haben bislang keine eindeutigen Ergeb-nisse gezeitigt. Rainer (1984) faßt die Befunde der einschlägigen Zwillings- und Adoptionsstudien dahingehend zusammen, daß die empirischen Resultate eher Zweifel an einer genetischen Hypothese der Suizidalität nahelegen. Roy (1983) stellte anhand eines Kollektivs von 243 Patienten mit familienanamnestisch be-kannter Suizidalität fest, daß sich bei entsprechenden Vorkommnissen in der Fa-milie das Risiko zumindest für das mit einer psychischen Störung belastete Mit-glied, unabhängig von der Diagnose, signifikant erhöht. Was die Suizidalität Schizophrener betrifft, so sind Befunde von Bochnik (1962) und Huber et al. (1979) erwähnenswert, daß später durch Suizid umgekommene Schizophrene häufiger primärcharakterliche Wesenseigentümlichkeiten aufgewiesen hatten. Huber et al. (1979) ermittelten unter den späteren Suizidopfern ihres Kollektivs eine Rate von 25% „ausgesprochen abnormer Primärpersönlichkeiten" gegen-über 10,9% im Gesamtkollektiv. Tsuang et al. (1983) untersuchten die Suizidhäu-figkeit von Verwandten suizidaler Schizophrener und fanden im Vergleich zu ei-nem Kontrollkollektiv eine 8fach erhöhte Inzidenz, bei Verwandten ersten Gra-des sogar eine noch 3- bis 4mal höhere Inzidenz suizidaler Handlungen. Aus die-sen Ergebnissen könnte man die Vermutung ableiten, daß die Erkrankungen aus dem schizophrenen Formenkreis eine genetisch determinierte Unterform enthal-ten, die ihre Träger für autoaggressives Verhalten besonders empfänglich macht.

9.2.2 Biochemische Befunde

Die Frage, ob suizidales Verhalten auf dem Boden von Stoffwechselanomalien im zentralen Nervensystem entsteht, ist seit Mitte der 60er Jahre Gegenstand zahlreicher Studien mit sehr unterschiedlichen Ansätzen (Übersicht s. Demling 1988). Die Untersuchungsrichtungen sind größtenteils der „biologischen Depressionsforschung" entlehnt, wobei man sich in zunehmendem Maße bemüht, Stoffwechselabweichungen nicht mehr komplexen Krankheitsentitäten (der zyklothymen Depression, dem schizophrenen Formenkreis u. a.), sondern möglichst klar umschriebenen psychopathologischen Syndromen (z. B. Angst, Anheonie, Anorexie, Zwang u. a.) zuzuordnen (s. etwa Banki et al. 1981). Die naturwissenschaftlich ausgerichtete psychiatrische Forschung steht hier erst am Anfang, wobei die Suizidalität einen der am intensivsten untersuchten Parameter darstellt. Im Mittelpunkt des Interesses steht hierbei der zerebrale Serotoninstoffwechsel: die Ergebnisse der biochemischen Suizidforschung lassen überwiegend auf eine – wie auch immer bedingte – Verminderung des Metabolismus dieses Neurotransmitters in verschiedenen Arealen des Zentralnervensystems schließen (Übersicht s. Åsberg et al. 1987). Es kann als gesichert gelten, daß serotonerge Neuronensysteme im Gehirn an der Steuerung aggressiven (u. a. Valzelli 1985) und autoaggressiven Verhaltens maßgeblich mitbeteiligt sind. Eine Herabsetzung des serotonergen „Tonus" im Gehirn könnte einen spezifischen „Vulnerabilitätsfaktor" für suizidales, speziell für violent suizidales, Verhalten darstellen (Åsberg et al. 1987): Man hat die hierzu erhobenen Befunde als die „möglicherweise konsistentesten" der bisherigen biologisch-psychiatrischen Forschung überhaupt bezeichnet (van Kammen 1987).

Zur Aufdeckung des Zusammenhangs zwischen suizidalem Verhalten und Störungen zerebraler serotonerger Neurotransmission wurden im wesentlichen zwei Wege beschritten:
– Untersuchungen am Hirngewebe von Suizidtoten,
– Untersuchungen des Liquor cerebrospinalis von Personen nach überlebtem oder tödlich verlaufenem Suizidversuch.

Naturgemäß beziehen sich diese Studien fast ausschließlich auf depressiv Erkrankte bzw. erkrankt Gewesene. Im folgenden sollen – nach Literaturkenntnis des Verfassers – nur die Ergebnisse solcher Arbeiten vorgestellt werden, die unter anderem bzw. speziell schizophrene Erkrankungen zum Gegenstand haben.

9.2.2.1 Postmortale Untersuchungen am Hirngewebe von Suizidopfern

In den vergangenen 20 Jahren wurden hierzu ca. 20 Untersuchungen publiziert (Übersicht s. Åsberg et al. 1987). Klinische Diagnosen der Opfer werden, soweit überhaupt, nur bei der Darstellung des jeweiligen Patientenkollektivs genannt und bleiben in der Auflistung der Untersuchungsergebnisse unberücksichtigt (z. B. Shaw et al. 1967). Erst die jüngste hierzu vorliegende Studie (Korpi et al. 1986) vergleicht Befunde von 30 ehemaligen chronisch Schizophrenen (ca. die Hälfte war durch Suizid verstorben) mit solchen von 14 nichtschizophrenen Suizidopfern und einem Kontrollkollektiv. Bei den schizophrenen Verstorbenen fand sich Serotonin im Globus pallidus und im Putamen vermehrt, während das Hauptabbauprodukt des Serotonins im zentralen Nervensystem, 5-Hydroxy-Indolessigsäure (5-HIES), im okzipitalen Kortex eine signifikant höhere Konzentration aufwies. Lediglich in diesen, an der Steuerung der Affektivität nicht beteiligten Arealen fanden sich signifikante Abweichungen; dagegen lagen die Konzentrationen von Serotonin und 5-HIES im Hypothalamus, Nucleus accumbens, Nucleus amygdalae und im frontalen Kortex bei den schizophrenen Verstorbenen, unabhängig von der Todesart, im Kontrollbereich.

9.2.2.2 Liquoruntersuchungen (vgl. Tabelle 1)

Untersuchungen des lumbal entnommenen Liquor cerebrospinalis wurden fast durchweg an Patienten, d. h. Personen nach überlebtem Suizidversuch, vorgenommen (Übersichten s. Åsberg et al. 1987; Demling 1988), wobei das Hauptinteresse gleichfalls der 5-HIES galt. Vielfach war bei der Zusammenstellung der

Tabelle 1. Studien über 5-HIES-Konzentrationen im lumbalen Liquor cerebrospinalis schizophrener Suizidanten

Autor(en) und Jahr	Vergleichsgruppen	Ergebnisse
van Praag (1983)	Nichtdepressive Schizophrene nach Suizidversuch unter dem Einfluß imperativer Stimmen (n = 10) Schizophrene ohne Suizidanamnese (n = 10) (Diagnose nach DSM-III- und RDC-Kriterien) Gesunde Kontrollen (n = 10)	5-HIES nach Probenecid im Liquor der Suizidpatienten erniedrigt ($p > 0,05$)
Banki et al. (1984)	Schizophrene mit Suizidanamnese (n = 9) („weiche" Methoden: n = 4, „harte" Methoden: n = 5) Schizophrene ohne Suizidanamnese (n = 37) Andere diagnostische Gruppen (Depression, Alkoholismus, Anpassungsstörungen) (Diagnose nach DSM-III-Kriterien oder Vorläuferschemata)	5-HIES-Spiegel bei den Schizophrenen gegenüber den anderen diagnostischen Gruppen im Mittel erniedrigt, tendenziell am stärksten innerhalb der violent siuzidalen Untergruppe (nativer Liquor)
Ninan et al. (1984)	Schizophrene mit Suizidanamnese (n = 8) Schizophrene ohne Suizidanamnese (n = 8) (Diagnose nach RDC-Kriterien)	5-HIES im nativen Liquor der Suizidpatienten signifikant ($p < 0,019$) erniedrigt
Roy et al. (1985)	Chronisch Schizophrene mit Suizidanamnese („weiche" Methoden: n = 20, „harte" Methoden: n = 7) Chronisch Schizophrene ohne Suizidanamnese (n = 27), davon 12 ohne anamnestisch eruierbare Depression (Diagnose nach DSM-III- und RDC-Kriterien)	5-HIES im nativen Liquor (wie auch MHPG und HVA) nicht signifikant verschieden; tendenziell niedriger Mittelwert von 5-HIES bei den violent Suizidalen

Untersuchungskollektive die Diagnose „Schizophrenie" ein Ausschlußkriterium. Zwei Studien mit großen Fallzahlen bezogen Patienten mit Schizophrenien und verwandten Störungen ein: so finden sich unter den 110 Patienten von Ågren (1983) 5 Schizoaffektive, 1 Schizophrener und 18 "borderline features" (Klassifikation nach Research Diagnostic Criteria, RDC), die aber bei der Darstellung der Ergebnisse nicht mehr gesondert hervorgehoben werden. – Das Krankengut von Banki et al. (1984) umfaßte 141 suizidale und nichtsuizidale Patientinnen verschiedener diagnostischer Zugehörigkeit, darunter 46 schizophren oder „schizophreniform" Gestörte (Klassifikation nach DSM III). Hier zeigte sich bereits bei den nichtsuizidalen Schizophrenen eine signifikante Abweichung der gemittelten 5-HIES-Spiegel nach unten. Innerhalb der diagnostischen Gruppen fanden sich für die violent Suizidalen signifikant bzw. tendenziell niedrigere 5-HIAA-Spiegel gegenüber der entsprechenden Gruppe Nicht-Suizidaler.

Drei Untersuchungen befassen sich ausschließlich mit suizidalen Schizophrenen:

Van Praag (1983) verglich den Mittelwert der 5-HIES im Liquor von 10 Schizophrenen (Diagnose nach DSM-III- und RDC-Kriterien), die unter dem Eindruck imperativer Stimmen Suizdversuche unternommen hatten, mit den entsprechenden Werten von 10 nichtsuizidalen Schizophrenen und eines ebenso starken Kontrollkollektivs. Bei den Suizidpatienten war die mittlere Konzentration von 5-HIES nach Gabe von Probenecid tendenziell, wenngleich nicht signifikant, niedriger als die Konzentrationen der beiden anderen Gruppen. Depressive Störungen hatten bei den suizidalen Schizophrenen während der vorausgegangenen 3 Monate nicht bestanden. – Die beiden vorläufig jüngsten Studien stammen von einer Arbeitsgruppe des National Institute of Mental Health in Bethesda/Maryland. Ninan et al. (1984) untersuchten 8 suizidale Schizophrene mit unterschiedlicher psychopathologischer Symptomatik im Vergleich zu 8 schizophren Erkrankten ohne anamnestisch eruierbare Suizidalität. Die erstgenannte Gruppe zeigte – bei einem breiten Überlappungsbereich – eine signifikante (p = 0,019) mittlere Erniedrigung der 5-HIES im Liquor. Die Suizidalität dieser Patienten wurde anamnestisch anhand der Krankenakten ermittelt, das aktuelle Suizidrisiko allerdings nicht näher quanifiziert. Bezüglich der Depressivität bestand zwischen der Index- und der Kontrollgruppe kein Unterschied. – Dieselbe Arbeitsgruppe konnte dieses Ergebnis anhand eines größeren Kollektivs aus chronisch Schizophrenen (n = 54, davon 27 mit Suizidanamnese) nicht replizieren (Roy et al. 1985). Neben der 5-HIES wurden auch die im Zentralnervensystem gebildeten Hauptmetaboliten von Noradrenalin (3-Methoxy-4-Hydroxy-Phenylglykol, MHPG) und des Dopamins (Homovanillinsäure, HVA) gemessen. Lediglich für die – mit n = 7 vergleichsweise kleine – Gruppe der violent suizidalen Patienten ließ sich eine tendenzielle (statistisch nicht signifikante) Erniedrigung der 5-HIES im Liquor nachweisen. Auch bei diesen Patienten hatte die (letzte) suizidale Handlung mehr oder weniger lange Zeit vor der Liquorentnahme stattgefunden. Der quantitativ ermittelte Grad der Depressivität war jenem der Kontrollgruppe vergleichbar.

Eine Vielzahl von Studien, darunter drei der hier genannten (Ågren 1983; Banki et al. 1984; Roy et al. 1985), hatten neben bzw. anstelle von Serotonin und 5-HIES andere Parameter zum Gegenstand (Übersicht s. Demling 1988). In einigen dieser Untersuchungen mit diagnostisch heterogenem Krankengut wurden schizophrene und schizoaffektive Patienten in das Untersuchungskollektiv zwar aufgenommen, ohne aber im Ergebnisteil als eigens hervorgehobene, das Ergebnis modifizierende Gruppe zu erscheinen (Ausnahme: Banki et al. 1984).

9.3 Schlußbemerkungen

Aufgrund der bisher vorliegenden Ergebnisse kann es als wahrscheinlich gelten, daß eine Beeinträchtigung der serotonergen Nervenimpulsübertragung zur Enthemmung der Aktivität anderer (z. B. des noradrenergen) Neurotransmittersysteme, mit der Folge spezieller Verhaltensauffälligkeiten, führt (Mühlbauer 1985). Man hat in diesem Zusammenhang Serotonin als "civilizing neurohormone" bezeichnet (Arató et al. 1986). Die Befunde sind allerdings, was die Suizidalität Schizophrener betrifft, nicht einheitlich. Möglicherweise ist ein suizidaler Zustand, dem auf Stoffwechselebene eine Unterfunktion der serotonergen Neurotransmission zugrunde liegt, doch an das Vorhandensein eines depressiven oder streßbezogenen Syndroms gebunden, das noch näher zu charakterisieren oder zu klassifizieren wäre. Diese Annahme wird gestützt durch Ergebnisse einer kürzlich veröffentlichten Studie über Abweichungen im Bereich serotonerger, mehr aber noch β-adrenerger, Rezeptoren, die im Hirnmaterial von Suizidopfern gefunden wurden (Mann et al. 1986).

Zur Frage der psychopharmakologischen Beeinflussung suizidalen Verhaltens liegen bisher nur sehr wenige empirische Arbeiten vor (Demling 1988). Eine plazebokontrollierte Studie mit Mianserin und Nomifensin (Hirsch et al. 1982) erbrachte ein negatives Ergebnis. Dagegen beobachteten Montgomery u. Montgomery (1982) unter der Gabe eines Dopaminrezeptorenblockers (des Depotneuroleptikums Flupenthixoldecanoat) im Vergleich zu einer Plazebogruppe über einen Beobachtungszeitraum von 6 Monaten eine signifikante Abnahme der Inzidenz suizidaler Handlungen. Dieser Befund könnte auf einen funktionellen Zusammenhang zwischen suizidalem Verhalten und dopaminerger Nervenimpulsübertragung schließen lassen. Von hier aus ließe sich eine gedankliche Brücke zur „Dopaminhypothese" der Schizophrenie schlagen, die ja eine Überfunktion der mesolimbisch/mesokortikalen dopaminergen Neuronensysteme postuliert. Einschränkend ist jedoch anzumerken, daß die Untersuchung von Montgomery u. Montgomery (1982) an Patienten mit Persönlichkeitsstörungen durchgeführt wurde und Schizophrene (nach DSM-III-Kriterien) nicht in das Kollektiv einbezogen wurden. Andererseits ist bekannt, daß Neuroleptika auch die Impulsübertragung serotonerger Neuronen, vornehmlich durch Blockade postsynaptischer Serotonin-(5-HT$_2$-)Rezeptoren, beeinflussen (Closse et al. 1984). Die biochemischen Untersuchungen zur Suizidalität Schizophrener sind noch zu spärlich, um eine Aussage darüber zuzulassen, welche Bedeutung dem serotoninführenden Neurotransmittersystem im hierarchischen Zusammenspiel der neuronalen Übertragersysteme bei dieser Gruppe von Erkrankungen zukommt.

Literatur

Ågren H (1983) Life at risk: Markers of suicidality in depression. Psychiatric Developments 1:87–104

Arató M, Falus A, Sotonyi P, Somogyi E, Tothfalusi L, Magyar K (1986) Postmortem neurochemical investigation of suicidal behavior. Abstract, First European Symposium on Empirical Research of Suicidal Behaviour. March, 19–22. 1986, Munich

Åsberg M, Schalling D, Träskman, Bendz L, Wägner A (1987) Psychobiology of suicide, impulsivity, and related phenomena. In: Meltzer HY (ed) Psychopharmacology: The third generation of progress. Raven Press, New York, pp 655–668

Banki CM, Molnar G, Vojnik M (1981) Cerebrospinal fluid amine metabolites, tryptophan and clinical parameters in depression. J Affective Discord 3:91–99

Banki CM, Arato M, Papp Z, Kurcz M (1984) Biochemical markers in suicidal patients. Investigations with cerebrospinal fluid amine metabolites and neuroendocrine tests. J Affective Disord 6:341–350

Bochnik HJ (1962) Verzweiflung. In: Randzonen menschlichen Verhaltens. Enke, Stuttgart

Breier A, Astrachan BM (1984) Characterization of schizophrenic patients who commit suicide. Am J Psychiatry 141:206–209

Bürk F, Möller HJ (1985) Prädiktoren für weiteres suizidales Verhalten bei nach einem Suizidversuch hospitalisierten Patienten. Fortschr Neurol Psychiat 53:259–270

Closse A, Frick W, Dravid A, Bolliger G, Hauser D, Sauter A, Tobler HJ (1984) Classification of drugs according to receptor binding profiles. Naunyn Schmiedebergs Arch Pharmacol 327:95–101

Demling J (1988) Biochemische Grundlagen suizidalen Verhaltens. In: Lungershausen E, Witkowski R (Hrsg) Zur Lage der Psychiatrie – Erreichtes und Erreichbares. Wissenschaftliches Symposium an der Psychiatrischen Klinik mit Poliklinik der Friedrich-Alexander-Universität Erlangen-Nürnberg. 12.–14. Juni 1986. Schattauer, Stuttgart, S 191–201

Drake RE, Gates C, Cotton PG, Whitaker A (1984) Suicide among schizophrenics. Who is at risk? J Nerv Ment Dis 1972[Suppl 10]:613–617

Gale SW, Mesnikoff A, Fine J, Talbott JA (1980) A study of suicide in state mental hospitalis in New York City. Psychiatr Q 52[Suppl 3]:201–213

Gruhle HW (1940) Selbstmord. Thieme, Leipzig

Häfner H, Schmidtke A (1987) Suizid und Suizidversuche – Epidemiologie und Ätiologie. Nervenheilkunde 6:49–63

Hirsch SR, Walsh C, Draper R (1982) Parasuicide. A review of treatment interventions. J Affective Disord 4:299–311

Huber G, Gross G, Schüttler R (1979) Schizophrenie. Verlaufs- und sozialpsychiatrische Langzeituntersuchungen an den 1945–1959 in Bonn hospitalisierten schizophrenen Kranken. Springer, Berlin Heidelberg New York, S 183

Kammen DP van (1987) 5-HT, a neurotransmitter for all seasons? Biol Psychiatry 22:1–3

Korpi ER; Kleinman JE, Goodman SI, Philips I, DeLisi LE, Linnoila M, Wyatt RJ (1986) Serotonin and 5-hydroxyindoleacic acid in brains of suicide victims. Comparison in chronic schizophrenic patients with suicide as cause of death. Arch Gen Psychiatry 43:594–600

Lungershausen E (1969) Zum Problem des Suizids bei endogenen Psychosen. In: Huber G (Hrsg) Schizophrenie und Zyklothymie. Ergebnisse und Probleme. Thieme, Stuttgart, S 197–201

Mann JJ, Stanley M, McBride A, McEwen BS (1986) Increased serotonin and β-adrenergic receptor binding in the frontal cortices of suicide victims. Arch Gen Psychiatry 43:954–959

Miles CP (1977) Conditions predisposing to suicide: A review. J Nerv Ment Dis 164[Suppl 4]:231–246

Montgomery SA, Montgomery D (1982) Pharmacological prevention of suicidal behaviour. J Affective Disord 4:291–298

Mühlbauer HD (1985) Human aggression and the role of central serotonin. Pharmacopsychiatry 18:218–221

Mundt C (1984) Suizide schizophrener Patienten. Überlegungen zur Genese und Prävention anhand einiger Fallbeispiele. Psychother Med Psychol 34:193–197

Ninan PT, Kammen DP van, Scheinin M, Linnoila M, Bunney WE, Goodwin FK (1984) CSF 5-hydroxyindoleacetic acid levels in suicidal schizophrenic patients. Am J Psychiatry 141[Suppl 4]:566–569

Nyman AK, Jonsson H (1986) Patterns of self-destructive behaviour in schizophrenia. Acta Psychiatr Scand 73:252–262

Osmond H, Hoffer A (1973) Schizophrenia and suicide. Orthomolec Psychiatry 7:57–67

Praag HM van (1983) CSF 5-HIAA and suicide in non-depressed schizophrenics. Lancet II:977–978

Rainer JD (1984) Genetic factors in depression and suicide. Am J Psychother 38:329–340

Roy A (1983) Family history of suicide. Arch Gen Psychiatry 40:971–974

Roy A, Ninan P, Mazonson A, Pickar D, Kammen D van, Linnoila M, Paul SM (1985) CSF monoamine metabolites in chronic schizophrenic patients who attempt suicide. Psychol Med 15:335–340

Scharfetter C, Angst J, Nüsperli M (1979) Suizid und endogene Psychose. Méd Soc Prév 24:37–42

Shaw DM, Camps FE, Eccleston EG (1967) 5-Hydroxytryptamine in the hind-brain of depressive suicides. Br J Psychiatry 113:1407–1411

Tsuang MT et al. (1983) Risk of suicide in the relatives of schizophrenics, manics, depressives, and controls. J Clin Psychiatry 44:396–400

Valzelli L (1985) Animal models of behavioral pathology and violent aggression. Meth Find Exp Clin Pharmacol 7[Suppl 4]:189–193

Weichbrodt R (1937) Der Selbstmord. Karger, Basel

Wilkinson DG (1982) The suicide rate in schizophrenia. Br J Psychiatry 140:138–141

10 Immunologische und virologische Befunde bei Schizophrenien im Vergleich zu anderen psychiatrischen Erkrankungen

W. P. Kaschka, J. Negele-Anetsberger, J. Dembowski, W. Sauerbrei und F. Skvaril

10.1 Einleitung

Bereits in der ersten Hälfte des vergangenen Jahrhunderts wurden Spekulationen über eine infektiöse Genese psychischer Erkrankungen geäußert (Hofbauer 1846). In der Folgezeit beschrieben zahlreiche Autoren endomorph anmutende Psychosen im Zusammenhang mit epidemischen oder sporadischen Virusinfektionen (Übersicht bei Kaschka 1985 a, b). Diese Beobachtungen gaben Anlaß, die möglichen Zusammenhänge zwischen psychotischen Erkrankungen und frischen oder früher abgelaufenen Virusinfektionen systematisch zu untersuchen. Dabei wurden drei Strategien verfolgt:

a) Antikörperstudien unter Verwendung von Serum und Liquor cerebrospinalis;
b) Bemühungen zum Nachweis von intakten Viren, Virusnukleinsäuren oder viralen Antigenen im Hirngewebe, d. h. an Autopsiematerial;
c) Übertragungsexperimente auf Versuchstiere.

Bei den Antikörperstudien konnten jeweils nur in einem Bruchteil der Fälle Hinweise auf eine möglicherweise abgelaufene Virusinfektion des Zentralnervensystems (ZNS) gewonnen werden. Die Frage, ob bei Schizophrenen eine intrathekale Immunglobulinsynthese stattfindet, blieb umstritten (Kaschka 1985 a, b).

Mit der Entdeckung von Antikörpern gegen das neurotrope Virus der Borna-Krankheit bei einem geringen Prozentsatz von Patienten mit affektiven Psychosen (Amsterdam et al. 1985) und der Entwicklung der Retrovirus/Transposon-Hypothese durch Crow (1984, 1987) haben virologische Aspekte in der Psychosenforschung neuerliches Interesse erlangt.

Für uns ergab sich ein neuer Forschungsansatz aus der Beobachtung, daß bei der humoralen Immunreaktion gegen virale und bakterielle Antigene, sofern es sich um Immunglobulin-G (IgG)-Antikörper handelt, nicht alle vier Subklassen des IgG gleichmäßig beteiligt sind. Vielmehr scheint die IgG-Antwort auf einen Antigenstimulus eine gewisse Subklassenrestriktion aufzuweisen, die von der chemischen Struktur des Antigens abhängig ist (Kaschka et al. 1982; Skvaril 1986). Falls infektiöse Prozesse oder sonstige Veränderungen im Bereich des Immunsystems als ätiopathogenetische bzw. Vulnerabilitätsfaktoren bei endogenen Psychosen eine Rolle spielen, könnte demnach eine Verschiebung der IgG-Subklassenverteilung im Serum auftreten, die allerdings von – ebenfalls infektionsbedingten – Besonderheiten bei psychisch Gesunden abzugrenzen wäre.

Um diesen Fragenkomplex aufgreifen und bearbeiten zu können, führten wir bei Patienten mit psychiatrischen Erkrankungen und gesunden Kontrollpersonen

Tropon-Symposium, Bd. III
Die Schizophrenien
Hrsg. Kaschka/Joraschky/Lungershausen
© Springer-Verlag Berlin Heidelberg 1988

quantitative Bestimmungen des Serum-Proteinprofils, der vier IgG-Subklassen und verschiedener Virusantikörpertiter durch.

10.2 Patienten und Methodik

In die Studie wurden 115 Patienten und 40 gesunde Kontrollpersonen, zumeist Klinikpersonal, einbezogen. Die diagnostische Gruppierung der Probanden nach ICD-9 ist in Tabelle 1 dargestellt.

Als Ausschlußkriterien galten internistische Erkrankungen sowie ein Alter unter 16 Jahren. Auf die Bildung diagnostischer Subgruppen wurde verzichtet, damit die Kollektive im Interesse der biomathematischen Auswertbarkeit genügend groß blieben.

Tabelle 1. Diagnostische Gruppierung der untersuchten 155 Probanden

Diagnosen	Fallzahl	ICD-Nr.
Schizophrenien	52	295.X
Affektive Psychosen	40	296.X
Neurosen	23	300.X
Kontrollpersonen	40	–

Die Altersverteilung der Probanden (Abb. 1) zeigt, daß die Gruppen der Schizophrenen, der Neurotiker und der gesunden Kontrollpersonen bezüglich ihrer Medianwerte vergleichbar sind, während die Gruppe der affektiven Psychosen einen deutlich höheren Wert aufweist. Dieser Unterschied ist allerdings nicht so beträchtlich, daß ein Einfluß auf die von uns untersuchten Parameter zu erwarten wäre.

Zur Gesamteiweißbestimmung diente eine Biuret-Reaktion nach Denaturierung der Probe mit Trichloressigsäure (Kaschka et al. 1979). Albumin, IgG, IgA und IgM wurden nephelometrisch gemessen, wie bereits früher beschrieben (Kaschka et al. 1982).

Die quantitative Bestimmung der vier IgG-Subklassen erfolgte mittels radialer Immunodiffusion auf Agarplatten, die die jeweiligen subklassenspezifischen Antiseren enthielten (Skvaril et al. 1980; Kaschka et al. 1982, 1984).

Im Rahmen der virologischen Untersuchungen [1] wurden Serum-Antikörpertiter gegen Herpes-simplex-Virus (HSV), Mumpsvirus und "human immunodeficiency virus" (HIV) gemessen. Zum Nachweis von IgG- und IgM-Antikörpern gegen HSV kamen die Komplementbindungsreaktion (KBR) bzw. der IgM-ELISA ("enzyme linked immunosorbent assay"; Benjamin 1979) zur Anwendung. Mumpsantikörper der Klassen IgG und IgM wurden jeweils mit ELISA-Testen bestimmt.

---

[1] Wir danken Herrn Prof. Dr. B. Fleckenstein und Frau Dr. J. v. Hintzenstern, Institut für Klinische und Molekulare Virologie der Universität Erlangen-Nürnberg, für ihre großzügige Unterstützung bei der Durchführung dieser Untersuchungen.

ALTERSVERTEILUNG

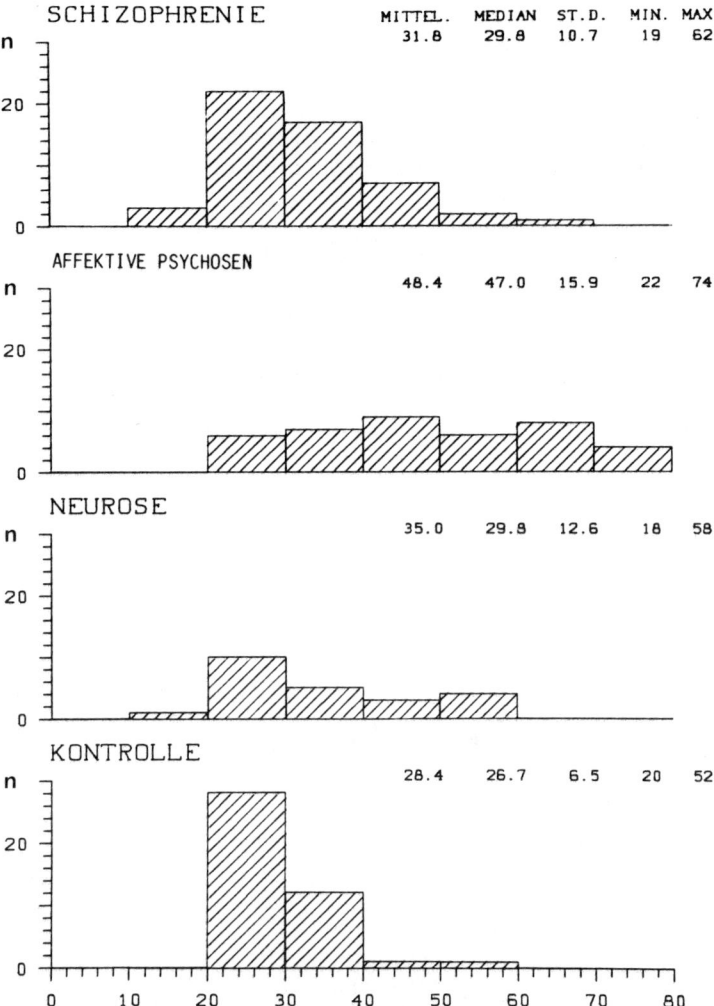

Abb. 1. Altersverteilung (Darstellung in Jahren) der untersuchten Patienten und Kontrollpersonen. Für jede Gruppe sind die Mittel- und Medianwerte, die Standardabweichung sowie der Minimal- und der Maximalwert angegeben

Zum Nachweis von Antikörpern gegen HIV wurde der ELISA als Screening-methode verwendet; erforderlichenfalls wurden die Seren zusätzlich mit der Western-blot-Technik (Burnette 1981) als Bestätigungsreaktion untersucht (vgl. Negele u. Kaschka 1987a).

Bei der statistischen Auswertung erfolgte die Analyse von Gruppenunterschieden für die einzelnen Parameter mit Hilfe des Kruskal-Wallis-Testes. Wenn der Globaltest auf dem 5%-Niveau signifikante Unterschiede zeigte, wurde das Verfahren nach Wilcoxon mit Adjustierung nach Bonferoni und Holm (Holm 1979) angeschlossen.

10.3 Ergebnisse

Für das Gesamteiweiß wiesen die Gruppen der Schizophrenen und der Kontrollen etwas höhere Medianwerte auf als die Gruppen der affektiven Psychosen und

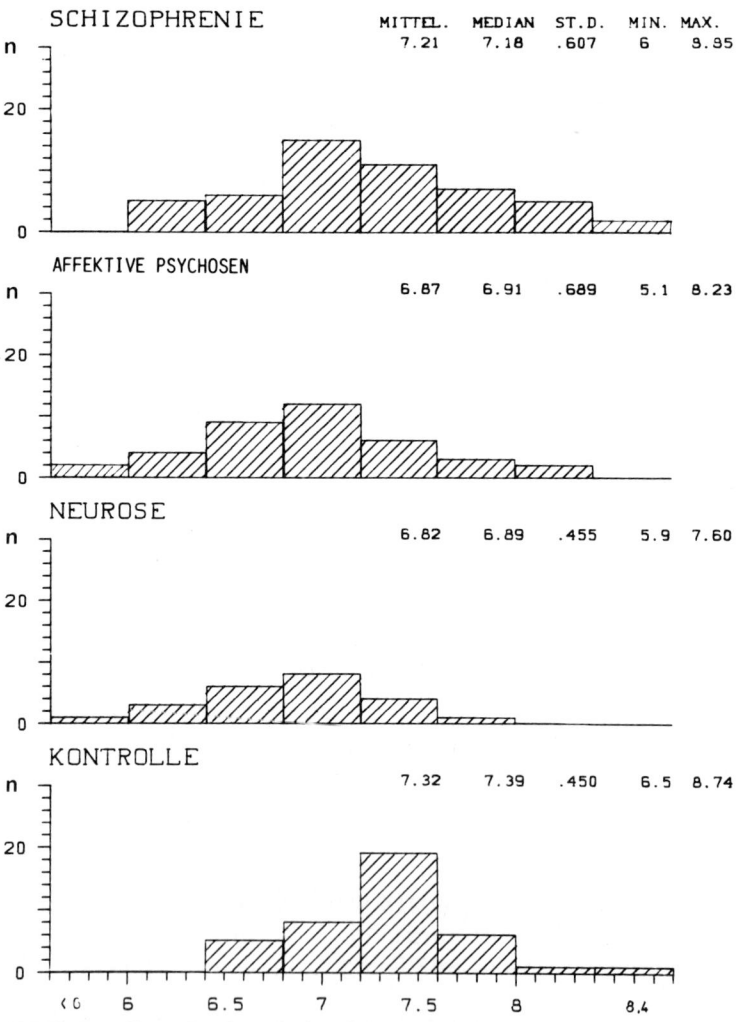

Abb. 2. Verteilung der Gesamteiweißwerte (g/dl) bei den untersuchten Patienten und Kontrollpersonen (statistische Angaben entsprechend Abb. 1)

der Neurosen (Abb. 2). Ob diesem Unterschied, wenngleich er statistische Signifikanz erreicht, eine biologische Bedeutung zukommt, kann derzeit nicht entschieden werden.

Hinsichtlich des Albumins zeigten die Gruppen der Kontrollpersonen und der Neurotiker geringfügig höhere Medianwerte als die Schizophrenien und die affektiven Psychosen (Abb. 3). Hier erwiesen sich die Unterschiede zwischen der Kontrollgruppe einerseits und den beiden Gruppen der endogenen Psychosen andererseits als statistisch signifikant.

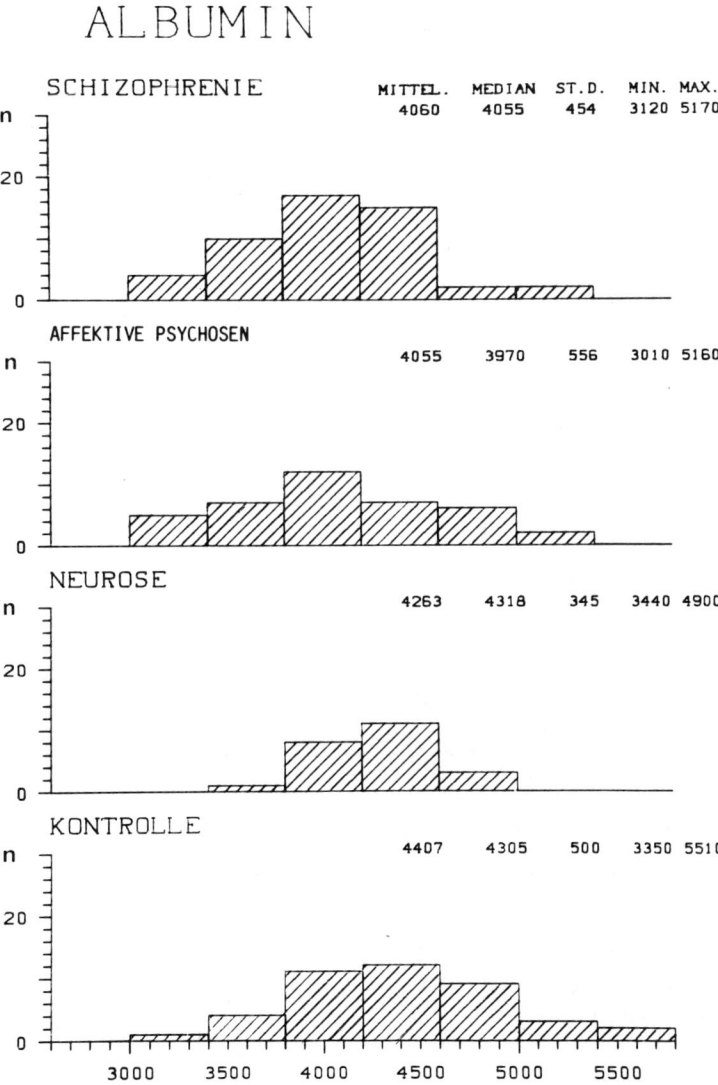

Abb. 3. Verteilung der Albuminwerte (g/dl) bei den untersuchten Patienten und Kontrollpersonen (statistische Angaben entsprechend Abb. 1)

I g G

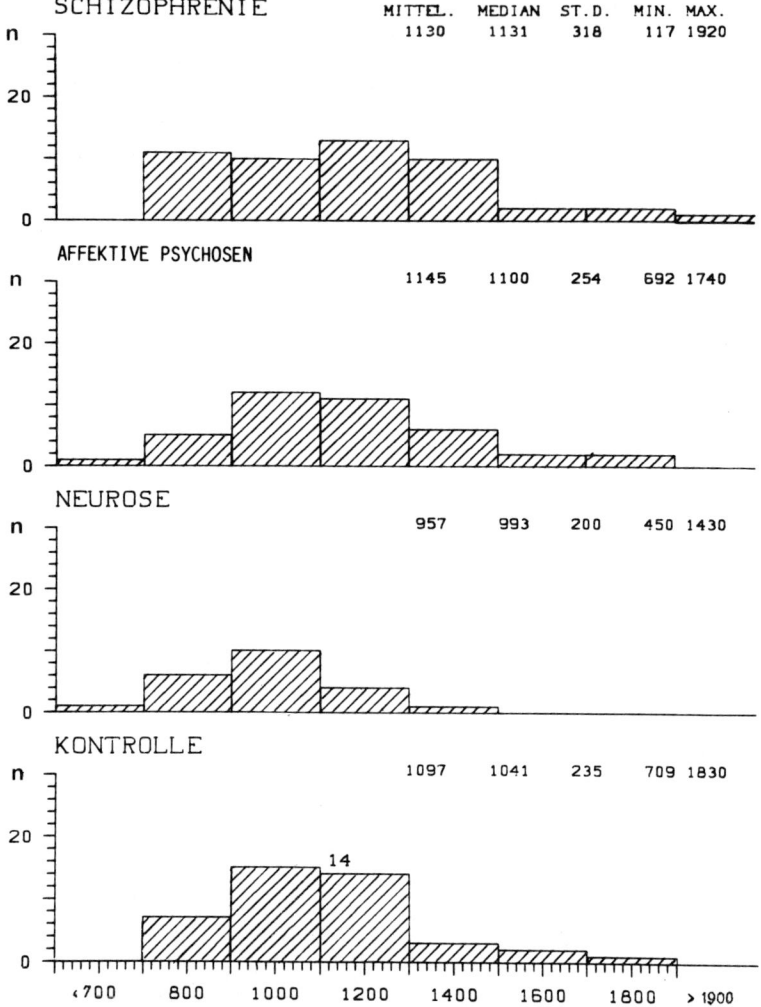

Abb. 4. Verteilung der Gesamt-IgG-Werte (g/dl) bei den untersuchten Patienten und Kontroll-personen (statistische Angaben entsprechend Abb. 1)

   Die Medianwerte des Serum-IgG lagen bei den Schizophrenien und bei den affektiven Psychosen etwas höher als bei den Neurosen und den gesunden Kontrollpersonen (Abb. 4).
   Das Serum-IgA zeigte in der Gruppe der Neurosen signifikant niedrigere Werte als in der Gruppe der affektiven Psychosen (Abb. 5).
   Es fiel auf, daß unter allen untersuchten Gruppen die Patienten mit Neurosen die niedrigsten IgG- und IgA-Werte aufwiesen.

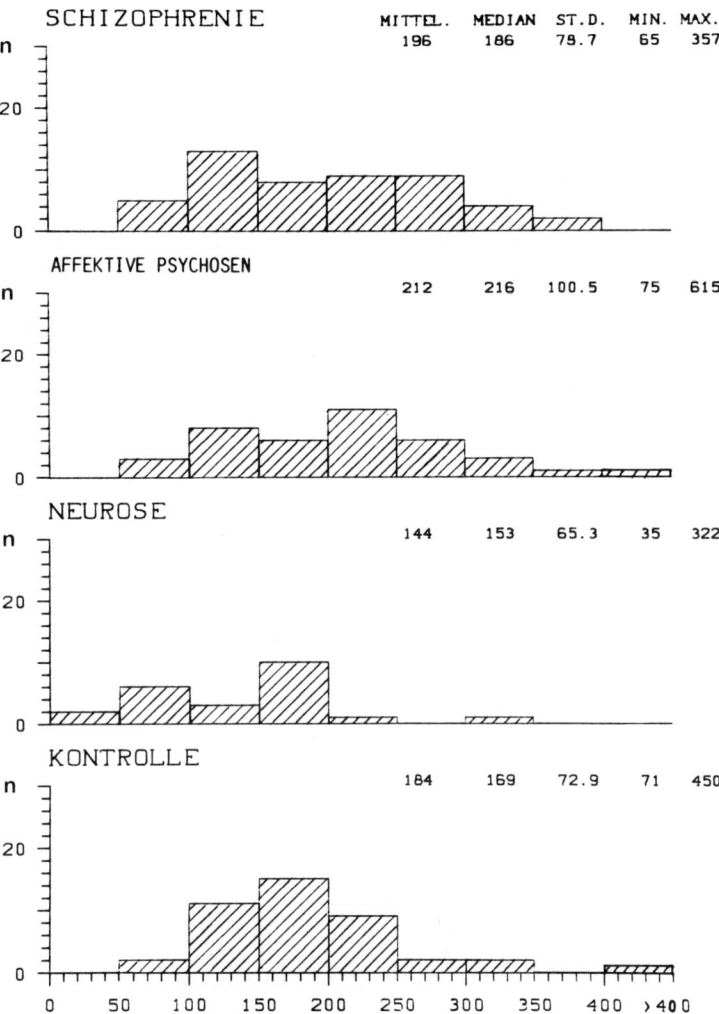

Abb. 5. Verteilung der IgA-Werte (g/dl) bei den untersuchten Patienten und Kontrollpersonen (statistische Angaben entsprechend Abb. 1)

In bezug auf die Serum-IgM-Werte unterschieden sich die verschiedenen diagnostischen Gruppen nicht nennenswert (Abb. 6).

Bei der quantitativen Bestimmung der vier IgG-Subklassen waren vor allem die Befunde für IgG_1 und IgG_2 bemerkenswert. Das IgG_1 zeigte in der Gruppe der Schizophrenien einen signifikant höheren Wert als in den drei übrigen Gruppen, die sich untereinander nicht wesentlich unterschieden. Beim IgG_2 lagen die Gruppen der Schizophrenien und der affektiven Erkrankungen signifikant höher als die Gruppen der Neurosen und der Kontrollpersonen (Abb. 7).

IgM

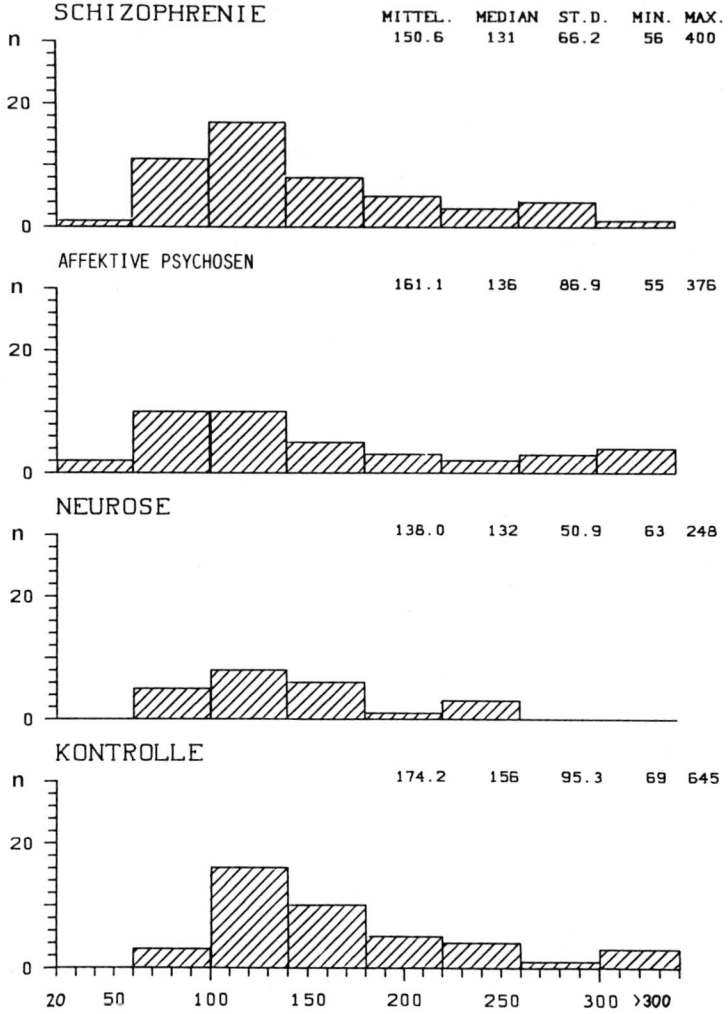

Abb. 6. Verteilung der IgM-Werte (g/dl) bei den untersuchten Patienten und Kontrollpersonen (statistische Angaben entsprechend Abb. 1)

Hinsichtlich der Werte für IgG_3 und IgG_4 ergaben sich keine wesentlichen Unterschiede zwischen den diagnostischen Gruppen. Lediglich die Gruppe der Schizophrenien wies in bezug auf IgG_4 eine – allerdings nicht statistisch signifikante – Tendenz zu höheren Werten gegenüber den drei anderen Gruppen auf (Abb. 8).

Tabelle 2 zeigt die Verteilung der mittels KBR bestimmten Antikörpertiter gegen HSV.

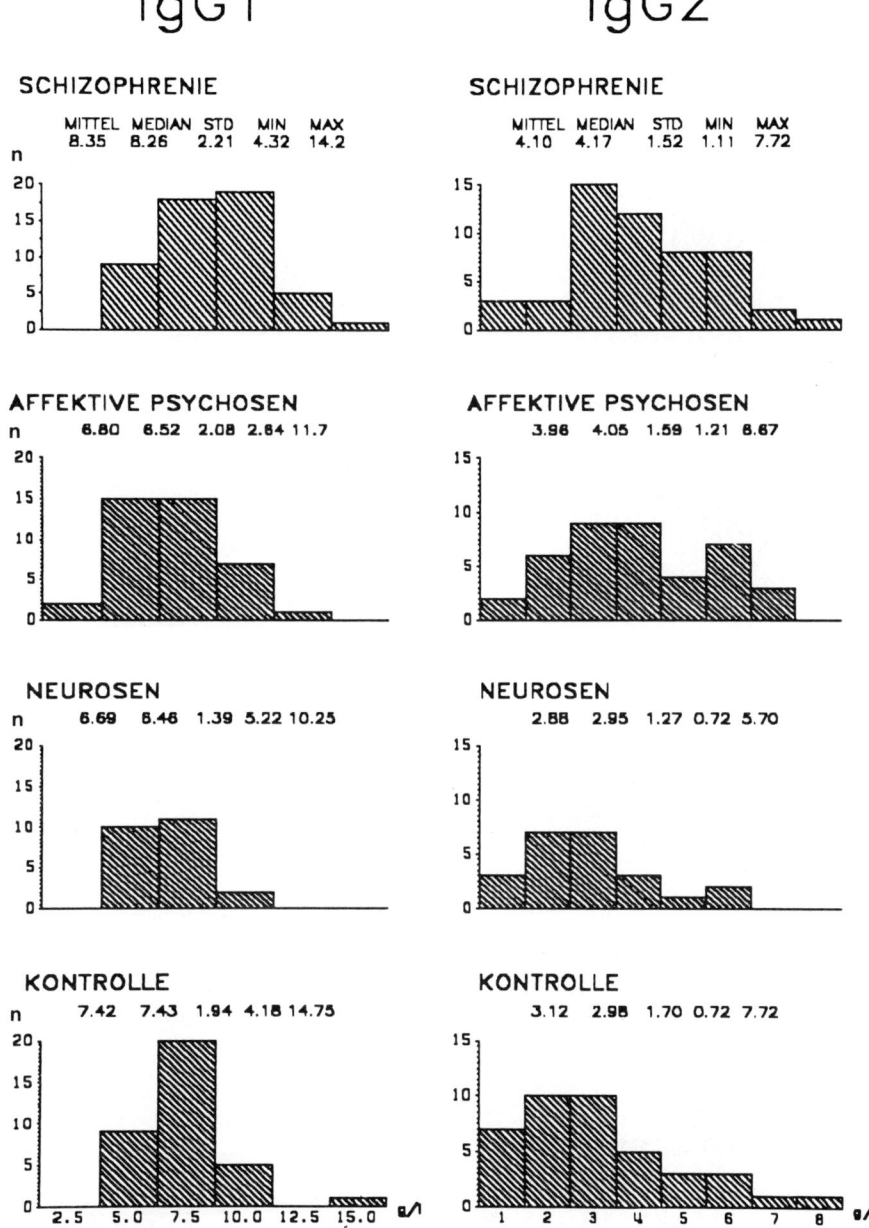

Abb. 7. Verteilung der Subklassen IgG$_1$ bzw. IgG$_2$ (g/l) bei den untersuchten Patienten und Kontrollpersonen (statistische Angaben entsprechend Abb. 1)

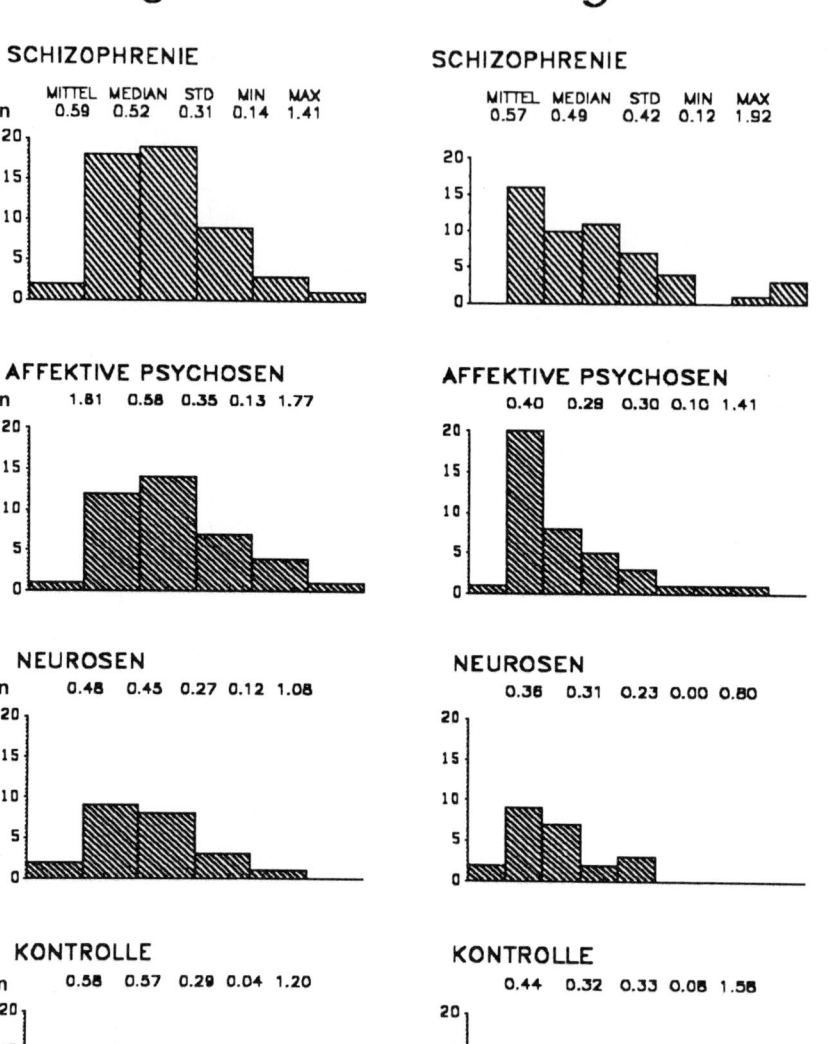

Abb. 8. Verteilung der Subklassen IgG$_3$ bzw. IgG$_4$ (g/l) bei den untersuchten Patienten und Kontrollpersonen (statistische Angaben entsprechend Abb. 1)

Tabelle 2. Verteilung der Antikörpertiter (KBR) gegen Herpes-simplex-Virus (HSV) bei den untersuchten Patienten und Kontrollpersonen

Diagnosen	Titer						
	1:4	1:8	1:16	1:32	1:64	1:128	
Schizophrenien	17	4	18	7	3	0	49
Affektive Psychosen	6	4	15	11	2	1	39
Neurosen	12	4	4	2	0	0	22
Kontrollen	19	0	6	11	2	0	38
	54	12	43	31	7	1	148

Zwischen den verschiedenen diagnostischen Gruppen ergaben sich keine auffälligen Unterschiede. Die Untersuchung auf IgM-Antikörper gegen HSV mit dem ELISA verlief in allen Fällen negativ.

Bei den meisten unserer Patienten und Kontrollpersonen ließen sich mit der ELISA-Technik IgG-Antikörper gegen Mumpsviren im Serum nachweisen. Das Mumps-IgM war nur in einem einzigen Fall positiv. Es handelte sich dabei um einen schizophrenen Kranken mit negativer Mumpsanamnese, der klinisch das Bild einer Parotitis bot (vgl. Negele et al. 1988).

In der Gruppe der Neurosen wurde in einem Fall HIV nachgewiesen. Der betreffende Patient gehörte einer der bekannten Risikogruppen an (vgl. Negele u. Kaschka 1987 b).

10.4 Diskussion

Wie frühere Untersuchungen zeigten, werden bei verschiedenen Autoimmunprozessen und Infektionskrankheiten Verschiebungen der IgG-Subklassenverteilung im Serum und/oder Liquor cerebrospinalis beobachtet. Dies gilt z. B. für die Multiple Sklerose (Kaschka et al. 1979), für die Myasthenia gravis (Kaschka 1985 a) und für eine Reihe von Erkrankungen, die mit Epstein-Barr-Virus(EBV)-Infektionen assoziiert sind (Kaschka et al. 1982, 1984). In Anbetracht der Tatsache, daß auch bei verschiedenen psychiatrischen Erkrankungen Virusinfektionen bzw. Autoimmunprozesse als Vulnerabilitätsfaktoren diskutiert werden, lag es daher nahe, das Serum-Proteinprofil und die IgG-Subklassenverteilung bei solchen Patienten zu analysieren.

Von besonderem Interesse erscheint uns hier die statistisch signifikante Erhöhung der Serumkonzentrationen des IgG_1 und des IgG_2 bei den Schizophrenien und des IgG_2 in der Gruppe der affektiven Psychosen. Bei zahlreichen Virusinfektionen werden spezifische Antikörper gegen virale Antigene produziert, die der Subklasse IgG_1 angehören (Skvaril 1986). Erhöhte Serum- bzw. Liquorkonzentrationen des IgG_1 finden sich darüber hinaus bei der Multiplen Sklerose (Kaschka et al. 1979), bei der Myasthenia gravis (Kaschka 1985 a) und bei EBV-assoziierten Erkrankungen (Kaschka et al. 1982, 1984).

Für die von uns erhobenen Befunde zur IgG-Subklassenverteilung bei psychiatrischen Patienten bieten sich fünf verschiedene Interpretationsmöglichkeiten an:

1) Es handelt sich um genetisch determinierte Besonderheiten.
2) Es handelt sich um die Manifestation immunologischer Prozesse, welche ihrerseits wiederum von genetischen Faktoren abhängig sein könnten.
3) Es handelt sich um Veränderungen, die durch prä- oder postnatale Virusinfektionen bedingt sind.
4) Es handelt sich um Effekte vorausgegangener medikamentöser Therapien.
5) Es handelt sich um Veränderungen, die durch eine Kombination unterschiedlicher Entstehungsbedingungen zustandekommen.

Die Ergebnisse unserer virologischen Untersuchungen erscheinen nicht geeignet, eine Virushypothese der endogenen Psychosen zu stützen. Da sich aber die vorliegende Studie auf einige ausgewählte Virusgruppen beschränken mußte, können wir andererseits infektiöse Prozesse als Vulnerabilitätsfaktor nicht ausschließen. Hier sind weitere Forschungsbemühungen vonnöten, die u. a. die Gruppe der Papovaviren, vor allem das Virus der Borna-Krankheit (vgl. Bechter et al. 1987) sowie das humane Herpesvirus No. 6 (HHV 6; vgl. Biberfeld et al. 1987), einbeziehen sollten und sich bei entsprechender Weiterentwicklung des virologischen Instrumentariums auch auf unkonventionelle Agenzien (vgl. Kaschka u. Kaschka-Dierich 1984) erstrecken könnten.

Literatur

Amsterdam JD, Winokur A, Dyson W, Herzog S, Gonzalez F, Rott R, Koprowski H (1985) Borna disease virus. A possible etiologic factor in human affective disorders? Arch Gen Psychiatry 42:1093–1096

Bechter K, Herzog S, Fleischer B, Schüttler R, Rott R (1987) Kernspintomographische Befunde bei psychiatrischen Patienten mit und ohne Serum-Antikörper gegen das Virus der Bornaschen Krankheit. Nervenarzt 58:617–624

Benjamin DR (1979) Immunoenzymatic methods. In: Lennette EH, Schmidt NY (eds) Diagnostic procedures for viral, rickettsial and chlamydial infections, 5th edn. American Public Health Association, pp 153–170

Biberfeld P, Kramarsky B, Salahuddin SZ, Gallo RC (1987) Ultrastructural characterization of a new human B-lymphotropic DNA virus (Herpesvirus 6) isolated from patients with lymphoproliferative diseases. J Natl Cancer Inst 79:933–941

Burnette WN (1981) "Western blotting": Electrophoretic transfer of proteins from sodium dodecyl sulfate polyacrylamide gels to unmodified nitrocellulose and radiographic detection with antibody and radioiodinated protein A. Anal Biochem 112:195–203

Crow TJ (1984) A re-evaluation of the viral hypothesis: Is psychosis the result of retroviral integration at a site close to the cerebral dominance gene? Br J Psychiatry 145:243–253

Crow TJ (1987) The Retrovirus transposon hypothesis of schizophrenia. In: Häfner H, Gattaz WF, Janzarik W (eds) Search for the causes of schizophrenia. Springer, Berlin Heidelberg New York Tokyo, pp 260–266

Hofbauer B (1846) Infectio psychica. Öster Med Wochenschr 39:1183–1188

Holm S (1979) A simple sequentially rejective multiple test procedure. Scand J Statist 6:65–70

Kaschka WP (1985a) Klinisch-immunologische Untersuchungen bei neuropsychiatrischen Erkrankungen. Ein Beitrag zur Immunpathologie der Multiplen Sklerose, der Myasthenia gravis und der endogenen Psychosen. Thieme, Stuttgart

Kaschka WP (1985b) Biologische Hypothesen und Theorien zur Ätiopathogenese der Schizophrenie. Nervenheilkunde 4:260–264

Kaschka WP, Kaschka-Dierich C (1984) Die Slow-Virus-Infektionen des Zentralnervensystems. Klinische Bedeutung und gegenwärtiger Stand der Forschung. Nervenheilkunde 3:132–143

Kaschka WP, Theilkaes L, Eickhoff K, Skvaril F (1979) Disproportionate elevation of the immunoglobulin G1 concentration in cerebrospinal fluids of patients with multiple sclerosis. Infect Immun 26:933–941

Kaschka WP, Hilgers R, Skvaril F (1982) Humoral immune response in Epstein-Barr virus infections. I. Elevated serum concentration of the IgG_1 subclass in infectious mononucleosis and nasopharyngeal carcinoma. Clin Exp Immunol 49:149–156

Kaschka WP, Klein G, Hilgers R, Skvaril F (1984) Humoral immune response in Epstein-Barr virus infections. II. IgG subclass distribution in African patients with Burkitt's lymphoma and nasopharyngeal carcinoma. Clin Exp Immunol 55:14–22

Negele J, Kaschka WP (1987a) Das erworbene Immundefektsyndrom (AIDS). I. Biologische Grundlagen. Fortschr Neurol Psychiat 55:175–188

Negele J, Kaschka WP (1987b) Das erworbene Immundefektsyndrom (AIDS). II. Klinische Aspekte unter besonderer Berücksichtigung der neuropsychiatrischen Manifestationen. Fortschr Neurol Psychiat 55:205–222

Negele J, Sauerbrei W, Kaschka WP (1988) Immunologische und virologische Befunde bei psychiatrischen Erkrankungen. In: Beckmann H, Laux G (Hrsg) Biologische Psychiatrie – Synopsis 1986/87. Springer, Berlin Heidelberg New York Tokyo, S 234–237

Skvaril F (1986) IgG subclasses in viral infections. In: Shakib F (ed) Basic and clinical aspects of IgG subclasses. Monogr. Allergy, Vol 19. Karger, Basel, pp 134–143

Skvaril F, Roth-Wicky B, Barandun S (1980) IgG subclasses in human γ-globulin preparations for intravenous use and their reactivity with staphylococcus protein A. Vox Sang 38:147–156

11 Verlaufsuntersuchungen bei Neuroleptikatherapie

A. Barocka, R. Höll, C. Jäck, G. Beck und J. Pichl

11.1 Einleitung

Verlaufsuntersuchungen bei Neuroleptikatherapie verfolgen u. a. das Ziel, therapiebezogene Daten zu gewinnen, die eine bessere Steuerung und Charakterisierung des therapeutischen Vorgehens gestatten. Die definitionsgemäß gute antipsychotische Wirksamkeit der Neuroleptika schließt überraschende und ungünstige Entwicklungen im Einzelfall nicht aus. Dem Arzt, der eine Therapie mit Neuroleptika durchführt, sind i. allgm. nur die verabreichte Dosis des Medikaments und die psychopathologischen Daten des Patienten bekannt. Darüber hinaus besteht ein Bedarf an Informationen, die auch prognostische Aussagen über das jeweilige Ansprechen der Therapie erlauben: an „Prädiktoren". Wenn es möglich ist, auf Prädiktoren Einfluß zu nehmen und sie in einen prognostisch günstigen Bereich zu überführen, handelt es sich zugleich um „Operatoren": die prognostische Aussage enthält eine Handlungsempfehlung.

Naturgemäß besteht eine derartige Anpassungsbeziehung zwischen Prädiktor und Therapie weniger bei den statischen Ausgangsvariablen, z. B. bestimmten psychopathologischen Symptomkonstellationen (Hollister et al. 1967; Goldberg et al. 1967; Huber et al. 1979; Angrist et al. 1980), der prämorbiden sozialen Anpassung (Klein u. Rosen 1973; Judd et al. 1973) oder der Ventrikelweite (Weinberger et al. 1980) als vielmehr bei interventionsbezogenen dynamischen Variablen.

Interventionsbezogene dynamische Variable zeigen Neuroleptikaeffekte auch auf solchen Ebenen, die zunächst der unmittelbaren Beobachtung entzogen sind: auf der Ebene des Plasmaspiegels, der Ebene von Rezeptor- und Zelleffekten sowie auf höheren psychobiologischen Ebenen, auf denen schließlich auch die Symptombeeinflussung als eigentliche therapeutische Wirkung beobachtet werden kann. In diesem Sinne ist der Plasmaspiegel des Neuroleptikums ein potentieller Prädiktor. Auf der Rezeptor- und Zellebene sind die vieluntersuchten neuroendokrinen Parameter einzuordnen, die zentralnervöse Effekte des Medikaments wiedergeben. So steigt die Prolaktinkonzentration im Plasma bei einer Neuroleptikatherapie allgemein rasch an, ein Konzentrationsanstieg von Beta-Endorphin erfolgt inkonstant. Eine interventionsbezogene Variable anderer Art stellt die initiale Reaktion des Patienten auf die Therapie dar. Hierbei kann man unterscheiden zwischen dem subjektiven Empfinden des Patienten nach Gabe einer „Testdosis" ("the consumer's view") und einer im Sinne einer Fremdbeurteilung erfaßten psychopathologischen Besserung ("the doctor's view") (van Putten et al. 1984).

Tropon-Symposium, Bd. III
Die Schizophrenien
Hrsg. Kaschka/Joraschky/Lungershausen
© Springer-Verlag Berlin Heidelberg 1988

In den vergangenen Jahren hat sich eine Reihe von Untersuchungen mit potentiellen Prädiktoren einer erfolgreichen Neuroleptikatherapie befaßt. Dabei mußten auch immer wieder zunächst aussichtsreich erscheinende Konzepte verlassen werden. Im folgenden sollen einige Aspekte dieser Problematik anhand von Ergebnissen zweier eigener Studien dargestellt werden.

11.2 Methodik

11.2.1 Studie 1

Untersucht wurden 18 stationäre männliche Patienten mit paranoid-halluzinatorischer Schizophrenie (ICD 295.3) im Alter zwischen 17 und 42 Jahren, Mittelwert 32,7 Jahre, nach Aufklärung und Einwilligung. Die verabreichte Haloperidoldosis lag zwischen 3,6 und 90 mg/Tag, Mittelwert 22,7 mg/Tag, nach einer Auswaschphase von 7 Tagen. Die Patienten wurden 2mal untersucht. Am ersten Untersuchungstermin erhielten sie Haloperidol als Monotherapie seit mindestens 1 Woche. Um 7.00 Uhr wurden 20 ml Blut aus der Kubitalvene entnommen, zentrifugiert und das Serum bei -80 °C eingefroren. Aus den Proben wurden Haloperidol- und Prolaktinkonzentrationen bestimmt. Die Haloperidolbestimmung erfolgte mit einem ^{3}H-Haloperidol-Radioimmunoassay (Fa. Ire, Frechen), die Prolaktinbestimmung mit einem ^{131}J-Radioimmunoassay (Fa. CIS, Dreieich/Frankfurt). Der psychopathologische Befund wurde zwischen 10.00 und 12.00 Uhr erhoben und mit der Brief Psychiatric Rating Scale (BPRS, Overall u. Gorham 1962) unter Beobachtung der Empfehlungen von Wiles et al. (1976) dokumentiert. Die Untersuchung wurde nach 2 Wochen unter identischen Bedingungen und bei konstanter Dosierung wiederholt. Als Besserung wurde ein Quotient des BPRS-Total-Score Zeitpunkt I/BPRS-Total-Score Zeitpunkt II > 1 definiert. Korrelationskoeffizienten wurden nach Bravais-Pearson berechnet.

11.2.2 Studie 2

Untersucht wurden 22 stationäre männliche Patienten mit der Diagnose „paranoid-halluzinatorische Schizophrenie" (ICD 295.3) im Alter zwischen 18 und 48 Jahren, Mittelwert 24,6 Jahre, nach Aufklärung und Einwilligung. Die Art der neuroleptischen Therapie war nicht festgelegt: Die Patienten erhielten unterschiedliche Präparate in unterschiedlichen Dosierungen und Kombinationen, alle Patienten wurden vom Tag der stationären Aufnahme an mit Neuroleptika behandelt. 7 Patienten waren unvorbehandelt, 15 vorbehandelt. Die Zugehörigkeit zur Gruppe der vorbehandelten oder nichtvorbehandelten Patienten korrelierte nicht mit dem Therapieerfolg. Die Patienten wurden an den Tagen 0, 2, 4, 7, 11, 14, 21 und 28 ihres stationären Aufenthaltes untersucht. Um 7.00 Uhr wurden 20 ml Blut aus der Kubitalvene entnommen, zentrifugiert und das Serum bei -80 °C eingefroren. Aus den Proben wurden Konzentrationen von Prolaktin und Beta-Endorphin bestimmt. Prolaktin wurde mit einem Radioimmunoassay (Fa. Corning, Medfield, MA, USA) gemessen. Beta-Endorphin wurde im Anschluß an eine säulenchromatographische Extraktion unter Verwendung spezifischer Adsorptionspartikel mit einem Radioimmunoassay gemessen (Fa. Immuno Nuclear Corporation). Der psychopathologische Befund wurde zwischen 10.00 und 12.00 Uhr erhoben und mit der Brief Psychiatric Rating Scale (BPRS, Overall u. Gorham 1962; Wiles et al. 1976) dokumentiert. Eine Besserung der Symptomatik wurde als Quotient BPRS-Total-Score Zeitpunkt I/BPRS-Total-Score Zeitpunkt II > 1 ausgedrückt. Als Therapieerfolg ("Response") wurde ein Quotient BPRS-Total-Score Tag 0/BPRS-Total-Score Tag 28 > 1,3 definiert. Korrelationskoeffizienten zwischen Besserungsquotienten zu verschiedenen Zeitpunkten wurden nach BRAVAIS-PEARSON berechnet, eine Kontingenztabelle (Vorbehandlung/Response) mit dem Chi-Quadrat-Test geprüft.

11.3 Ergebnisse

11.3.1 Haloperidolserumspiegel (Studie 1)

a) Korrelation Dosis : Serumspiegel
   An beiden Untersuchungszeitpunkten besteht keine signifikante Beziehung zwischen verabreichter Dosis und Serumspiegel.
b) Therapeutisches Fenster
   Das Konzept des therapeutischen Fensters fordert für die Neuroleptika-Serumspiegel einen optimalen Bereich mit unterer, aber auch oberer Grenze. In Tabelle 1 werden die Ergbnisse der vorliegenden Studie mit denen einer Studie

Tabelle 1. Optimumbereich des Haloperidol-Serumspiegels („therapeutisches Fenster") und Symptombesserung. Symptombesserung ist als BRPS-Quotient > 1 definiert. Die Ergebnisse von Studie 1 werden mit einer Studie aus der Literatur (Magliozzi et al. 1981) verglichen

	Magliozzi (1981) (n=17)			Studie 1 (n=18)		
	Optimum-bereich 8–17,7 ng/ml	Außer-halb	Anzahl	Optimum-bereich 8–17,7 ng/ml	Außer-halb	Anzahl
Responder	7	1	8	5	8	13
Non-Responder	0	9	9	0	5	5

Tabelle 2. Symtombesserung bei Patienten mit Haloperidol-Serumspiegel unterhalb, innerhalb und oberhalb des von Magliozzi et al. (1981) gefundenen „Optimumbereichs". Die deutlichste Besserung kommt bei Werten über 17,7 ng/ml vor

Haloperidol-Serumspiegel (ng/ml)	Gebessert	Mittlerer BPRS-Quotient	Nicht gebessert	Mittlerer BPRS-Quotient	Durchschnitt BPRS-Quotient
Unter 8,0	5	1,48	4	0,94	1,24 (n=9)
8,0–17,7	5	1,43	0	–	1,43 (n=5)
Über 17,7	3	**1,64**	1	0,96	**1,48** (n=4)

aus der Literatur (Magliozzi et al. 1981) verglichen, die einen Optimumbereich
von 8–17,7 ng/ml findet. Dabei zeigt sich übereinstimmend, daß in diesem Optimumbereich keine Non-Responder vorkommen. Die von Magliozzi et al. an-
gegebenen Grenzen des „Fensters", insbesondere die obere, lassen sich jedoch
nicht bestätigen (Tabelle 2). Die deutlichste Besserung zeigen 4 Patienten mit
Plasmaspiegeln über 17,7 ng/ml.

11.3.2 Prolaktin (Studie 1)

a) Korrelation Haloperidol: Prolaktin
   Der Korrelationskoeffizient beträgt zum Zeitpunkt 1 $r = 0,75$ ($p < 0,001$) und
   zum Zeitpunkt 2 $r = 0,69$ ($p < 0,001$).
b) Korrelation Prolaktin-: BPRS-Quotient
   An beiden Untersuchungszeitpunkten besteht keine signifikante Korrelation
   zwischen Prolaktin- und BPRS-Quotient.

11.3.3 Prolaktin (Studie 2)

Bei allen Patienten kommt es in der 28tägigen Behandlungsperiode zu einem Anstieg der mittleren Prolaktinkonzentrationen, während der mittlere BPRS-Total-
Score absinkt (Abb. 1 a). Der Anstieg der Prolaktinkonzentration findet sich gleichermaßen bei Respondern und Non-Respondern (Abb. 1 b und c). Eine Prädiktorfunktion des Prolaktinanstiegs kann daraus nicht abgeleitet werden.

11.3.4 Beta-Endorphin (Studie 2)

Auch die mittlere Beta-Endorphinkonzentration im Serum steigt bei allen Patienten im Behandlungszeitraum leicht an (Abb. 2 a). Dies gilt für Responder wie für
Non-Responder (Abb. 2 b und c). Auch für Beta-Endorphin läßt sich hieraus keine Prädiktorfunktion ableiten.

11.3.5 Beziehungen zwischen endgültiger und initialer Befundbesserung (Studie 3)

Tabelle 3 stellt Beziehungen dar zwischen der Befundbesserung an den aufeinan-
derfolgenden Untersuchungszeitpunkten und zwischen der Besserung am 28. Un-
tersuchungstag bei Studienende. An den Tagen 2–7 finden sich schwache Korrelationen mit geringer oder nicht vorhandener statistischer Signifikanz. Ab Tag 11
sind die Korrelationen dagegen eng auf einem hohen statistischen Signifikanzniveau. Insgesamt läßt sich feststellen: Je mehr sich der Tag des Studienendes nä-
hert, desto genauer läßt sich das Ergebnis der Therapie vorhersagen.

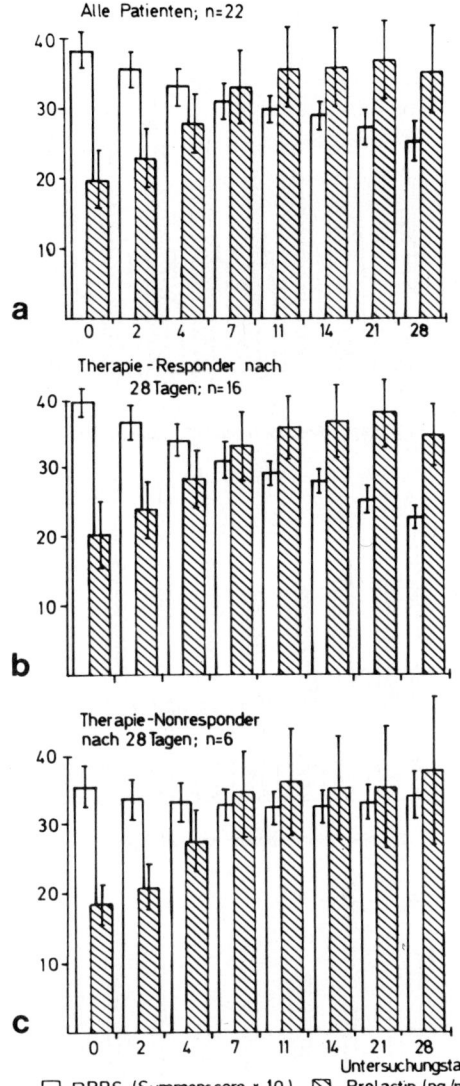

Abb. 1 a–c. Prolaktinanstieg und gleichzeitiger Abfall des BPRS-Total-Scores während einer 4wöchigen Neuraleptikatherapie (**a** und **b**). Auch bei Non-Respondern steigt die Prolaktinkonzentration an (**c**)

11.4 Kommentar

11.4.1 Haloperidolserumspiegel

Serumspiegel von Neuroleptika werden seit 1968 bestimmt (Curry u. Marshall 1968) und zeigen eine hohe interindividuelle Variabilität bei gleichen oral verabreichten Medikamentendosen (Breyer-Pfaff et al. 1983). Mit neueren und präziseren Bestimmungsmethoden werden für Haloperidol jedoch enge lineare Korrelationen zwischen Dosis und Plasmaspiegel gefunden (Krska et al. 1986; Rao 1986).

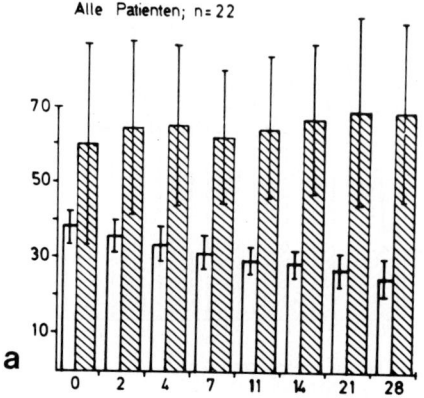

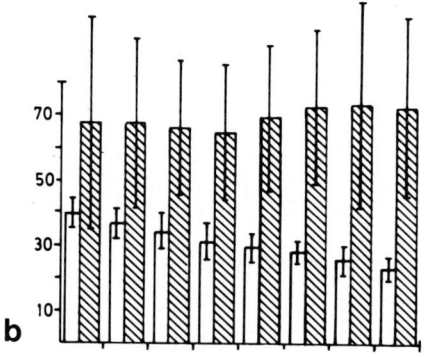

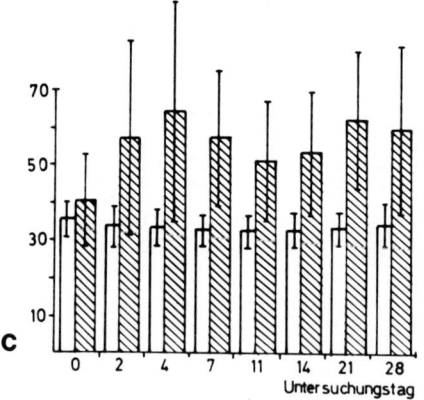

Abb. 2 a–c. Mittlere β-Endorphinspiegel und BPRS-Totalscore während der 4wöchigen Neuroleptikatherapie bei allen Patienten (**a**), Respondern (**b**) und Nonrespondern (**c**)

Tabelle 3. Korrelation der Besserung zu verschiedenen Behandlungszeitpunkten mit der Besserung nach 28 Tagen

$$\frac{BPRS_{Tag\,0}}{BPRS_{Tag\,2}} : \frac{BPRS_{Tag\,0}}{BPRS_{Tag\,28}} \quad r=0,44; \; p<0,05$$

$$\frac{BPRS_{Tag\,0}}{BPRS_{Tag\,4}} : \frac{BPRS_{Tag\,0}}{BPRS_{Tag\,28}} \quad r=0,34; \; N.S.$$

$$\frac{BPRS_{Tag\,0}}{BPRS_{Tag\,7}} : \frac{BPRS_{Tag\,0}}{BPRS_{Tag\,28}} \quad r=0,30; \; N.S.$$

$$\frac{BPRS_{Tag\,0}}{BPRS_{Tag\,11}} : \frac{BPRS_{Tag\,0}}{BPRS_{Tag\,28}} \quad r=0,73; \; p<0,001$$

$$\frac{BPRS_{Tag\,0}}{BPRS_{Tag\,14}} : \frac{BPRS_{Tag\,0}}{BPRS_{Tag\,28}} \quad r=0,87; \; p<0,001$$

$$\frac{BPRS_{Tag\,0}}{BPRS_{Tag\,21}} : \frac{BPRS_{Tag\,0}}{BPRS_{Tag\,28}} \quad r=0,95; \; p<0,001$$

Die Frage nach der Beziehung zwischen Neuroleptikakonzentration im Serum und Therapieerfolg wird in der Literatur unterschiedlich beantwortet. Signifikante Korrelationen zwischen der Besserung in einer psychopathometrischen Skala und dem Serumspiegel wurden bei unterschiedlichen Neuroleptika in einigen Studien gefunden (Wode-Helgodt et al. 1978; Cohen et al. 1980; Mavroidis et al. 1984; Garver et al. 1984), in anderen Studien jedoch nicht gefunden (Sakalis et al. 1972; Mackay et al. 1974; Bolvig-Hansen et al. 1981; Smith et al. 1984). Auch die Frage, ob diese Beziehung nach Art eines „therapeutischen Fensters" mit unterer und oberer Begrenzung des optimalen Konzentrationsbereichs gestaltet ist, wird kontrovers diskutiert, wenngleich Übersichtsarbeiten zur Anerkennung einer derartig kurvilinearen Beziehung, vor allem bei Haloperidol, zu tendieren scheinen (Breyer-Pfaff 1987; Kane 1987). Die eigene Untersuchung (Studie 1) bestätigt im Vergleich mit Magliozzi et al. (1981) das Prinzip des Optimumbereichs: es finden sich darin keine Non-Responder. Eine obere Begrenzung dieses Bereichs läßt sich jedoch nicht feststellen. Wie vielen vergleichbaren Untersuchungen mangelt es auch dieser an einer größeren Zahl von Non-Respondern mit hohen Serumspiegeln des Neuroleptikums. Um eine Aussage über Vorhandensein und Bedeutung des oberen Grenzwertes machen zu können, wäre es aber erforderlich, einen Gruppenvergleich bei gerade diesen Patienten durchzuführen: dabei wäre bei der einen Gruppe der Plasmaspiegel im supraoptimalen Bereich zu halten, bei der anderen wäre dieser in den optimalen Bereich zu senken. Ein Erfolg dieses letzteren Vorgehens konnte in einer Einzelfalldarstellung (Extein et al. 1983) demonstriert werden.

11.4.2 Prolaktinserumspiegel

Die Prolaktinsekretion des Hypophysenvorderlappens wird überwiegend durch inhibitorische Aktivität von D_2-Rezeptoren der laktotrophen Zellen gesteuert

(Leff u. Creese 1983). Ihre Blockierung durch Neuroleptika führt zum Prolaktinanstieg. Dabei müssen mindestens zwei Phasen unterschieden werden:

1) Bei bisher unbehandelten Patienten und Kontrollpersonen führen Einzelinjektionen des Neuroleptikums zu einem dosisabhängigen Prolaktinanstieg, der sehr schnell etwa bei 1 mg oder 1,5 mg Haloperidol ein individuelles Maximum erreicht (Meltzer u. Fang 1976; Langer et al. 1977; Gruen et al. 1978).
2) Bei Patienten unter kurz- bis mittelfristiger Neuroleptikatherapie korreliert der Prolaktinspiegel auch mit den wesentlich höheren therapeutischen Dosierungen (Forsman u. Öhman 1977; Rao et al. 1980).
3) Bei längerer Behandlung sollen bei einem Teil der Patienten Prolaktinkonzentrationen wieder absinken im Sinne einer Toleranzentwicklung, die aber nicht bei allen Neuroleptika ausgeprägt zu sein scheint (Rao u. Brown 1987).

Die hier dargestellten Studien gehören in diesem Sinne in die zweite Phase. Studie 1 zeigt an beiden Untersuchungszeitpunkten eine verhältnismäßig enge Korrelation zwischen Haloperidol- und Prolaktinserumspiegel, wie es auch in der Literatur häufig berichtet wird (Davis et al. 1984). In Studie 2 steigen die Prolaktinspiegel im Laufe der 28tägigen stationären Behandlung an, während die Totalscores der BPRS abfallen. Da das Muster des Prolaktinanstiegs sich bei Respondern und Non-Respondern nicht unterscheidet, kann es jedoch keine Verwendung als Prädiktor finden. Die vor Jahren von einigen Autoren (Meltzer u. Fang 1976; Forsman u. Öhman 1979; Meltzer et al. 1983) geäußerte Hoffnung, im Prolaktinanstieg einen Prädiktor des therapeutischen Erfolgs zu sehen, hat sich, wie auch die neuere Literatur bestätigt (Möller et al. 1981; Rüther u. Müller-Spahn 1987), anscheinend nicht erfüllt.

11.4.3 Beta-Endorphin-Serumspiegel

Ein Anstieg der Beta-Endorphinkonzentration im Serum bei längerdauernder Verabreichung von Neuroleptika wurde zunächst in Tierversuchen beobachtet (Höllt u. Bergmann 1982). Bei Menschen ist dieser Anstieg inkonstant und findet sich nur bei einem Teil der Patienten; die Gruppenmittelwerte steigen nur gering an. Der deutliche Anstieg des Beta-Endorphinspiegels ist nicht mit der deutlichen Besserung der Symptomatik ("Response") verknüpft (Naber et al. 1984; Gramsch et al. 1984). Dies wird auch in unseren Ergebnissen (Studie 2) bestätigt. Der Anstieg des Beta-Endorphinspiegels unter Neuroleptika scheint deshalb als Prädiktor für den Therapieerfolg ungeeignet zu sein.

11.4.4 Initiale Besserung

Die Ergebnisse von Studie 2 sprechen nicht für eine belangvolle prognostische Aussage der initialen Besserung an den Tagen 2, 4, und 7 und scheinen damit im Widerspruch zu einer Reihe von Ergebnissen aus der Literatur zu stehen (van Putten u. May 1978; van Putten et al. 1981; van Putten et al. 1984; Singh u. Kay 1979; Nedopil u. Rüther 1981; Nedopil et al. 1983; Möller et al. 1983). Dabei sind al-

Tabelle 4. „Produkt-Moment-Korrelation (r)
zwischen Endbefund und der im Behandlungsverlauf erfaßten Symptomatik" (Woggon 1983)

	Schizophrenes Syndrom
Tag 0	0,24*
Tag 5	0,47*
Tag 10	0,70*

lerdings wesentliche methodische Unterschiede zu berücksichtigen. Das subjektive Empfinden der Patienten nach der ersten Medikamentengabe, das u. a. van
Putten und Mitarbeiter als Prädiktor untersuchen, wird beispielsweise nicht erfragt. Art und Dosierung der neuroleptischen Therapie sind nicht standardisiert,
eine Wash-out-Phase vor Studienbeginn wird nicht durchgeführt. Es ist daher
denkbar, daß ein standardisierter Versuchsplan prognostisch relevante Phänomene erkennen läßt, die in einem nichtstandardisierten Versuchsplan, der im Grunde
die Beobachtung einer realen stationären Therapie darstellt, verborgen bleiben.
Immerhin könnte ein solcher Befund Relevanz für die praktische Umsetzung der
unter standardisierten Bedingungen gewonnenen Ergebnisse besitzen. Möller et
al. (1983) führen eine zweiteilige Studie durch mit einer fixen Dosierung bis zum
10. Behandlungstag und anschließend einer flexiblen Dosierung. Sie stellen die
engsten Zusammenhänge in der Phase der Standardtherapie fest, d. h. zwischen
den Behandlungstagen 1–5 und 10. In der Phase der individuellen Dosierung, zwischen Tag 1–5 und 28 sowie zwischen Tag 1–5 und 42 sind diese Zusammenhänge
etwas verwischt. Immerhin besteht auch zwischen Tag 1 und 42 (nicht aber zwischen Tag 1 und 28) eine statistisch signifikante Korrelation ($r = 0,55$; $p < 0,05$).
Auf diese Korrelation (und auf Korrelationen zwischen Tag 1 und 10 sowie zwischen Tag 1 und Entlassung) stützt sich die Schlußfolgerung der Autoren, „daß
schon der therapeutische Effekt am ersten Behandlungstag von prognostischer
Bedeutung ist". Die Prognose aufgrund einer derartigen Korrelation von $r = 0,55$
enthält selbstverständlich im Einzelfall noch wesentliche Fehlermöglichkeiten.
Das Ergebnis von Studie 2, daß vor allem die zeitliche Nähe der miteinander korrelierten Untersuchungszeitpunkte die Höhe des Korrelationskoeffizienten beeinflußt, befindet sich in Übereinstimmung mit der Untersuchung von Woggon
(1983) (Tabelle 4). Für die frühe Bewertung einer 3- bis 4wöchigen neuroleptischen Therapie unter Klinikbedingungen ergibt sich hieraus, daß der Erfolg wohl
eher nach 10 Tagen als nach einem Tag zutreffend vorausgesagt werden kann.
Nicht berücksichtigt ist hierbei, daß Besserungseffekte sich noch wesentlich länger fortsetzen können.

11.5 Schlußbemerkung

Prädiktoren einer erfolgreichen Neuroleptikatherapie, insbesondere die Prinzipi-
en von Testdosis und initialer Besserung, bleiben Gegenstand intensiver For-

schung. Eine Verfeinerung stellt die Verbindung mehrerer Prädiktoren zu einem „Prädiktionsalgorithmus" dar. Hier ist demnächst mit weiteren Ergebnissen zu rechnen (Gaebel et al. 1987).

Literatur

Angrist B, Rotrosen J, Gerhon S (1980) Differential effects of amphetamine and neuroleptics on negative vs. positive symptoms in schizophrenia. Psychopharmacology 72:17–19

Bolvig-Hansen LB, Larsen NE, Vestergaard P (1981) Plasma levels of perphenazine (Trilafon) related to development of extrapyramidal side effects. Psychopharmacology 74:306–309

Breyer-Pfaff U (1987) Klinische Pharmakokinetik der Neuroleptika: Ergebnisse und Probleme. In: Pichot P, Möller H-J (Hrsg) Tropon-Symposium, Bd II. Springer, Berlin Heidelberg New York Tokyo

Breyer-Pfaff U, Brinkschulte M, Rein W, Schied HW, Straube E (1983) Prediction and evaluation criteria in perazine therapy of acute schizophrenics. Pharmacokinetic data. Pharmacopsychiatria 16:160–165

Cohen BM, Lipinski JF, Pope HG, Harris PO, Altesman RI (1980) Neuroleptic blood level and therapeutic effect. Psychopharmacology 70:191–193

Curry SH, Marshall HJL (1968) Plasma levels of chlorpromazine and some of its relatively nonpolar metabolites in psychiatric patients. Life Sci 7:9–17

Davis JM, Vogel C, Gibbons R, Pavkovic I, Zhang M (1984) Pharmacoendocrinology of schizophrenia. In: Brown GM (ed) Neuroendocrinology and psychiatric disorder. Raven Press, New York

Extein I, Pottash ALC, Gold MS (1983) Therapeutic window for plasma haloperidol in acute schizophrenic psychosis. Lancet I:1048–1049

Forsman A, Öhman R (1977) Applied pharmacokinetics of haloperidol in man. Curr Ther Res 21:396–411

Forsman A, Öhmann R (1979) Interindividual variation of clinical response to haloperidol. In: Biols J, Ballus C, Gonzalez E, Pujol J (Eds) Biological psychiatry today. North Holland Biomedical Press, Amsterdam

Gaebel W, Pietzcker A, Ulrich G, Müller-Oerlinghausen B (1987) Prädiktoren der neuroleptischen Akutresponse bei Schizophrenen: Ergebnisse einer Behandlungsstudie mit Perazin 15. AGNP-Symposium, 7.–10. Oktober, Universität Erlangen-Nürnberg

Garver DL, Hirschowitz J, Glicksteen GA; Kanter DR, Mavroidis ML (1984) Haloperidol plasma and red blood cell levels and clinical antipsychotic response. J Clin Psychopharmacology 4:133–137

Goldberg SC, Schooler NR, Mattson N (1967) Paranoid and withdrawal symptoms in schizophrenia. J Nerv Ment Dis 145:158–162

Gramsch C, Emrich HM, John S, Haas S, Beckmann H, Zaudig M, Zerssen D von (1984) The effect of neuroleptic treatment and of high dosage diazepam therapy on β-endorphin immunoreactivity in plasma of schizophrenic patients. J Neural Transm 9:133–141

Gruen PH, Sachar EJ, Altman N, Langer G, Tabrizi MA, Halpern FS (1978) Relation of plasma prolactin to clinical response in schizophrenic patients. Arch Gen Psychiatry 35:1222–1227

Höllt V, Bergmann M (1982) Effects of acute and chronic haloperidol treatment on the concentrations of immunoreactive β-endorphin in plasma, pituitary and brain of rats. Neuropharmacology 21:147–154

Hollister LE, Overall JE, Bennet JL, Kimbell I, Shelton J (1967) Specific therapeutic actions of acetophenazine, perphenazine, and benzquinamide in newly admitted schizophrenic patients. Clin Pharmacol Ther 8:249–255

Huber G, Gross G, Schüttler R (1979) Verlaufs- und Sozialpsychiatrische Langzeituntersuchungen an den 1945–1959 in Bonn hospitalisierten schizophrenen Kranken. Monogr Gesamtgeb Psychiatr (Berlin) 21:1–399

Judd LL; Goldstein MJ, Rodnick EH, Jackson NLP (1973) Phenothiazine effects in good premorbid schizophrenics divided into paranoid/non-paranoid status. Arch Gen Psychiatry 29:207–211

Kane JM (1987) Treatment of schizophrenia. Schizophr Bull 13:133–156

Klein DF, Rosen B (1973) Pretreatment association, adjustment and response to phenothiazine treatment among schizophrenic patients. Arch Gen Psychiatry 29:480–485

Krska J, Sampath G, Shah A, Soni SD (1986) Radioreceptor assay of serum neuroleptic levels in psychiatric patients. Br J Psychiatry 148:187–193

Langer G, Sachar EJ, Gruen PH, Halpern FS (1977) Human prolactin responses to neuroleptic drugs correlate with antischizophrenic potency. Nature 266:639–640

Leff SE, Creese I (1983) Dopamine receptors re-explained. Trends Pharmacol Sci 4:463–467

Mackay AVP, Healey AF, Baker J (1974) The relationship of plasma chlorpromazine to its 7-hydroxy and sulphoxide metabolites in a large population of chronic schizophrenics. Br J Clin Pharmacol 1:425–430

Magliozzi JR, Hollister LE, Arnold KV, Earle GM (1981) Relationship of serum haloperidol levels to clinical response in schizophrenic patients. Am J Psychiatry 138:365–367

Mavroidis ML, Kanter DR, Hirschowitz J, Garver DL (1984) Therapeutic blood levels of fluphenazine: Plasma or RBC determinations? Psychopharmacol Bull 20:168–170

Meltzer HY, Fang VS (1976) The effect of neuroleptics on serum prolactin in schizophrenic patients. Arch Gen Psychiatry 33:279–286

Meltzer HY, Kaue IM, Kolakowska T (1983) Plasma levels of neuroleptics, prolactin levels and clinical response. In: Coyle JT, Enna SJ (eds) Neuroleptics: Neurochemical, behavioral and clinical perspectives. Raven, New York, pp 255–279

Möller HJ, Kissling W, Maurach R, Schmid W, Doerr P, Pirke K, Zerssen D von (1981) Beziehungen zwischen Haloperidol-Serumspiegel, Prolactin-Serumspiegel, antipsychotischem Effekt und extrapyramidalen Begleitwirkungen. Pharmacopsychiatria 14:27–34

Möller HJ, Kissling W, Zerssen D von (1983) Die prognostische Bedeutung des frühen Ansprechens schizophrener Patienten auf Neuroleptika für den weiteren stationären Behandlungsverlauf. Pharmacopsychiatria 16:46–49

Naber D, Nedopil N, Eben E (1984) No correlation between neuroleptic-induced increase of β-endorphin serum level and therapeutic efficacy in schizophrenia. Br J Psychiatry 144:651–653

Nedopil N, Rüther E (1981) Initial improvement as predictor of outcome of neuroleptic therapy. Pharmacopsychiatria 14:205–207

Nedopil N, Pflieger R, Rüther E (1983) The prediction of acute response, remission and general outcome of neuroleptic treatment in acute schizophrenic patients. Pharmacopsychiatria 16:195–200

Overall JE, Gorham DR (1962) The brief psychiatric rating scale. Psychol Rep 10:799–812

Putten T van, May PRA (1978) Subjective response as a predictor of outcome in pharmacotherapy. Arch Gen Psychiatry 35:477–480

Putten T van, May PRA, Marder SR, Wittmann LA (1981) Subjective response to antipsychotic drugs. Arch Gen Psychiatry 38:187–190

Putten T van, May PRA, Marder SR (1984) Response to antipsychotic medication: The doctor's and the consumer's view. Am J Psychiatry 141:16–19

Rao ML (1986) Modification of the radioreceptor assay technique for estimation of serum neuroleptic drug levels leads to improved precision and sensitivity. Psychopharmacology 90:548–553

Rao ML, Brown WA (1987) Stability of serum neuroleptic and prolactin concentrations during short- and long-term treatment of schizophrenic patients. Psychopharmacology 93:237–242

Rao VAR, Bishop M, Coppen A (1980) Clinical state, plasma levels of haloperidol and prolactin: A correlation study in chronic schizophrenia. Br J Psychiatry 137:518–521

Rüther E, Müller-Spahn F (1987) Neurobiochemische Untersuchungen bei Akut- und Langzeitbehandlung mit Neuroleptika. In: Pichot P, Möller H-J (Hrsg) Tropon-Symposium, Bd II. Springer, Berlin Heidelberg New York Tokyo

Sakalis G, Curry SH, Mould GP, Lader MH (1972) Physiologic and clinical effects of chlorpromazine and their relation to plasma level. Clin Pharmacol Ther 13:931–946

Singh MM, Kay SR (1979) Dysphoric response to neuroleptic treatment in schizophrenia: Its relationship to autonomic arousal and prognosis. Biol Psychiatry 14:277–295

Smith RC, Baumgartner R, Ravichandran GK, Shvartsburg A, Schooler JC, Allen P, Johnson R (1984) Plasma and cell levels of thioridazine and clinical response in schizophrenia. Psychiatry Res 12:287–296

Weinberger DR, Bigelow LB, Kleinman JE, Klein ST, Rosenblatt JE, Wyatt RJ (1980) Cerebral ventricular enlargement in chronic schizophrenia. Arch Gen Psychiatry 37:11–13

Wiles DH, Kolakowska T, McNeilly AS, Mandelbrote BM, Gelder MG (1976) Reliability of a procedure for measuring and classifying "present psychiatric scale". Br J Psychiatry 113:499–575

Wode-Helgodt B, Borg S, Fyrö B, Sedvall G (1978) Clinical effects and drug concentrations in plasma and cerebrospinal fluid in psychotic patients treated with fixed doses of chlorpromazine. Acta Psychiat Scand 58:149–173

Woggon B (1983) Prognose der Psychopharmakotherapie. Enke, Stuttgart

12 Systemtheoretische Aspekte
bei der Pharmakotherapie schizophrener Erkrankungen

H. M. EMRICH und M. DOSE

12.1 Einleitung

In der neueren Literatur zur biologischen Psychiatrie der Schizophrenie wird in zunehmendem Maße deutlich, daß der Pathogenese der Erkrankung zwar variable neuroanatomische Abnormitäten des Zentralnervensystems zugeordnet werden können, die man zusammenfassend als „dysontogenetische" Störungen des ZNS auffassen kann, daß aber ein distinkter neurochemischer Defekt eines Transmittersystems, wie z. B. des dopaminergen Systems, bisher nicht nachweisbar ist. Die derzeitige Theorienbildung im Bereich der Schizophrenieforschung muß somit davon ausgehen, daß der Schizophrenie eine „Systemschwäche" in dem Sinne zugrunde liegt, daß es Imbalancen zwischen neuronalen Systemen im ZNS gibt, die dadurch zu charakterisieren sind, daß unter „Normalbedingungen" das Gesamtsystem noch einigermaßen normal funktioniert, d. h. daß die Systemschwäche gerade noch kompensiert ist, daß aber bei „Belastung", z. B. durch Streß, im Sinne unvorhergesehener Veränderungen psychologischer Faktoren und/oder von Umweltbedingungen, ein Systemzusammenbruch in dem Sinne hervorgerufen wird, daß das „schwächste Glied des Systems" nun überfordert ist. Dieses Konzept ist als systemtheoretisches Äquivalent der „Vulnerabilität" zu betrachten. Eine detaillierte neuroanatomische Analyse der bei Schizophrenien im ZNS auftretenden neuronalen Imbalancen ist derzeit wegen der noch sehr lückenhaften Kenntnisse über die funktionelle Mikroanatomie des menschlichen Gehirns nicht möglich. Wohl aber erscheint es sinnvoll, nach den möglichen funktionellen Grundprinzipien zu fragen, denen die bisher bekannten klinischen Befunde systemtheoretisch entsprechen, und diese im Hinblick sowohl auf eine Theoriebildung der Psychose als auch unter der Perspektive der Therapie zu analysieren. Dies soll im folgenden skizziert werden.

12.2 Zur „Filter-Defekt-Hypothese" der Schizophrenie:
Begründung des Drei-Komponenten-Modells der Psychose

Neuropsychologische Denkmodelle im Hinblick auf die Pathogenese der Schizophrenie sind derzeit noch weitgehend vom Broadbent'schen-Filtermodell (Broadbent 1958) geprägt. Nach dieser Vorstellung ist die Informationsverarbeitung bei der Wahrnehmung dadurch charakterisiert, daß das Datenübermittlungssystem eine limitierte Kapazität aufweist, bei der Informationsübertragung nur bis zu einem oberen Limit hin erfolgen kann (p-System). Broadbent schlägt einen selektiven „Filter" vor, der die Informationsmenge aus sensorischen Eingängen in der

Tropon-Symposium, Bd. III
Die Schizophrenien
Hrsg. Kaschka/Joraschky/Lungershausen
© Springer-Verlag Berlin Heidelberg 1988

Weise selektiv steuert, daß nur die für das System momentan wichtigen Informationsgehalte übertragen werden. Dieses System ist nach McGhie u. Chapman (1961) für die fokussierte bzw. „selektive" Aufmerksamkeit von ausschlaggebender Bedeutung. Von Chapman u. Chapman (1973) wird angenommen, daß schizophrene Psychosen auf einem Zusammenbruch der Filtereigenschaften des p-Systems beruhen, daß es deshalb zu einer Aufhebung der selektiven Aufmerksamkeitsfähigkeit des Systems und damit zu einer Reizüberflutung des Bewußtseins mit einer „undifferenzierten Menge eingehender Sinnesdaten" kommt. Von Carlsson (1988) wurde kürzlich ein spekulatives Modell zur neuromorphologischen-neurochemischen Realisation eines solchen Filterkonzepts der Schizophrenie vorgeschlagen. Er nimmt dabei an, daß die Kontrollen der mentalen und motorischen Funktionen auf der Grundlage der dopaminmodulierten kortikostriato-thalamo-kortikalen Feedbackschleifen funktioniert, und daß diese bei schizophrenen Patienten gestört sind. Er nimmt an, daß ein „thalamisches Filter" durch dopaminerge Fasern kontrolliert wird. Ein verstärkter dopaminerger Tonus würde zu einem Anstieg des Informationsflusses im Zentralnervensystem führen und damit einen Erregungszustand auslösen. Umgekehrt sollen die antidopaminergen (neuroleptischen) Antipsychotika die Filterfunktion verstärken und damit die selektive Aufmerksamkeit der psychotischen Patienten verbessern. Ein grundlegendes Problem hinsichtlich des Filtermodells – auch in der Modifikation von Carlsson – besteht allerdings darin, wie bereits kürzlich von Frith (1987) dargelegt, daß das Filtermodell die wesentlichen produktiven Symptome der Schizophrenie nicht zu erklären in der Lage ist. Weder Halluzinationen noch Wahnwahrnehmungen und Beziehungsideen lassen sich durch das Filterdefektmodell plausibel machen. Es wird deshalb im folgenden eine Konzeption vorgeschlagen, bei der das selektive Filter durch ein „Zensor"- bzw. „Korrektursystem" ersetzt wird.

12.3 Die Drei-Komponenten-Hypothese der Psychose

Bei der Drei-Komponenten-Hypothese der Psychose wird angenommen, daß Wahrnehmung grundsätzlich aus dem Zusammenwirken von drei Komponenten resultiert:
1) eingehende Sinnesdaten („sensualistische Komponente");
2) interne Konzeptualisierung („konstruktivistische Komponente");
3) Kontrolle („Zensor"- bzw. „Korrektur"-Komponente).

Hierbei wird angenommen, daß für eine biologisch sinnvolle und effiziente interne Repräsentation der äußeren Welt eine spezifische Interaktion zwischen den drei oben dargelegten Komponenten notwendig ist. Es wird ferner postuliert, daß der Pathogenese psychotischer Erkrankungen eine Störung des Gleichgewichts zwischen den drei Komponenten in dem Sinne zugrunde liegt, daß die kontrollierenden Systeme in Relation zu der Komponente der internen Konzeptualisierung zu schwach ausgebildet bzw. überfordert sind. Dem Filterdefekt von Broadbent entspricht also im vorliegenden Drei-Komponenten-Modell eine Defizienz kontrollierender Systeme. Der Vorteil eines solchen Konzeptes liegt nun darin, daß produktive Symptome der Psychose dadurch erklärt werden können, daß ein relatives Überwiegen interner Konzeptualisierungen als ursächlich für Sinnestäuschungen wie Halluzinationen, Wahnwahrnehmungen etc. angenommen werden kann, da durch die mangelnde Löschung, Zensurierung bzw. Korrektur dieser internen Konzeptualisierungen diese ins Bewußtsein eintreten und damit als produktive Symptome vom Patienten wahrgenommen werden.

Im folgenden wird eine Methode vorgestellt, mit der das hier dargestellte Drei-Komponenten-Konzept experimentell überprüft werden kann.

12.4 Störung der Wahrnehmung stereoskopischer Invertbilder als Indikator der Psychose

Das Phänomen der Wahrnehmung stereoskopischer Invertbilder kann auf eindrucksvolle Weise durch die Betrachtung dreidimensionaler Hohlmasken von menschlichen Gesichtern demonstriert werden, wie sie z. B. in Disneyland in Kalifornien im "Haunted Mansion" zu beobachten sind. Dabei werden dreidimensionale Hohlmasken als normale menschliche Gesichter wahrgenommen, bei denen beim Hin- und Hergehen vor der Maske wegen der perspektivischen Veränderung die Illusion entsteht, daß sich die wahrgenommenen Köpfe jeweils mit dem Beobachter mitdrehen (vgl. Yellott 1981; Wolf 1987). Die Invertwahrnehmungsillusion kommt dabei dadurch zustande, daß das menschliche Gehirn bestimmte Hypothesen über die dreidimensionale Struktur von Objekten testet und diese mit den retinalen Sinnesdaten vergleicht. Das Sehen von Invertbildern tritt nur dann auf, wenn der semantische Gehalt des Gesehenen mit „überwältigender Wahrscheinlichkeit" nur in invertierter Form sinnvoll interpretiert werden kann (Yellott 1981). Offensichtlich korrigieren und modifizieren die mentalen Konzepte („ratiomorpher Apparat"; Wolf 1987), im Sinne von Vorurteilen die Sinnesdaten in einem kritischen Interaktionsprozeß, der letztlich zur bewußten Sinneswahrnehmung führt. Dieser Interaktionsprozeß ist nach der vorliegenden Hypothese bei schizophrenen Psychosen (und, nebenbei bemerkt, auch bei Modellpsychosen) in dem Sinne gestört, daß die Korrektursysteme nur unvollständig funktionieren. Es ist somit zu erwarten, daß bei schizophrenen Patienten eine Abnormität der Wahrnehmung von Invertbildern in dem Sinne auftreten sollte, daß wegen der Unvollständigkeit der „Zensur" in verstärktem Maße Hohlmasken gesehen werden, wenn stereoskopisch invertierte, semantisch relevante Objekte vorgeführt werden, d. h. daß die Illusion eines Normalgesichtes nur unvollständig oder gar nicht auftreten sollte.

Im Rahmen einer experimentellen Untersuchung unter Verwendung eines stereoskopischen Projektionssystems, das mit linear polarisiertem Licht arbeitet, wurde bei 10 schizophrenen Patienten gefunden, daß sie im Vergleich zu 10 gesunden Kontrollprobanden erhebliche Unterschiede der Wahrnehmung stereoskopischer Invertbilder zeigten: alle gesunden Probanden waren in der Lage, die dreidimensionalen Hohlmasken als normale dreidimensionale Bilder zu sehen, während die schizophrenen Patienten diese Korrektur nur unvollständig oder gar nicht ausführten, so daß sie Hohlgesichtspartien menschlicher Gesichter wahrnahmen.

Diese Befunde stützen die Hypothese, daß bei schizophrenen Psychosen eine Defizienz eines aktiven Korrektursystems ("correcting processor") vorliegt, das sowohl mit internen Konzeptualisierungen als auch mit der Verarbeitung von Sinnesdaten interagiert.

12.5 Therapeutische Implikationen des Drei-Komponenten-Modells der Psychose

Aufgrund der oben gemachten Aussagen sind pharmakotherapeutische Eingriffe mit dem Ziel, die Psychose abzuschwächen, prinzipiell auf zweierlei Weisen denkbar:
1) durch Verringerung der Aktivität der Komponente Nr. 2 (s. o.) (d. h. der „konstruktivistischen" bzw. „konzeptualisierenden" Komponente); bzw.
2) durch Verstärkung der Aktivität der dritten Komponente, d. h. des zensurierenden "correcting processors".

Aufgrund vielfältiger klinischer und tierexperimenteller Beobachtungen ist anzunehmen, daß die antidopaminergen Neuroleptika eine Hemmung der Komponente Nr. 2 hervorrufen, d. h. daß sie die Aktivität der Generierung interner Hypothesen schwächen. Im Gegensatz hierzu wird angenommen, daß Medikamente, deren pharmakologisches Profil in erster Linie darauf beruht, inhibitorische neuronale Systeme im ZNS zu fazilitieren, geeignet sind, die Komponente Nr. 3, nämlich „zensurierende" neuronale Systeme, in ihrer Leistung zu verbessern. Aufgrund dieser Überlegungen wurde die Hypothese aufgestellt, daß Antikonvulsiva bei der antipsychotischen Therapie adjuvante Wirkungen hervorrufen sollten, d. h. daß unter Verwendung von Antikonvulsiva eine wesentlich geringere neuroleptische Potenz benötigt werden sollte, um denselben therapeutischen Effekt zu erzielen als ohne diese Zusatzmedikation. Experimentelle Untersuchungen, die mit dieser Fragestellung durchgeführt wurden, werden im folgenden dargestellt.

Hierzu noch eine Nebenbemerkung: Im Hinblick auf die Theoriebildung soll allerdings unter der Perspektive der Dopaminhypothese der Schizophrenie an dieser Stelle besonders herausgestellt werden, daß das Hauptargument für eine Dopaminüberaktivität bei der Pathogenese der Schizophrenie, die therapeutische Wirksamkeit von Dopaminantagonisten (Neuroleptika), nie legitim gewesen ist und durch ständige Wiederholung auch nicht legitimer gemacht werden konnte. Die Tatsache nämlich, daß Neuroleptika eine Imbalance im Zentralnervensystem psychotischer Patienten korrigieren, belegt nicht den ursächlichen Mechanismus im Sinne einer dopaminergen Überaktivität. Nach den oben dargestellten Überlegungen ist es wesentlich wahrscheinlicher, daß die neuronale Imbalance strukturell präformiert ist und dann funktionell ausgelöst wird. Es ist anzunehmen, daß die Korrektur durch die antipsychotischen Dopaminantagonisten dadurch erfolgt, daß die „Konzeptualisierungssysteme" durch Dopaminantagonisten in ihrer Effizienz vermindert werden [hier könnte der oben dargestellte Mechanismus von Carlsson (1988) eine Rolle spielen], was auch erklärt, daß schizophrene Patienten eine ausgeprägte Tendenz haben, Neuroleptika nach kurzer Zeit wieder abzusetzen, und daß Gesunde Neuroleptika überhaupt nicht tolerieren, weil nämlich die Neuroleptika die Kreativität wesentlich beeinträchtigen. In demselben Sinne wäre es aber auch abwegig zu meinen, daß die weiter unten dargestellten Befunde, die zeigen, daß Antikonvulsiva die antipsychotische Potenz von Neuroleptika verstärken, ein Beleg dafür seien, daß der Schizophrenie eine Defizienz von GABA- oder NMDA-Rezeptoren zugrunde liege. Vielmehr kann man aus diesen Befunden lediglich den Schluß ziehen, daß diese Medikamente offensichtlich in der Lage sind, eine Imbalance neuronaler Netzsysteme zu kompensieren, wobei allerdings hinsichtlich der Antikonvulsiva angenommen werden kann, daß diese Wirkung im wesentlichen durch die Fazilitierung inhibitorischer Neuronensysteme zustande kommt (Emrich 1987).

Es soll insbesondere noch darauf hingewiesen werden, daß die vorliegende Konzeption auch beinhaltet, daß psychologische und umweltbedingte Stressoren eine Psychose gerade deshalb initiieren können, weil diese Stressoren eine „Herausforderung" an das System Nr. 2 darstellen, ein erhöhtes Angebot kreativer Lösungen zu machen (wegen des „Drucks" der von den psychologischen bzw. Umwelt-Umstellungen ausgeht), und daß es eben gerade die dadurch bedingte erhöhte endogene Aktivität der Komponente Nr. 2 (d. h. des kreativen Systems) ist, die dann das als in seiner Kapazität limitiert angenommene Korrektursystem (Komponente Nr. 3) überfordert.

12.6 Carbamazepin als Adjuvans der neuroleptischen Therapie

Aufgrund der oben dargestellten Konzeption wurde geprüft, ob es möglich ist, die antipsychotische Therapie mit dem Butyrophenonderivat Haloperidol dadurch zu optimieren, daß die neuroleptische Dosis wesentlich gesenkt wird, bei gleichzeitiger Verstärkung der Wirkung durch eine Begleitmedikation mit dem Antikonvulsivum Carbamazepin. Eine größere Anzahl von offenen Therapien gab einen starken Hinweis in diese Richtung, so daß eine Doppelblindstudie zur Prüfung dieser Frage durchgeführt wurde.

12.6.1 Methodik und Patienten

Patienten mit akuten (nichtmanischen) schizoaffektiven oder schizophrenen Psychosen, die schriftlich ihr Einverständnis gaben, wurden zufallsverteilt entweder einer Haloperidol/Carbamazepin- oder einer Haloperidol/Plazebo-Gruppe zugeteilt. Patienten beider Gruppen erhielten initial 6 mg/Tag Haloperidol sowie entweder Carbamazepin (initial 200 mg/Tag, anschließend tägliche Steigerung um 100 mg bis zum Erreichen von Serumspiegeln von 8–10 µg/ml) oder Plazebo. Der behandelnde Arzt konnte jeweils nach 5 Tagen, ohne Kenntnis der Gruppenzugehörigkeit des Patienten, bei klinischer Notwendigkeit die Haloperidoldosis um weitere 3 mg/Tag steigern. Chlorprothixen stand als Schlafmedikation, Biperiden gegen extrapyramidalmotorische Nebenwirkungen zur Verfügung. Anhand psychopathometrischer und Nebenwirkungsskalen (IMPS, Lorr et al. 1962; BPRS, Overall u. Gorham 1962; um 5 Carbamazepin-spezifische Items erweiterte EPS-Skala, Simpson u. Angus 1970) beurteilte der behandelnde Arzt zu Beginn der Studie und anschließend wöchentlich 2mal den Behandlungsverlauf. Nach 28 Behandlungstagen wurden in beiden Gruppen unter konstanter Haloperidolgabe Carbamazepin oder Plazebo abgesetzt und nach einer weiteren Woche eine abschließende Beurteilung vorgenommen.

12.6.2 Ergebnisse

Von den 34 Patienten die unter der ICD-Diagnose einer schizophrenen oder schizoaffektiven Psychose zufallsverteilt in der Carbamazepin- oder Placebogruppe (n = 17/Gruppe) behandelt wurden, mußte bei keinem die Studie vorzeitig abgebrochen werden, so daß die Studie bei sämtlichen Patienten planmäßig zu Ende geführt werden konnte. In beiden Gruppen kam es während der ersten 4 Wochen

Tabelle 1. Durchschnittswerte in beiden Gruppen ($\pm$ SEM)

	Carbamazepingruppe (n = 17)		Plazebogruppe (n = 17)	
BPRS-Gesamtscore (max. 7)				
Tag 0	$2{,}88 \pm 0{,}12$	$p < 0{,}01$	$3{,}25 \pm 0{,}21$	$p < 0{,}01$
Tag 28	$1{,}53 \pm 0{,}11$	$p < 0{,}05$	$2{,}03 \pm 0{,}13$	n.s.
Tag 35	$1{,}87 \pm 0{,}15$		$2{,}09 \pm 0{,}16$	
Medikation (mg/Tag/Patient)				
Haloperidol	$8{,}10 \pm 0{,}87$		$10{,}90 \pm 0{,}24$	$p < 0{,}01$
Biperiden	$1{,}22 \pm 0{,}36$		$3{,}70 \pm 0{,}55$	$p < 0{,}01$
Chlorprothixen	$41{,}69 \pm 9{,}89$		$62{,}15 \pm 11{,}84$	$p < 0{,}05$
HPD mg/Tag) HPD (μg/ml)				
1. Woche	5,3		2,9	
2. Woche	4,6		2,6	
3. Woche	6,5		3,0	
4. Woche	5,3		3,6	

der Behandlung zu einer statistisch signifikanten Besserung des psychopathologischen Befundes, der sich in der Carbamazepingruppe 1 Woche nach Absetzen von Carbamazepin unter konstanter Haloperidoldosis statistisch signifikant verschlechterte, während in der Plazebogruppe die Besserungstendenz anhielt. Statistisch signifikante Unterschiede zwischen beiden Gruppen fanden sich sowohl hinsichtlich des Verbrauchs von Haloperidol, Chlorprothixen und Biperiden sowie bezüglich der extrapyramidalmotorischen Nebenwirkungen. Die im Rahmen der Blutuntersuchungen durchgeführten Analysen der Haloperidol-Plasmaspiegel bei je 10 Patienten der Carbamazepin- und Plazebogruppe ergaben, daß bei gleichzeitiger Gabe von Carbamazepin und Haloperidol die Haloperidol-Plasmaspiegel um 50% niedriger lagen als bei gleicher Haloperidoldosis unter Plazebo (Tabelle 1).

12.6.3 Diskussion

Mit der vorliegenden Studie konnte gezeigt werden, daß Carbamazepin in Kombination mit niedrigdosiertem Haloperidol bei Patienten mit schizophrenen oder schizoaffektiven Psychosen ohne EEG-Auffälligkeiten oder manische Tönung hinsichtlich der Einsparung von Medikamenten und der Vermeidung von Nebenwirkungen gegenüber Plazebo wirksam ist. Für eine adjuvante Wirkung von Carbamazepin spricht neben der Einsparung von Neuroleptika und Anticholinergika die deutliche Verschlechterung des psychopathologischen Befundes und auch das vermehrte Auftreten von Nebenwirkungen in der Carbamazepingruppe 1 Woche nach Absetzen von Carbamazepin im Vergleich zur Plazebogruppe.

Über die Wirkungsmechanismen, die diesem adjuvanten Effekt von Carbamazepin zugrunde liegen, können gegenwärtig mangels fundierter Befunde nur

Hypothesen aufgestellt werden. Im Sinne des beschriebenen Drei-Komponenten-Modells von Psychosen könnten die psychotropen Wirkungen von Carbamazepin mit der Fazilitierung inhibitorischer neuronaler Systeme im ZNS in Zusammenhang gebracht werden, als deren Folgen „zensurierende" neuronale Systeme in ihrer Effektivität verstärkt werden und damit eine möglicherweise den psychotischen Symptomen zugrunde liegende Imbalance neuronaler Netzwerke kompensieren. Die „dämpfende" Wirkung klassischer Psychopharmaka, wie der dopaminantagonistischen Neuroleptika, die im Sinne dieses Modells die Aktivität der „konstruktivistischen" Komponente verringern, aber (und das zum Leidwesen der Patienten) sich damit auch negativ auf die psychische Dynamik auswirken, könnte damit durch die adjuvante Behandlung mit Antikonvulsiva eine unerwünschte Nebenwirkung einsparende Ergänzung erfahren.

Literatur

Broadbent D (1958) Perception and communication. Pergamon, New York
Carlsson A (1988) Speculations on the control of mental and motor functions by dopamine-modulated cortico-striato-thalamo-cortical feedback loops. Mount Sinai J Med (in press)
Chapman LJ, Chapman JP (1973) Disordered thought in schizophrenia. Meredith, New York
Emrich HM (1987) Zum Wirkungsmechanismus von Carbamazepin: Biochemische Aspekte. In: Krämer G, Hopf HC (Hrsg) Carbamazepin in der Neurologie. Thieme, Stuttgart, S 14–17
Frith CD (1987) The psychology of schizophrenia. Vortrag im Royal College of Psychiatrists, London
Lorr M, McNair DM, Klett CJ, Lasky JJ (1962) Evidence of ten psychotic syndromes. J Consult Psychol 26:185–189
McGhie A, Chapman J (1961) Disorders of attention and perception in early schizophrenia. Br J Med Psychol 34:103–117
Overall JE, Gorham DR (1962) The brief psychiatric rating scale. Psychol Rep 10:799–812
Simpson GM, Angus JWS (1970) A rating scale for extrapyramidal side effects. Acta Psychiat Scand [Suppl] 212:11–19
Wolf R (1987) Der biologische Sinn der Sinnestäuschung. Biol Uns Zeit 17:33–49
Yellott JI (1981) Binocular depth inversion. Sci Am 245:118–125

13 Langzeituntersuchungen bei Schizophrenien

G. HUBER

Bleuler gab 1982 eine Übersicht über die Langzeituntersuchungen bei Schizophrenie, vor allem über seine eigenen Studien von 1941 und 1972 und über die Lausanne- und Bonn-Studie. Nach Kraepelin und E. Bleuler habe es mehr als ein halbes Jahrhundert gedauert, ehe verläßliche und detaillierte Kenntnisse über den Langzeitverlauf an einem repräsentativen Beobachtungsgut gewonnen werden konnten. Riesige Schwierigkeiten dieser und jeder anderen Schizophrenieforschung würden schon bei der Definition des Begriffs „Schizophrenie" beginnen. Was ist Schizophrenie? Niemand, so kürzlich die Herausgeber von „Schizophrenia Bulletin", könne hierauf eine definitive Antwort geben. Jeder Schizophreniebegriff, daran haben wir immer wieder erinnert, ist beim gegenwärtigen Stand unserer Kenntnisse eine „provisorische Konvention", und nach wie vor gibt es sehr unterschiedliche Konventionen dessen, was Schizophrenie genannt wird. Bleuler und wir zeigten in unserer gemeinsamen Arbeit (Bleuler et al. 1976), daß es sich bei den Bleuler- und Schneider-Schizophrenien der Zürich- und Bonn-Studie um die gleiche Krankheitsgruppe handelt.

Dies u. a. deswegen, weil nach Schneider und Bleuler die Diagnose Schizophrenie unabhängig vom Ausgang gestellt wird und weil bei den Patienten der Bonn-Studie auch die Kriterien des Bleulerschen Schizophreniebegriffs erfüllt, d. h. neben Erstrangsymptomen auch Bleulersche Grundsymptome nachweisbar waren. Daß die Bleulersche und Schneidersche Schizophreniediagnostik eine Zustands- und keine Verlaufs- oder besser: Ausgangsdiagnostik ist, bedeutet auch, daß in der Zürich- und Bonn-Studie voll remittierende Schizophrenien sind, die von anderen, etwa als schizoaffektive oder zykloide Psychosen, abgetrennt würden.

Eine gesonderte Untersuchung dieses Teilkollektivs der Bonn-Studie mit – nach Kasanin, RDC, Angst oder Perris – schizoaffektiven bzw. zykloiden Psychosen ergab, daß sie eine hochsignifikant günstigere Langzeitprognose haben als die übrigen (389) Schizophrenien. Doch führen auch hier 68% der Verläufe nicht zu einer Vollremission, weil – neben 16% typischen Defektzuständen – der Anteil der mehr oder minder uncharakteristischen reinen Residuen mit 52% noch höher ist als im Gesamtkollektiv (s. Gross et al. 1986). Die Kriterien für die Abgrenzung von *schizoaffektiven Psychosen* stimmen weitgehend überein mit denen, die auch im Gesamtkollektiv schizophrener Kranker langzeitprognostisch günstig sind: u. a. kommunikationsfähige prämorbide Persönlichkeit, akutes Einsetzen der psychotischen Erstmanifestation, depressive Syndrome im Beginn oder Verlauf, psychisch-reaktive Auslösung der ersten oder späteren Phasen. Dies erklärt, daß die Langzeitprognose der schizoaffektiven Teilgruppe der Bonner Schneider-Schizophrenien weit günstiger ist als die der Bonner Gesamtpopulation von Schi-

Tropon-Symposium, Bd. III
Die Schizophrenien
Hrsg. Kaschka/Joraschky/Lungershausen
© Springer-Verlag Berlin Heidelberg 1988

zophrenien. Ich darf hier die wesentlichen Ergebnisse der europäischen Langzeitstudien als bekannt voraussetzen; in unserer Monographie von 1979 hatten wir
auch übereinstimmende und unterschiedliche Befunde der 3 Studien dargestellt
(Huber et al. 1979).

Ein gemeinsames Ergebnis ist nach Zubin et al. (1983), daß der Anteil von
chronisch persistierenden Schizophrenien gering (5–10%) und die langfristige
Prognose weit günstiger sind, als Kraepelin ursprünglich annahm. In der Ver-
mont-Studie von Harding et al. (1987) wurde dies neuerdings auch für die USA
bestätigt.

Deswegen meinen Zubin et al. (1983) und andere (z. B. Ciompi 1980), daß
Chronizität sozial und die negativen Symptome durch Hospitalismus und/oder
prämorbide, in Persönlichkeit und Lebensgeschichte, dabei auch in der Familiendynamik gelegene Faktoren bedingt sind. Nach dem *Diathese-Streß-Modell* ist
nur die Vulnerabilität (= Diathese) biologisch determiniert; könnte man die für
Schizophrenie vulnerablen Individuen mit Hilfe von biologischen Markern identifizieren, müßte es möglich sein, durch Einflußnahme auf die Stressoren die Manifestation von schizophrenen Phasen zu inhibieren.

Beim heutigen Wissensstand und solange charakteristische somatische Befunde fehlen, kann man nicht von richtigen oder falschen Diagnosen (s. Pope u. Lipinski 1978) sprechen, sondern nur, wie K. Schneider (1987) hinsichtlich der Erstrangsymptome, feststellen: „Wenn bestimmte, möglichst genau definierte Kriteri-
en erfüllt sind, heiße ich den Zustand Schizophrenie" (oder entsprechend: schizoaffektive oder affektive Psychose). Nach Einführung *operationaler Definitionen*
durch Feighner et al. (1972) war die Situation nach Kendell (1985) noch chaoti-
scher als vorher, weil, so Kendell, die Übereinstimmung zwischen den unterschiedlichen Schizophreniekonzepten noch geringer war als früher. Man kann
nur sagen, daß ein bestimmtes Konzept für einen bestimmten Zweck am brauch-
barsten ist, z. B. für die Voraussage von Verlauf und Ausgang die DSM-III- und
die Feighner-Kriterien (s. Kendell 1985). Dieser Gewinn an Voraussagevalidität
wird erreicht durch das Kriterium einer zumindest sechsmonatigen kontinuierli-
chen Persistenz der Schizophrenie vor der Diagnosestellung und durch das Exklu-
sionskriterium: affektive, d. h. endogenomorph-depressive und manische Syndrome dürfen in der Anamnese nicht vorhanden sein.

Dennoch hatten immer noch 20% der nach Feighner diagnostizierten Schizophrenien der Iowa-Studie (Tsuang 1979) eine gute Langzeitprognose. Andererseits werden mit den sehr restriktiven Definitionen nach Feighner und DSM III
nur ca. 20% der nach Bleuler oder Schneider als schizophren bezeichneten Kranken erfaßt (s. Huber 1985).

Ich kann im folgenden nur einige wenige Daten der Bonn-Studie nennen.

Nach einer durchschnittlichen Verlaufsdauer von 22,4 Jahren fanden wir psychopathologische *Vollremissionen* in 22% (111 von 502 Patienten), d. h. genauso
häufig wie Bleuler („wellenförmige Verläufe mit Ausgang in Heilung"). Mehr
oder minder *uncharakteristische reine Defizienzsyndrome* sind mit 40% häufiger
als charakteristische und *typisch schizophrene Residuen und Persönlichkeitswand-
lungen* mit 35% (s. Tabelle 1).

Unter den charakteristischen Residuen finden sich in ca. 20% gemischte Defizienzsyndrome
(16%) und chronische reine Psychosen (4%) und nur in ca. 15% die hinsichtlich psychopatho-

Tabelle 1. Verteilung der psychopathologischen Ausgänge nach einer durchschnittlichen Verlaufsdauer von 22,4 Jahren bei 502 schizophrenen Kranken

Vollremissionen	22,1%	22,1% Vollremissionen
Minimalresiduen	11,0%	
Leichte reine Residuen	23,5%	43,2% uncharakt. Residuen
Erhebliche reine Defizienzsyndrome	5,8%	
Strukturverformungen ohne Psychose	3,0%	
Gemischte Residuen	16,6%	
Typisch schizophrene Defektpsychosen	10,8%	34,7% charakt. Residuen
Chronische reine Psychosen	4,2%	
Strukturverformungen mit Psychose	3,2%	

Tabelle 2. Verlaufstypen und ihre sozialen Heilungsquoten von 502 schizophrenen Kranken der Bonn-Studie

Verlaufstypen	Häufig-keit	Soziale Heilungen	
I: Monophasisch zur Vollremission	10,0%	100 %	Günstig
II: Polyphasisch zur Vollremission	12,1%	96,7%	
III: Chronische reine Psychosen	4,2%	90,5%	Relativ günstig
IV: Mit nur 1 Schub zu reinen Residuen	6,2%	80,6%	
V: Primär phasisch, dann schubförmig zu reinen Residuen	10,0%	70,0%	
VI: Schubförmig mit zweitem (positivem) Knick zu reinen Residuen	5,8%	65,5%	
VII: Schubförmig oder einfach zu Strukturverformungen	6,2%	51,6%	Relativ ungünstig
VIII: Einfach zu reinen Residuen	5,4%	48,1%	
IX: Mit mehreren Schüben zu reinen Residuen	12,9%	44,6%	
X: Schubförmig zu gemischten Residuen	9,6%	25,0%	Ungünstig
XI: Einfach zu gemischten Residuen	7,2%	8,3%	
XII: Schubförmig oder einfach zu typisch schizophrenen Defektpsychosen	10,5%	1,9%	

logischer und sozialer Langzeitremission ungünstigsten Ausgänge, nämlich typisch schizophrene Defektpsychosen und psychotische Strukturverformungen.

So unterschiedlich wie die langfristigen Ausgänge sind auch die Wege, auf denen sie erreicht werden. Durch Kombination von Verlaufsweise und psychopathologischem Ausgang ergaben sich in der Bonn-Studie 72 *Verlaufstypen*, die wir durch Zusammenfassung verwandter Typen auf 12 reduzierten (s. Tabelle 2). Auch so läßt sich noch die außerordentliche Verschiedenartigkeit, Uneinheitlichkeit und Wandelbarkeit der Verläufe erkennen (s. Tabelle 2). Die Verwendung Schneiderscher und ebenso Bleulerscher Kriterien führt also *nicht* zur Bildung von hinsichtlich Verlauf und Ausgang homogenen Gruppen. Die 12 Verlaufstypen der Bonn-Studie sind langzeitprognostisch völlig unterschiedlich; die soziale

Heilungsrate sinkt von 100% (bei Verlaufstyp I und II) bis auf 2% (bei Verlaufstyp XII) (s. Huber et al. 1979).

Der Verlauf ist nicht voraussagbar; so fanden sich 15% primär phasische Verläufe, die später – nach 1 bis 30 Jahren – doch noch in Residuen ausmündeten. Andererseits können sich jahrzehntelang kontinuierlich persistierende chronische schizophrene Psychosen noch im 2. und 3. Krankheitsjahrzehnt therapieunabhängig und dauerhaft auf diskrete reine Residuen zurückbilden. Auch nach Janzarik (1968) sind typisch schizophrene und gemischte Defekte rückbildungsfähig; nur der „reine Defekt" erweise sich als beständig.

Die enorme therapieunabhängige Verlaufsvariabilität erschwert die Beurteilung, ob und inwieweit Behandlung die Langzeitentwicklung beeinflußt.

Die Spätkatamnesen von Patienten, die Jahrzehnte nach Erkrankungsbeginn zu Hause lebten und nicht mehr in ärztlicher oder gar psychiatrischer Behandlung waren, führten zu einer *Differenzierung des Pauschalbegriffes des sog. schizophrenen Defektes* und zur Heraushebung nicht schizophrenietypischer Syndrome, die ohne Kenntnis der Anamnese ihre – schizophrene – Herkunft nicht erkennen lassen und durch dynamische und kognitive Basissymptome bestimmt sind. 62% der Schizophrenien sind langfristig nicht mehr psychotisch (40%) oder vollständig geheilt (22%); 56% sind sozial geheilt, d. h. voll erwerbstätig, davon $^2/_3$ auf früherem (oder angestrebtem) beruflichem Niveau, $^1/_3$ darunter. Faßt man den Begriff *„soziale Heilung"* strenger (voll erwerbstätig auf früherem Niveau), sind nur 38% langfristig sozial geheilt.

Die Ergebnisse der Langzeitstudien zwangen zur *Revision der Thesen von der Unheilbarkeit und dem Prozeßcharakter der Schizophrenien.* Der Prozeßbegriff ist jedenfalls nicht i.S. einer dauernden unaufhaltsamen Progredienz anwendbar; die langfristige Prognose ist unabhängig von der *Verlaufsdauer.* Die Häufigkeit der verschiedenen Typen von Ausgängen, von der Heilung bis zur schweren Defektpsychose, bleibt vom 5. Krankheitsjahr bis zum 5. Krankheitsjahrzehnt annähernd gleich (Bleuler et al. 1976; Huber et al. 1979).

Die Langzeitstudien zeigten weiter, daß Schizophrenien nicht stets zu typischen psychischen Veränderungen führen. Die Lehrmeinung von der *grundsätzlichen Andersartigkeit und numinosen Singularität* der Schizophrenien gehört zu den Dogmen, die lange Zeit einen echten Fortschritt in der Schizophrenieforschung erschwerten. Schizophrenien sind anders, aber nicht radikal anders. Dies wurde durch die seit 1955 schrittweise entwickelte neue *Symptomlehre von den dynamischen und kognitiven Basisdefizienzen* und den durch sie konstituierten Basisstadien evident; das Konzept wurde zuletzt in der Monographie von Süllwold und mir (Süllwold u. Huber 1986) und im Manual des Bonner Instrumentariums zur Erfassung von Basissymptomen von Gross et al. (1987) dargestellt.

Im BSABS werden die Basissymptome in 98 Items definiert und beschrieben und anhand typischer Statements veranschaulicht. Anstelle der alten Lehre vom schizophrenen Defekt tritt das auf empirische Daten gestützte *Basissymptomkonzept,* das für das Verständnis der Kranken, für Therapie und Rehabilitation und für die soziale Wertung des Phänomens „Schizophrenie" überhaupt von Bedeutung ist.

Danach sind dynamische und kognitive Basisdefizienzen der Kern dessen, was früher Defekt hieß; Persistenz und Chronifizierung von psychotischen (z. B.

wahnhaften und halluzinatorischen) Phänomenen hängen einmal von den biolo-
gisch-morbogenen basalen Defizienzen, zum anderen von *Strukturverformungen*
ab, die sich bei einer Teilgruppe mit prädisponierender Persönlichkeit als Folge
der Psychose entwickeln und verfestigen.

Bei *diesen* chronischen Schizophrenien sind in Anlage- und Entwicklungsper-
sönlichkeit gelegene Faktoren für die Langzeitentwicklung entscheidend.

Wir sprachen 1966 von *Basissymptomen,* weil diese Symptome Primärerfah-
rungen sind, die die *Basis* für die i.e.S. psychotischen Phänomene darstellen. Die
Basissymptome, z. B. kognitive Denk-, Wahrnehmungs- und Handlungsstörungen oder Coenästhesien, kommen gelegentlich phänomenal identisch auch bei bekannten Hirnerkrankungen vor. Sie wurden von uns durch – funktionelle, potentiell reversible – pathologische Vorgänge in Schlüsselstrukturen des *limbischen
Systems* und als Folge eines Verlustes von Gewohnheitshierarchien erklärt (Gross
et al. 1971, 1973; Huber 1976). Wir konnten für einen Teil der Basissymptome zeigen, daß sie so zwar (wenn auch selten) bei definierbaren Hirnerkrankungen, in
der Regel aber nicht bei Gesunden und neurotisch-psychopathischen Persönlichkeitsstörungen auftreten, und weiter, daß sich aus den als Defizienzen erlebten
und geschilderten Basissymptomen heraus in bestimmten Übergangsreihen schizophrenietypische Erstrangsymptome entwickeln (Huber 1957, 1983; Klosterkötter 1988; Klosterkötter u. Gross 1988). So gehen z. B. aus bestimmten kognitiven
Wahrnehmungsstörungen Wahnwahrnehmungen, aus bestimmten kognitiven
Denkstörungen Gedankenbeeinflussungserlebnisse und aus Stufe-2-Coenästhesi-
en leibliche Beeinflussungserlebnisse hervor. Es gibt einen fließenden Übergang
von sog. negativen zu positiven Symptomen, von der Defizienz zur Produktivität,
vom Minus zum Aliter. Daß sich, im Unterschied zu den Beschwerden neurotischer Patienten, aus den Basissymptomen heraus unter Verlust der Selbstverge-
genwärtigungsfähigkeit der Defizienzen als Defizienzen, Auflösung der Ich-Kontur und „Außenprojektion" die eigentliche schizophrenietypische Psychose entwickelt, begründete die zentrale Hypothese des Basisstörungskonzeptes, die 1966
für die Bezeichnung als Basissymptome und Basisstadien ausschlaggebend war.
Klassifikatorische und ätiopathogenetische Konzepte einer Trennung einer positiven von einer negativen, einer akuten von einer chronischen Schizophrenie oder
eines Typ-I- von einem Typ-II-Syndrom (Andreasen, Ciompi, Crow) lassen sich
nicht aufrechterhalten: Es sind Stadien des gleichen Krankheitsgeschehens, negative Schizophrenien gehen in positive über und umgekehrt, wie die Verlaufsstudi-
en zeigen.

Ich nenne nochmals einige Ergebnisse der Verlaufsforschung: In lebenslangen
Verläufen sind die *meisten Schizophrenien die meiste Zeit nicht schizophren; Deskription der Basissymptome* in den der Psychose vorausgehenden (Prodrome und
Vorpostensyndrome) oder nachfolgenden (reine Defizienzsyndrome) Basisstadi-
en als Grundlage des Bonner Fremdbeurteilungsverfahrens (BSABS); die Kenntnis der *Phänomenreihen von bestimmten übergangsrelevanten Basissymptomen zu
bestimmten typisch schizophrenen Erstrangsymptomen;* die durch neurophysiologische, neuropathologische (s. Bogerts 1984) und neurochemische Befunde gestützte Annahme, daß Basissymptome mit ihren Übergängen in produktiv-psy-
chotische Phänomene einem *pathologischen zerebralen Funktionswandel* näher
sind als schizophrene End- und Überbauphänomene. Experimentelle und Lang-

zeitstudien konvergieren in der Auffassung, daß eine *Störanfälligkeit informationsverarbeitender Prozesse* vorliegt, die sich im phänomenalen Bereich in den Basissymptomen äußert.

Weil die experimentalpsychologisch objektivierbare kognitive Störanfälligkeit in der subjektiven Selbstwahrnehmung der Kranken ihre erlebnismäßige Entsprechung findet, konnten Beschwerdefragebogen und Fremdbeurteilungsverfahren wie FBF und BSABS entwickelt werden.

Durch vielfältige *Bewältigungsstrategien* versuchen die Kranken mit den Basisdefizienzen fertig zu werden und, z. B. durch Vermeidung bestimmter Situationen, Verschlimmerungen bis hin zur Auslösung psychotischer Rezidive zu verhindern; hier ist ein Ansatzpunkt für die Entwicklung neuer, die Basissymptome berücksichtigender psychologischer (mit medikamentösen kombinierten) Behandlungsverfahren.

Die Kenntnis der Basissymptome und Basisstadien und die Erfahrung, daß die Mehrzahl der Patienten eine sehr differenzierte Selbstwahrnehmung der eigenen Behinderungen behält, zeigte, daß Schizophrenien auf einer Steigerung der Störanfälligkeit beruhen, die in den Ursprüngen, vor Ausbruch der eigentlichen Psychose und nach ihrer Remission, nicht so weit, unüberbrückbar und grundsätzlich vom Seelenleben des Gesunden abweicht, wie es die Psychiatrie – fasziniert durch das Numinosum der Wahnwelt, ausgeformte Psychosen und eine kleine Teilgruppe von chronisch Kranken – lange Zeit annahm.

Die Basissymptome fluktuieren *endogen* und *situagen:* sie werden oft durch – primär affektiv neutrale – soziale Alltagssituationen (z. B. Gegenwart zu vieler Menschen, Gespräche, optische und akustische Stimulation durch elektronische Medien), durch arbeitsmäßige Beanspruchung, Zeitdruck oder emotionale Minimalanlässe ausgelöst. Solche ubiquitären *Alltagsstressoren* provozieren auch den Umschlag von Basissymptomen zu produktiv-psychotischen Phasen. Bei familiendynamischen Konzepten zur Pathogenese, so auch dem der *"expressed emotions"* (EE), wird oft übersehen, daß die Erkrankung schon vor dem psychotischen Rezidiv als Basisstadium mit übergangsrelevanten kognitiven Basissymptomen bestand und die den EE zugrundeliegenden familiären Interaktionen bereits die Folge des krankheitsbedingt veränderten Verhaltens des Patienten sind, z. B. seines sekundär-autistischen, als Bewältigungsversuch anzusehenden Rückzugverhaltens.

Hinsichtlich der Ätiopathogenese blieb die Annahme einer *gleichgewichtigen biologisch-genetischen und psychosozialen Fundierung* nicht unwidersprochen. Gerade auch aufgrund von epidemiologischen Langzeituntersuchungen ergab sich für Böök et al. (1978) kein für die Entstehung der Erkrankung bedeutsamer Umweltfaktor; in einem kritischen Rückblick über die riesige Fülle der Studien über soziale und psychologische Umgebungsvariablen fanden die skandinavischen Autoren und ebenso Dunham (1976) keinen Befund, der eine Rolle bei der Entstehung (die Rede ist nicht von Verlauf und Ausgang!) der Schizophrenie spielte (s. Huber 1979).

Gemeinsames Merkmal der Basissymptome und Psychose auslösenden Stressoren ist offenbar, daß sie die individuelle, gegenüber prämorbid reduzierte Informationsverarbeitungskapazität überfordern.

Während eine *Primärprävention* z. Z. noch nicht möglich ist (s. Bleuler 1976), kann man vielleicht Fortschreiten und Umschlag der Basisstadien zur eigentlichen Psychose und hier wieder zur chronisch persistierenden psychotischen Strukturverformung verhindern, wenn es gelingt, die Erkrankung früh genug, d. h. schon in den präpsychotischen Basisstadien, zu erkennen und zu behandeln. Voraussetzung für die *Frühbehandlung* ist also die *Frühdiagnose*. Bislang wurden die präpsychotischen Basisstadien nicht oder jedenfalls nicht als Vorläufer der manifesten Schizophrenie beachtet und erkannt. Weil ihre Symptomatologie den Psychiatern nicht vertraut ist und nicht gezielt erfragt wird, werden die Zustände, z. B. als Neurosen, verkannt. Die Basisstadien, die *Vorpostensyndrome* und *Prodrome* vor der psychotischen Erstmanifestation und später auch vor psychotischen Remanifestationen, sind für Früherkennung und Frühbehandlung bedeutsam, da hier Ich-Kontur und Einsicht noch erhalten, Selbsthilfe- und Bewältigungsstrategien noch möglich und die sozialen Konsequenzen bei weitem noch nicht so gravierend sind wie nach Ausbruch der Psychose. Mit dem Bonner Instrument lassen sich die prä- und postpsychotischen Basisstadien anhand der Basissymptome und hier wieder besonders der übergangsrelevanten kognitiven Basisdefizienzen, die die Progression zur eigentlichen Psychose determinieren, erkennen und einschließlich der auslösenden Anlaßsituationen standardisiert erfassen. Bezieht sich die Therapie, die medikamentöse sowohl wie die psychologische und supportiv-psychotherapeutische, auf die Basisdefizienzen mit ihren interindividuell variablen Ausprägungsschwerpunkten, ist es u. E. möglich, eine Zunahme der Basisdefizienzen zu inhibieren und vor einer Schwelle abzufangen, deren Überschreiten zum Umschlag in die Psychose führt.

Die Bonn-Studie ergab Hinweise, daß *Frühbehandlung die Langzeitprognose verbessert*; so zeigten die Patienten mit Behandlung innerhalb eines Jahres nach Erkrankungsbeginn einschließlich der Prodrome eine hochsignifikant günstigere Langzeitprognose als die erst später behandelten. Weil uncharakteristische Vorläufer, die nicht als Anfangsstadien einer Schizophrenie erkannt werden, die Zeitspanne bis zur Erstbehandlung verlängern, kann Früherkennung der Prodrome die Langzeitprognose – zumindest hinsichtlich der Vollremissionsrate – verbessern (Huber et al. 1979; Gross et al. 1983).

Literatur

Bleuler M (1972) Die schizophrenen Geistesstörungen im Lichte langjähriger Kranken- und Familiengeschichten. Thieme, Stuttgart

Bleuler M (1976) Prävention der Schizophrenie – winzige Körnchen Wissen in einem Meer von Nichtwissen. In: Huber G (Hrsg) Therapie, Rehabilitation und Prävention schizophrener Erkrankungen. Schattauer, Stuttgart

Bleuler M (1982) Prognosis of schizophrenic psychoses: A summary of life-long personal research compared with the research of other psychiatrists. Directions in Psychiatry, Lesson 31. Hatherleigh, New York

Bleuler M, Huber G, Gross G, Schüttler R (1976) Der langfristige Verlauf schizophrener Psychosen. Gemeinsame Ergebnisse zweier Untersuchungen. Nervenarzt 47:477–481

Bogerts B (1984) Zur Neuropathologie der Schizophrenien. Fortschr Neurol Psychiatr 52:428–437

Böök JA, Wetterberg L, Modrzewska K (1978) Schizophrenia in a North Swedish geographical isolate 1900–1977. Epidemiology, genetics and biochemistry. Clin Gen 14:373-394

Ciompi L (1980) Ist die chronische Schizophrenie ein Artefakt? Argumente und Gegenargumente. Fortschr Neurol Psychiatr 48:237–248

Ciompi L, Müller C (1976) Lebensweg und Alter der Schizophrenen. Eine katamnestische Lang-
zeitstudie bis ins Senium. Springer, Berlin Heidelberg New York
Crow TJ (1980) Molecular pathology of schizophrenia: More than one disease process? Br Med
J 280:66–68
Dunham HW (1976) Society, culture, and mental disorder. Arch Gen Psychiatry 33:147–156
Feighner JP, Robins E, Guze SB, Woodruff RA, Winokur G, Munoz R (1972) Diagnostic cri-
teria for use in psychiatric research. Arch Gen Psychiatry 26:57–63
Gross G, Huber G (1978) Schizophrenie – eine provisorische Konvention. Zur Problematik einer
Nosographie der Schizophrenien. Psychiatr Prax 5:93–105
Gross G, Huber G, Schüttler R, Hasse-Sander I (1971) Uncharakteristische Remissionstypen im
Verlauf schizophrener Erkrankungen. In: Huber G (Hrsg) Ätiologie der Schizophrenien. Be-
standsaufnahme und Zukunftsperspektiven. Schattauer, Stuttgart
Gross G, Huber G, Schüttler R (1973) Verlaufsuntersuchungen bei Schizophrenen. In: Huber
G (Hrsg) Verlauf und Ausgang schizophrener Erkrankungen. Schattauer, Stuttgart
Gross G, Huber G, Schüttler R (1983) Verlauf schizophrener Erkrankungen unter den gegenwär-
tigen Behandlungsmöglichkeiten. In: Hippius H, Klein HE (Hrsg) Therapie mit Neurolep-
tika. Perimed, Erlangen
Gross G, Huber G, Armbruster B (1986) Schizoaffective psychoses – long-term prognosis and
symptomatology. In: Marneros A, Tsuang MT (eds) Schizoaffective psychoses. Springer,
Berlin Heidelberg New York Tokyo
Gross G, Huber G, Klosterkötter J, Linz M (1987) BSABS. Bonner Skala für die Beurteilung
von Basissymptomen – Bonn Scale for the Assessment of Basic Symptoms. Springer, Berlin
Heidelberg New York Tokyo
Harding CM, Strauss JS (1985) The course of schizophrenia: An evolving concept. In: Alpert
M (ed) Controversies in schizophrenia. Changes and constancies. Guilford, New York
Huber G (1957) Pneumencephalographische und psychopathologische Bilder bei endogenen
Psychosen. Springer, Berlin Göttingen Heidelberg
Huber G (1966) Reine Defektsyndrome und Basisstadien endogener Psychosen. Fortschr Neurol
Psychiatr 34:409–426
Huber G (1976) Indizien für die Somatosehypothese bei den Schizophrenien. Fortschr Neurol
Psychiatr 44:77–94
Huber G (1979) Neuere Ansätze zur Überwindung des Mythos von den sog. Geisteskrankheiten.
Fortschr Neurol Psychiatr 47:449–465
Huber G (1983) Das Konzept substratnaher Basissymptome und seine Bedeutung für Theorie
und Therapie schizophrener Erkrankungen. Nervenarzt 54:23–32
Huber G (Hrsg) (1985) Basisstadien endogener Psychosen und das Borderline-Problem. Schat-
tauer, Stuttgart
Huber G, Gross G, Schüttler R (1979) Schizophrenie. Eine verlaufs- und sozialpsychiatrische
Langzeitstudie. Springer, Berlin Heidelberg New York
Janzarik W (1968) Schizophrene Verläufe. Eine strukturdynamische Interpretation. Springer,
Berlin Heidelberg New York
Kendell RE (1985) Which schizophrenia? In: Huber G (Hrsg) Basisstadien endogener Psychosen
und das Borderline-Problem. Schattauer, Stuttgart
Klosterkötter J (1988) Basissymptome und Endphänomene der Schizophrenie. Springer, Berlin
Heidelberg New York Tokyo
Klosterkötter J, Gross G (1988) Wahrnehmungsfundierte Wahnwahrnehmungen. In: Böcker F,
Weig W (Hrsg) Aktuelle Kernfragen in der Psychiatrie. Springer, Berlin Heidelberg New
York Tokyo
Pope HG, Lipinski JF (1978) Diagnosis in schizophrenia and manic depressive illness. Arch Gen
Psychiatry 35:811–828
Schneider K (1987) Klinische Psychopathologie, 13. Aufl. Thieme, Stuttgart
Süllwold L, Huber G (1986) Schizophrene Basisstörungen. Springer, Berlin Heidelberg New
York Tokyo
Tsuang MT, Woolson RF, Fleming JA (1979) Long-term outcome of major psychoses. Arch
Gen Psychiatry 36:1295–1301
Zubin J, Magaziner J, Steinhauer S (1983) The metamorphosis of schizophrenia: From chron-
icity to vulnerability. Psychol Med 13:551–571

II. Familiendynamische Konzepte zur Pathogenese der Schizophrenien

14 Familientheoretische Konzepte zur Pathogenese der Schizophrenien – Eine Übersicht

P. JORASCHKY

14.1 Einleitung

Angehörige von Schizophrenen wurden lange Zeit an den Pranger gestellt. Doch viel stärker noch als diese äußere Stigmatisierung zeigt sich dem Arzt die Not der inneren Stigmatisierung durch Schuldgefühle. Besonders, wenn es Kindern und Jugendlichen schlecht geht, findet man bei den Eltern in der Regel Selbstvorwürfe, etwas falsch gemacht zu haben. Es beeinflussen aber schwierige Kinder ihrerseits den Erziehungsstil und die Einstellung der Eltern, so daß wir, wenn wir die Familie eines jugendlichen Schizophrenen vor uns sehen, eine lange Geschichte eines häufig belasteten Zusammenlebens vorfinden.

Es ist im Einzelfall schwer auszumachen, was im Interaktionsablauf als actio und was als reactio zu verstehen ist. Zu Recht haben systemtheoretisch orientierte Familientherapeuten (z. B. Watzlawick et al. 1967) darauf aufmerksam gemacht, daß sich Verhaltens- und Kommunikationsweisen gegenseitig bedingen und eine Reaktion nur künstlich aus einer Interaktionssequenz hervorgehoben werden kann. Schon M. Bleuler (1972) schrieb: „Je mehr ich mich in die Versuche vertiefe, das Kausalitätsverhältnis zu klären, um so unmöglicher erscheint mir ein solches Unterfangen."

Durch die Neuroleptikatherapie ist es heute möglich, die Patienten nach durchschnittlich 6–12 Wochen wieder nach Hause zu entlassen. Infolge der Verkürzung der Hospitalisierungszeiten treten größere Spielräume ein, gleichzeitig müssen die Familien jedoch die Last des Umgangs mit einem schwer erkrankten und schwierigen Menschen tragen. Durch das Zurückdrängen der produktiven Symptomatik Schizophrener aufgrund der medikamentösen Behandlung treten die kognitiven und emotionalen Defizite und die sozialen Behinderungen stärker in den Vordergrund. Eine große Zahl von Untersuchungen belegt, wie dieses „stille Leiden" die Familien überfordert (Creer u. Wing 1975; Willi 1962; Yarrow et al. 1955). Brown et al. (1966) untersuchten Probleme und Belastungen von 228 Angehörigen schizophrener Patienten, 5 Jahre nach deren stationärer Entlassung. 61% berichteten über starke seelische Belastungen und negative Auswirkungen auf die Gesundheit der Familienmitglieder, vor allem in Form psychovegetativer Symptome, Schlafstörungen, Kopfschmerzen und allgemeiner seelischer Belastung. Aschoff-Pluta et al. (1984) fanden in einer Vergleichsuntersuchung im Jahr nach der Entlassung bei 88% der Angehörigen Schizophrener eine ausgeprägte psychische Belastung, gegenüber 77% bei psychoorganischen Erkrankungen und 67% bei Neurotikern. Die seelischen Belastungen waren charakterisiert durch Unsicherheit im Umgang mit den Patienten, Ungewißheit über Ursache und Verlauf der Krankheit, Schuld- und Versagensgefühle bis hin zu reaktiven Depressionen.

Tropon-Symposium, Bd. III
Die Schizophrenien
Hrsg. Kaschka/Joraschky/Lungershausen
© Springer-Verlag Berlin Heidelberg 1988

Die psychische Erkrankung eines Familienmitgliedes führte nach Aschoff-Pluta et al. (1984) bereits in einem relativ frühen Stadium der Erkrankung – nicht erst als Folge eines chronischen Verlaufs – zu erheblichen familiären Belastungen. Zwischen dem Wunsch nach Unterstützung und der tatsächlich erfolgten Unterstützung bestand vor allem im Bereich der psychologisch/psychotherapeutischen Betreuung eine auffällige Diskrepanz. Nur etwa jede fünfte Familie hat von ärztlicher, psychologischer oder sozialarbeiterischer Seite je Unterstützung erhalten. Die Untersuchungsergebnisse zeigen die Schlüsselpositionen der Familie für die Bewältigung der Krankheit. Sie zeigten ferner, daß die Familien in ihrer Funktion als Rehabilitationsinstanz überfordert sind.

Diese Belastung rückte erneut die Bedeutung des Familienmilieus und der Familienatmosphäre in das Blickfeld der Kliniker; die Familienpsychiatrie wurde auch wieder für Forscher interessant, allerdings hat sich die Perspektive verändert. Der Forschungsschwerpunkt verlagerte sich von den Verursachungsprinzipien von Krankheiten und Auslösungsfaktoren hin zur Frage der Toleranz der Erkrankung, zu deren Verarbeitung und zu der Klärung krankheitsaufrechterhaltender Faktoren. Wurden die Angehörigen des Patienten früher häufig als lästig und unauffällig dargestellt und ihr Verhalten als überprotektiv oder zurückweisend charakterisiert, tritt mit der intensiveren Betreuung der Angehörigen heute mehr die Untersuchung der Fähigkeiten und des Unterstützungspotentials der Angehörigen in den Vordergrund.

14.2 Die Veränderung familientheoretischer Ansätze in der Schizophrenieforschung

Das Interesse an der Familientheorie und -therapie als eigenständiger Methode wuchs im Zusammenhang mit der Behandlung der Schizophrenie in den 30er und 40er Jahren durch die Arbeit von Sullivan (1962), der erstmals auf die besonderen interpersonalen Abhängigkeitsverhältnisse der Schizophrenen in ihren Familien aufmerksam machte. Gleichzeitig konnte Fromm-Reichmann (1959) in Chestnut Lodge nachweisen, daß schizophrene Patienten mit einem psychotherapeutisch-psychoanalytischen Ansatz behandelbar sind. Mit ihrem Namen wird auch der Terminus „schizophrenogene Mütter" in Verbindung gebracht, der den Anstoß für familientheoretische Untersuchungen gab, aber auch sehr negative Folgen mit sich brachte, weil schizophrene Patienten als die Opfer ihrer Mütter dargestellt wurden. Sie schilderte diese Mütter als aggressiv, dominant und unzuverlässig. Freilich beschrieb sie selbst die Kinder nie als Opfer ihrer Mütter.

Für Lidz et al. (1975a) erklärt sich das in den 50er Jahren aufflammende Interesse an den Familien der Schizophrenen durch die Beobachtung, daß therapeutische Erfolge, die bei hospitalisierten Schizophrenen durch die Individualtherapeuten erzielt worden waren, mit der Entlassung in das familiäre Milieu sehr häufig wieder verlorengingen.

Es waren hauptsächlich drei Schulen, die die Familienforschung in den 50er und 60er Jahren prägten: Lidz und seine Mitarbeiter an der Yale-Universität, Wynne und seine Mitarbeiter am National Institute of Mental Health (NIMH) und Jackson Bateson, Haley in Stanford. Lidz, Wynne und Jackson waren Psychoanalytiker, die alle durch ihre Arbeit in Chestnut Lodge beeinflußt waren.

Auf diese drei Forschergruppen beziehen sich auch heute noch die Familienuntersuchungen zur Schizophrenie: 1956 entwickelten Bateson et al. das Konzept des "Double Bind". 1957 beschrieben Lidz et al. die ehelichen Beziehungen in Familien mit einem schizophrenen Angehörigen als schismatisch (gespalten) oder asymmetrisch. Wynne et al. (1958) prägten den Begriff der „Pseudogegenseitigkeit". Jede der drei Theorien hat sich entwickelt, ist umfassender geworden, so daß sie sich heute mehr gleichen als in ihrer Originalversion (Mishler u. Waxler 1968). In ihrer gegenwärtigen Form schreiben die drei Theorien der Sprache und der Kommunikation in der Familie einen wesentlichen Stellenwert für die Manifestation schizophrener Phänomene in der Familie zu. Dieser Denkansatz führte zu einer Vielzahl von empirischen Untersuchungen zur Familieninteraktion, über die umfassende Darstellungen vorliegen (u. a. Doane 1978; Jacob 1975; Liem 1980).

Die Suche nach familiären schizophreniespezifischen Kommunikationsstörungen verlief jedoch eher enttäuschend. Querschnittstudien, Gruppenvergleiche von Familien mit einem schizophrenen Mitglied und normalen Familien ergaben zwar eine Fülle von Daten, zeigten jedoch häufig widersprüchliche Ergebnisse, die zu einer deutlichen Reduktion des Forschungsinteresses in den 60er Jahren führten.

Die Double-Bind-Forschung erwies sich als Wegbereiter für einen komplexeren Erklärungsansatz in der Schizophrenieforschung. Nach Mishler u. Waxler (1968) entspricht der ätiologische Erklärungsansatz der naiven oder undifferenzierten Familientheorie der Schizophrenie. Auf der anderen Seite verkörpert der reaktive Erklärungsansatz, nämlich daß schizophrene Familienmitglieder Störungen bei den Eltern verursachen, eine naive genetische Position. Der transaktionelle Ansatz nun beschreibt ein komplexes Wirkungsgefüge in Begriffen von Feedbackmodellen und ein System interdependenter Kräfte.

Die Vielzahl reaktiver und interaktiver Probleme hat in den letzten Jahren auch zu einem Verlassen einseitiger Konzepte pathogener Wirkfaktoren geführt. Modelle aus der Streßforschung machten es möglich, die Vielzahl potentiell pathogener, aber auch protektiver Faktoren aufeinander zu beziehen und einseitige Modelle linear-kausaler Verknüpfungen zu verlassen. Hier ist besonders das Vulnerabilitätsmodell von Zubin u. Spring (1977) populär geworden (s. unten).

Folgende aktuelle Forschungsansätze sollen in den Beiträgen dieses Buches berücksichtigt werden:
a) Die ätiologisch orientierten Risikountersuchungen geben bisher den besten Nachweis für die Interaktion von Milieufaktoren und genetischen wie biologischen Faktoren. Prospektive Risikostudien belegen, daß familiäre Kommunikation und Atmosphäre zur Entstehung und zum Verlauf schizophrener Erkrankungen beitragen (s. Kap. 15).
b) Der Haupteinfluß auf die Zunahme der Forschungsaktivität in der empirischen Familienforschung ist der "Expressed-Emotions"-Forschung zu verdanken, die darstellt, wie die Familienatmosphäre auf den Verlauf schizophrener Störungen, nicht jedoch auf deren Entstehung Einfluß nimmt. Hierdurch wurden die krankheitsaufrechterhaltenden Faktoren in den Mittelpunkt gerückt. Nach den ersten Beobachtungen von Brown seit 1958 wurden vor allem die Ergebnisse der Untersuchungen von Brown et al. (1972) und Vaughn u.

Leff (1976) wegbereitend für eine Reihe von Studien, die sich vor allem mit der Kritik, dem Negativismus und dem emotionalen Engagement der Angehörigen beschäftigten (vgl. Kap. 18 und Kap. 19).

c) Die bisherigen Untersuchungen zur Interaktion von belastenden und protektiven Familienereignissen beim Krankheitsverlauf haben bisher eine gute Reliabilität, jedoch einen Mangel an Konstruktvalidität. Es besteht gegenwärtig noch ein ausgeprägter Theoriemangel in den Familienuntersuchungen. Die familiendiagnostischen Untersuchungen, die vor dem Hintergrund eines Mehrebenenmodells angelegt sind, sollen hier mehr Klarheit schaffen, wobei in diesem Buch das Prozeßmodell von Steinhauer (vgl. Kap. 17) und das Grenzenmodell, das psychoanalytische und systemische Ansätze verknüpft (vgl. Kap. 16) dargestellt werden.

d) Den bisher überzeugendsten Beweis für die Wirksamkeit von Familienfaktoren für den Verlauf schizophrener Erkrankungen leisten Interventionsstudien und Angehörigen-Betreuungsmodelle, die belegen, wie die Rückfälle Schizophrener im Verlauf signifikant gesenkt werden können (vgl. Kap. 18 und Kap. 19).

14.3 Das Vulnerabilitätsmodell der Schizophrenie

Das Konzept, welches z. Z. am besten die multifaktoriellen Ansätze integriert, ist das Vulnerabilitätskonzept (Abb. 1). Nach dieser Theorie wird Schizophrenie nicht vererbt, sondern eine besondere Vulnerabilität genetisch vermittelt (Zubin u. Spring 1977; Scheflen 1981; Ciompi 1982; Nuechterlein u. Dawson 1984). Personen, die schizophreniegefährdet sind, haben nach diesen Autoren folgende Charakteristika: sie zeigen eine eingeschränkte Informationsverarbeitung bzw. Aufmerksamkeit (z. B. leichte Ablenkbarkeit durch Störreize, eine Selektionsschwäche), eine autonome Hypererregung auf aversive Reize sowie eingeschränkte soziale Kompetenz und mangelnde Bewältigungsstrategien. Derartige Charakteristika sind nur ein Ausschnitt aus komplexen, interagierenden Faktoren, die am differenziertesten von Scheflen (1981) auf verschiedenen Ebenen lokalisiert wurden.

Die genannten individuellen Charakteristika stehen in Beziehung mit gegebenen Umweltbedingungen, vor allem psychosozialen Stressoren. Hierzu gehören vor allem affektive und kognitive Faktoren im familiären Milieu, allgemeine Stressoren wie Life Events und ein wenig unterstützendes soziales Netzwerk. Treten nun Konstellationen auf, die ein Übermaß psychosozialer Stressoren enthalten, so kann aufgrund der individuellen Schwäche und des Fehlens an Bewältigungsstrategien eine autonome Hypererregung auftreten, die die bereits vorhandenen kognitiven Defizite verstärkt und damit in einem Rückkoppelungsprozeß destruktiv ist.

Vor dem Hintergrund dieses Modells können nun Interaktionsvariablen als notwendige, aber nicht hinreichende Bedingung für die Schizophrenie interpretiert werden. In diesem Kontext gewinnen in den letzten Jahren Untersuchungen, die das soziale Umfeld des Schizophrenen, insbesondere seine Familie, einbeziehen, wieder stärkere Bedeutung. Dies mag daher rühren, daß inzwischen langfri-

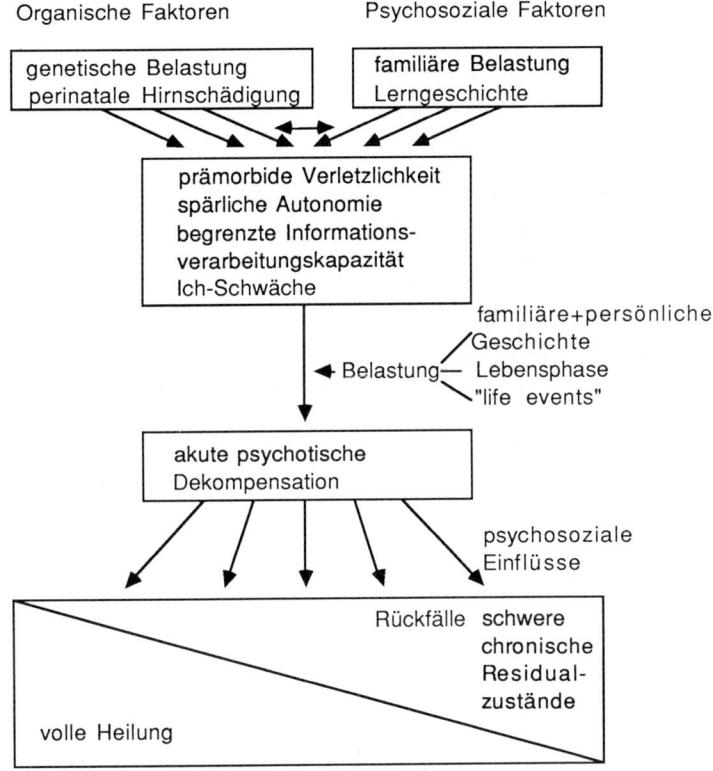

Abb. 1. Das Vulnerabilitätsmodell der Schizophrenie. (Nach Ciompi 1981)

stige Untersuchungen mit neuen Forschungsstrategien durchgeführt wurden, die erst heute veröffentlichungsreife Ergebnisse erbringen. Insbesondere handelt es sich um "High-risk"-Untersuchungen, die aufzeigen, welche neue Richtungen die Familienforschung bei der Schizophrenie derzeit einschlägt. Man muß sicher diese Ergebnisse noch als vorläufig betrachten, doch sind sie zum einen wegen ihrer Bedeutung für das wissenschaftliche Verständnis schizophrener Störungen und zum anderen wegen der sich daraus ergebenden Möglichkeiten für Prävention und Behandlung interessant.

14.4 Familienuntersuchungen zur Ätiologie und Pathogenese schizophrener Störungen

Die Bedeutung von Familienfaktoren für die Entstehung von schizophrenen Erkrankungen kann nur mit Hilfe von prospektiven Untersuchungen adäquat untersucht werden. Ist eine Schizophrenie manifest, so kann nicht mehr zwischen Ursache und Wirkung getrennt werden.

14.4.1 Adoptionsstudien

Heston u. Denney (1968) sowie Rosenthal et al. (1971) fanden bei Kindern schizophrener Eltern, die in Adoptivfamilien lebten, im Vergleich zu Kindern nichtschizophrener Eltern häufiger eine Schizophrenie oder andere psychopathologische Störungen. Die Autoren konnten feststellen, daß genetische Faktoren an einer Prädisposition zur Schizophrenie beteiligt sind. Ein Mangel der dänischen Studien von Rosenthal bestand darin, daß die Kommunikation und die Beziehungen in den adoptierenden Familien nicht direkt untersucht worden waren. Wegen dieses Versäumnisses konnten die dänischen Studien die Interaktion zwischen Umgebung (adoptierender Familie) und genetischen Faktoren (biologischen Eltern) nicht genügend klären.

Die methodisch aufwendigste und umfangreichste Untersuchung zur Klärung dieser Fragestellung wird seit 1969 mit der finnischen Adoptionsstudie von Tienari et al. (1981, 1985a, b) durchgeführt. Sie erfaßten eine große Gruppe von zur Adoption freigegebenen Kindern schizophrener Eltern und Kontrollpersonen und führten zusätzlich Untersuchungen über familiäre Beziehungen und Kommunikationsmuster durch, die teils innovativ sind, teils vorhandene Methoden der Familienforschung (z. B. Familien-Rorschach) verwenden.

In einer repräsentativen Feldstudie wurden alle zwischen 1960 und 1970 stationär behandelten schizophrenen Frauen in Finnland erfaßt (n = 19447). Schließlich wurden 289 Kinder von 263 schizophrenen Müttern gefunden, die zur Adoption freigegeben wurden. Gleichzeitig wurde nach demographischen Daten eine Kontrollgruppe parallelisiert. Die Forschungs- und Kontrollfälle sind nach Zufallskriterien numeriert, so daß die untersuchenden Psychiater nicht wissen, zu welcher Gruppe die jeweilige Adoptivfamilie gehört. Für die Untersuchung einer Familie werden durchschnittlich 14–16 h aufgewendet (ausführliche Familien- und Paargespräche, Konsensus-Rorschach-Test, individueller Rorschach-Test, MMPI, interpersoneller Wahrnehmungstest). Alle Gespräche werden auf Band aufgezeichnet, um spätere Blindvergleiche durchführen zu können. Alle Tests werden unabhängig und blind ausgewertet. Der prospektive Ansatz der Untersuchung ermöglicht es, die Familien zu untersuchen, noch bevor das Kind eventuell erkrankt.

Die Einschätzung der Familien, die das Kind adoptierten, erfolgte nach folgenden Kriterien:
– Das Ausmaß der Angst der Familie, die Realitätstestung, die Abgrenzung zwischen den einzelnen Familienmitgliedern und die Grenzen zwischen den Generationen und zwischen Familie und Außenwelt.
– Die Elternkoalition, die Art der Interaktion, Flexibilität, transaktionale Abwehrmechanismen, Konflikte, Empathie, Macht und Rollenbeziehungen.

Die Familien wurden nach dem Grad der Störung in fünf Gruppen unterteilt: gesunde Familien, leicht gestörte Familien, neurotische Familien, rigid syntonische Familien, schwer gestörte Familien.

Jedes Kind wurde auf einer Skala von 1–6 nach dem Schweregrad der Störung von gesund bis psychotisch eingestuft.

Ergebnisse: Ein Vergleich der adoptierten Kinder schizophrener Mütter zu der Kontrollgruppe adoptierter Kinder von nichtschizophrenen Müttern zeigt eine Krankheitsinzidenz der Schizophrenie in der Indexgruppe von acht Erkrankungen gegenüber zwei Erkrankungen in der Kontrollgruppe. Die übrigen Unterschiede in den Störungsbereichen sind nicht signifikant. Dies entspricht auch den

Tabelle 1. Einschätzungen der Schweregrade psychischer Störungen bei der Indexgruppe (adoptierte Kinder schizophrener Mütter) und ihren Adoptivfamilien. (Bei der Verknüpfung der Ausprägungsgrade 1 + 2 und 4 + 5 in den Adoptivfamilien und der Ausprägungsgrade 1 + 2 und 4 + 5 bei den Nachkommen ergibt sich: $x^2 = 59\,321$, df = 6, $p \leq 0,00005$)

Störungsgrad der adoptierten Kinder	Störungsgrad der adoptierenden Familien					Σ
	Gesund	Leicht gestört	Neuro- tisch	Rigid synton	Ernsthaft gestört	
	1	2	3	4	5	
1. gesund	1	1	0	0	0	2
2. leicht gestört	5	32	9	3	0	49
3. neurotisch	0	7	8	6	6	27
4. Charakterstörung	0	3	1	6	6	16
5. „Borderline"	0	0	1	5	4	10
6. Psychotisch	0	0	1[a]	4	3	8

[a] Manisch-depressiver Adoptierter.

Ergebnissen von Rosenthal et al. (1971). Insgesamt sind die Kinder schizophrener Mütter stärker gestört als die Kinder der Kontrollgruppe ($p \leq 0,2$). Die Kinder schizophrener Mütter, die in schwer gestörten Familien aufwuchsen, zeigten lediglich in 8% eine gesunde Entwicklung, 60% waren schwer gestört. Bei den Kindern der Kontrollgruppe, die in schwer gestörten Familien aufwuchsen, waren 23% der Kinder als gesund eingestuft und 37% als schwer gestört. Tienari et al. (1985 b) deuten dies als Bestätigung der Vulnerabilitätshypothese. Es scheint sehr wahrscheinlich, daß eine mögliche genetische Vulnerabilität mit der Umgebung interagiert, in der das Adoptivkind aufwächst. Da die Ausgangseinschätzungen in der prospektiv angelegten Untersuchung blind erfolgten, kann dieses Ergebnis nicht durch einen Bias des Interviewers beeinflußt sein.

Aus der Tabelle 1 kann entnommen werden, daß kein an Schizophrenie oder einer Borderlinestörung Erkrankter in einer gesunden oder leicht gestörten Familie aufwuchs, und nur drei adoptierte Kinder mit leichten Störungen wuchsen in rigiden oder schwer gestörten Familien auf. Insgesamt erhielten 30% der Indexgruppe eine schwere Diagnose (Kat. 4–6). Die Adoptierten, die in ernsthaft gestörten Adoptivfamilien aufwuchsen, erhielten in 65% eine schwere Diagnose. Lediglich 6%, die in gesunden Familien aufwuchsen, hatten eine schwere Störung. Diese klinische Einstufung wurde auch durch die MMPI-Ergebnisse und den Individuellen Rorschach-Versuch bestätigt.

Anhand der Ergebnisse des Konsensus-Rorschachs war es Tienari möglich, hochsignifikant den Störungsgrad der Adoptierten vorherzusagen.

Bei der Einschätzung der Beavers-Timberlawn Family Evaluation Scales fanden sich in den Familien die Kategorien Intrusivität, Nähe, Verantwortlichkeit, Permeabilität und Empathie signifikant mit dem Störungsgrad der Adoptivfamilien korreliert.

Verbesserungen nach heutigen Untersuchungsstandards sieht Tienari (1987) vor allem im Einsatz anderer psychopathologischer Instrumente und von Interaktionsaufgaben, an denen die ganze Familie teilnimmt.

Zusammenfassend kann gesagt werden, daß die vermutete genetische Anfälligkeit von Kindern, die zur Adoption gegeben wurden, in Wechselwirkung mit dem Erziehungsumfeld der Familie steht, bei der das Kind aufwächst. Die vorläufigen Ergebnisse unterstützen eindeutig die Hypothese, daß die Anfälligkeit nur dann zu einer manifesten Schizophrenie führt, wenn die adoptierende, das Kind erziehende Familie erheblich gestört ist.

14.4.2 Risikountersuchungen

Während der letzten 15 Jahre bildete die Risikoforschung einen Schwerpunkt beim Studium der Ursachen und des Verlaufs schizophrener und anderer psychischer Störungen. Prospektive Risikostudien sind bis jetzt der beste Nachweis dafür, daß familiäre Kommunikation zur Entstehung und zum Verlauf schizophrener Erkrankungen beiträgt. Da die Untersuchung unausgewählter Bevölkerungsgruppen außerordentlich aufwendig wäre, konzentriert sich eine Reihe von Forschungsvorhaben auf Gruppen solcher Kinder, bei denen mit einem erhöhten oder möglichst hohen „Risiko" für spätere Störungen gerechnet werden kann. In Ergänzung zu der Darstellung von Goldstein (vgl. Kap. 15) soll die Untersuchung von Wynne (1983, 1987) dargestellt werden.

Die umfangreichsten Untersuchungen im Bereich der "High-risk"-Forschung wurden von Wynne et al. in Rochester durchgeführt. Während sonst in der Risikoforschung der Schwerpunkt meist im Risiko des heranwachsenden Kindes gesehen wird, das sich von der Schizophreniediagnose eines Elternteils herleitet, bezieht das Projekt von Wynne u. Cole (1983) sowohl die elterliche Psychopathologie wie die familiären Transaktionen ein.

Es wurden nur solche Kinder in die Stichprobe aufgenommen, die zu Beginn der Studie noch in keinerlei klinischer Behandlung standen und einer sehr jungen Altersgruppe (ab 4 Jahre) angehörten, die vor dem Risikoalter für Schizophrenie und andere schwere psychiatrische Störungen lag. Die Kinder wurden sowohl unabhängig von ihren Eltern als auch in Interaktion mit diesen untersucht. Das Projekt zielte darauf ab, Familien mit Kindern auszuwählen, die für spätere Störungen verwundbar sein konnten, aber zunächst nicht ernsthaft krank waren. Die Vorhersage einer späteren Krankheit oder Gesundheit bei den Kindern war der wesentliche Aspekt der Langzeitstudie.

Die bisherigen Ergebnisse von Wynne u. Cole (1983) stützen die Daten von Tienari (1983), daß sowohl die elterliche Diagnose als auch das Muster der Familienbeziehung signifikant und unabhängig voneinander zu dem Risiko beitragen, unter dem das Kind steht. Ohne auf Details der Untersuchung einzugehen – bisher wurden 145 Familien untersucht, das Projekt läuft seit 10 Jahren, und wesentliche Ergebnisse stehen somit noch aus – lassen sich die Arbeiten von Wynne u. Cole so zusammenfassen, daß selbst in Fällen, wo eine psychische Erkrankung der Eltern vorliegt, sich ein gesundes Funktionieren der Familie als ein Faktor erwies, der mit der psychischen Gesundheit des Kindes korrelierte.

Die protektive Funktion der Familieninteraktion dürfte sich in der Zukunft als ein wesentlicher Aspekt erweisen, wenn es darum geht, schizophrene Störungen zu verhindern bzw. frühzeitig zu intervenieren. Die Daten weisen somit in eine Richtung, bei der das Erfassen und Mobilisieren der gesunden Kräfte in den Familien eine zunehmende Rolle zu spielen verspricht. Insgesamt fällt bei den neueren Forschungen über psychosoziale Schizophrenieforschung auf, daß sie nicht mehr dogmatisch einseitig Umweltfaktoren für die Entwicklung der Schizophrenie postulieren, sondern daß eine deutliche Bereitschaft festzustellen ist, die Interaktion zwischen psychosozialen und biologischen Faktoren zu untersuchen. Die Risikoforschung erweitert dabei die Sichtweise über die Bedeutung psychosozialer Faktoren, indem sie deren bekannten Einfluß auf den Verlauf der Schizophrenie auch im Hinblick auf die prädiktive Aussagekraft erweitert.

Literatur

Aschoff-Pluta R, Bell V, Blumenthal S, Lungershausen E, Vogel R (1984) Familiäre Belastungen als Folge psychischer Erkrankungen eines Angehörigen. Fortschr Med 102:785–790

Bateson G, Jackson D, Haley J, Weakland J (1956) Toward a theory of schizophrenia. Behav Sci 1:251–264. Dtsch in: Schizophrenie und Familie, S 11–42, Suhrkamp, Frankfurt

Bleuler M (1972) Die schizophrenen Geistesstörungen im Lichte langjähriger Kranken- und Familiengeschichten. Thieme, Stuttgart

Brown G, Bone M, Dalison B, Wing J (1966) Schizophrenia and social care. Oxford University Press, London

Brown G, Birley J, Wing J (1972) Influence of family life in the course of schizophrenic disorders: A replication. Br J Psychiatry 121:241–258

Ciompi L (1981) Wie können wir die Schizophrenen besser behandeln? Ein neues Krankheits- und Therapiekonzept. Nervenarzt 52:506–515

Ciompi L (1982) Affektlogik. Stuttgart, Klett

Creer C, Wing JK (1975) Der Alltag mit schizophrenen Patienten. In: Katschnig H (Hrsg) Die andere Seite der Schizophrenie. Urban & Schwarzenberg, München

Doane JA (1978) Family interaction and communication deviance in disturbed and normal families: A review of research. Fam Proc 17:357–376

Fromm-Reichmann F (1959) Psychoanalysis and psychotherapy. The Univ. of Chicago Press. Dtsch (1978) Psychoanalyse und Psychotherapie. Klett-Cotta, Stuttgart

Hahlweg K (1986) Einfluß der Familieninteraktion auf Entstehung und Therapie schizophrener Störungen. In: Nordmann E, Cierpka M (1986) Familienforschung in Psychiatrie und Psychotherapie. Springer, Berlin Heidelberg New York Tokyo

Heston L, Denney D (1968) Interactions between early life experience and biological factors in schizophrenia. In: Rosenthal D, Kety S (eds) The transmission of schizophrenia. Pergamon, Oxford

Jacob T (1975) Family interaction in disturbed and normal families: A methological and substantive review. Psychol Bull 82:33–65

Lidz T, Cornelison AR, Fleck S, Terry D (1957) Marital schism and marital skew. Am J Psychiatry 114:557

Lidz T, Cornelison AR, Fleck S, Terry D (1975) The intrafamilial environment of schizophrenic patients. Am J Psychiatry 114:241–248

Liem JH (1980) Family studies of schizophrenia. An update and commentary. Schizophr Bull 6:429–455

Mishler EG, Waxler NE (1968) Interaction in families. An experimental study of family process on schizophrenia. Wiley, New York

Nuechterlein KH, Dawson ME (1984) A heuristic vulnerability/stress model of schizophrenic episodes. Schizophr Bull 10:300–312

Rosenthal D, Wender PH, Kety SS (1971) The adopted-away off-spring on schizophrenics. Am J Psychiatry 128:307–311

Scheflen AE (1981) Levels of schizophrenia. Brunner & Mazel, New York

Steinhauer PD, Santa Barbara J, Skinner HA (1984) The process model of family functioning. Can J Psychiatry 29:77–88

Sullivan HS (1962) Schizophrenia as a human process. New York, Norton

Tienari PA, Sorri A, Naarala M, Lahti I, Böström C, Wahlberg K-E (1981) The finnish adoptive family study: Family-dynamic approach on psychosomatics, a preliminary report. Psychiatry Soc Sci 1:107–115

Tienari P, Sorri A, Naarala M, Lahti I, Pohjola J, Boström C, Wahlberg K-E (1983) The Finnish adoptive family study: Adopted-away offspring of schizophrenics mothers. In: Stierlin H, Wynne LC, Wirsching M (eds) Psychosocial interventions in schizophrenia. An international view. Springer, Berlin Heidelberg New York Tokyo, pp 21–34

Tienari P, Sorri A, Lahti I, Naarala M, Wahlberg K-E, Pohjola J, Moring J (1985a) Interaction of genetic and psychosocial factors in schizophrenia. Acta Psychiatr Scand 71:19–30

Tienari P, Sorry A, Lahti I, Naarala M, Wahlberg K-E. Rönkkö T, Pohjola J, Moring J (1985b) The Finnish adoptive family study of schizophrenia. Yale J Biol Med 58:227–237

Tienari P, Sorri A, Lahti I, Naarala M, Wahlberg K-E, Moring J, Pohjola J, Wynne LC (1987) Interaction of genetic and psychosocial factors in schizophrenia. The Finnish adoptive family study. Schizophr Bull 13:477–484

Vaughn C, Leff JP (1976) The measurement of expressed emotion in the families of psychiatric patients. Br J Soc Psychol 15:157–165

Watzlawick P, Beavin J, Jackson D (1967) Communication. Norton, New York. Dtsch (1982) Menschliche Kommunikation, 6. Aufl. Huber, Bern

Willi J (1962) Die Schizophrenie in ihrer Auswirkung auf die Eltern. Schweiz Arch Neurol Neurochir Psychiat 89:426–463

Wynne LC, Ryckoff I, Day J, Hirsch S (1958) Pseudomutuality in the family relations of schizophrenics. Psychiatry 21:205–220

Wynne LC, Cole RE (1983) The Rochester risk research programm: A new look at parental diagnoses and family relationships. In: Stierlin H, Wynne LC, Wirsching M (eds) Psychosocial intervention in schizophrenia. Springer, Berlin Heidelberg New York Tokyo

Wynne LC, Cole RE, Perkins P (1987) University of Rochester child and family study: Risk research in progress. Schizophr Bull 13:463–476

Yarrow M, Clausen J, Robbins P (1955) The social meaning of mental illness. J Soc Issues 11:33–48

Zubin J, Spring B (1977) Vulnerability – a new view of schizophrenia. J Abnorm Psychol 86:103–126

15 Die UCLA-Risikostudie zur Vorhersage schizophrener Störungen aufgrund familiärer Kommunikationsvariablen *

M. J. GOLDSTEIN

15.1 Einleitung

Zwar liegen in der Literatur zahlreiche Berichte über gestörte Beziehungen in Familien mit einem schizophrenen Angehörigen vor, dennoch bereitet es Schwierigkeiten zu entscheiden, ob die Beziehungsstörungen Folge oder Ursache der Psychose sind. Die Beantwortung dieser Frage kann nur im Rahmen einer Langzeitstudie erfolgen, in der die vermuteten familiären Risikovariablen prospektiv erfaßt und die Kinder über einen Zeitraum nachuntersucht werden, in dem das Auftreten einer Schizophrenie wahrscheinlich ist. Im vorliegenden Beitrag werden die neuesten Ergebnisse einer solchen prospektiven Langzeitstudie vorgestellt. Untersucht werden sollte, ob bestimmte familiäre Beziehungsmuster als Risikomarker für das spätere Auftreten einer Schizophrenie oder einer schizophrenieähnlichen Störung (schizotypische, paranoide und Borderline-Persönlichkeitsstörungen) gelten können.

Die Studie begann vor 20 Jahren mit einer Stichprobe von 64 Familien mit je einem Jugendlichen, der eine leichte bis mittelschwere Verhaltensstörung aufwies. Jede dieser Familien hatte sich vorher wegen der Verhaltensstörung an die psychologische Beratungsstelle der UCLA gewandt. Wir wählten diese Stichprobe, da wir von der Annahme ausgingen, daß Störungen im Adoleszenzalter die Wahrscheinlichkeit erhöhen, als Erwachsener eine schwerere psychiatrische Störung – wie Schizophrenie oder eine schizophrenieähnliche Erkrankung – zu entwickeln. Diese Hypothese stützt sich auf retrospektive (Nameche et al. 1964) und prospektive (Robins 1966) Studien mit vergleichbaren klinischen Populationen.

15.2 Methode

15.2.1 Design der Studie

Bei Studienbeginn waren alle Familien intakt; der Großteil war weiß, gehörte der Mittel- bzw. oberen Mittelschicht an und war überdurchschnittlich intelligent. Keiner der Jugendlichen zeigte zum Zeitpunkt der Aufnahme in die Studie psy-

* Die hier beschriebene Untersuchung wurde durch das National Institute of Mental Health (NIMH, Beihilfe Nr. MH-08744) und die John D. and Catherine T. MacArthur Foundation for the Network on Risk and Protective Factors in the Major Mental Disorders unterstützt. Die Originalversion des Artikels ist erschienen in: Schizophrenia Bulletin, Vol 13, 3, S. 505–514, 1987. Übersetzung mit Erlaubnis des NIMH (in the public domain) Übersetzt von U. und K. Hahlweg, München.

chotische oder borderline-psychotische Symptome. Diese heterogene Stichprobe unterteilten wir entsprechend der vorherrschenden Störung in vier Gruppen. Unter Berücksichtigung der obenerwähnten retrospektiven und prospektiven Studien stellten wir weitere Hypothesen hinsichtlich der relativen Schizophrenieanfälligkeit auf. Wir gingen davon aus, daß Jugendliche, deren Verhaltensstörungen auf aktive Konflikte innerhalb der Familie zurückzuführen waren (Gruppe 1) oder solche, die sozial isoliert und zurückgezogen lebten (Gruppe 2), stärker bedroht waren, an Schizophrenie zu erkranken als Jugendliche, die ein aggressiv-antisoziales (Gruppe 3) oder passiv-negatives Verhalten (Gruppe 4) zeigten. (Kriterien für diese Gruppeneinteilung finden sich bei Goldstein et al. 1968.)

Alle Familien erklärten sich bereit, an sechs diagnostischen Sitzungen teilzunehmen, in denen beide Eltern und der Indexfall ausführlich individuell untersucht und charakteristische Muster familiärer Interaktion erfaßt wurden. Die Beteiligten diskutierten dabei familiäre Probleme im Videolabor ohne Anwesenheit des Versuchsleiters. (Nährere Angaben zum diagnostischen Vorgehen s. bei Goldstein et al. 1968.)

Unsere Arbeitshypothese lautete folgendermaßen: Frühe Zeichen von Unangepaßtheit *und* Störungen des kommunikativen und affektiven Familienklimas erhöhen das Risiko für den Adoleszenten, später an Schizophrenie oder einer schizophrenieähnlichen Störung zu erkranken.

15.2.2 Dimensionen familiären Verhaltens

Viele Aspekte familiären Verhaltens sind für die Entstehung schizophrener Erkrankungen verantwortlich gemacht worden. Wir haben uns an gut operationalisierte Maße gehalten, die sich in systematischen Studien an Familien mit schizophrenen Kindern als empirisch valide erwiesen haben. Bei diesen Maßen handelte es sich um: Kommunikationsstörungen (communication deviance, CD), emotionales Engagement (expressed emotion, EE) und affektiver Stil (affective style, AS). Diese drei Variablenbereiche messen elterliches Verhalten in verschiedenen Situationen.

15.2.2.1 Kommunikationsstörungen (CD)

Das CD-Maß wurde von Wynne et al. (1977) entwickelt und beinhaltet die mangelnde Bereitschaft oder Fähigkeit eines Elternteiles oder beider Eltern, einen gemeinsamen Aufmerksamkeitsfokus und einen Kontext verläßlicher Bedeutungen zu teilen (Simon u. Stierlin 1984). Diese Einschätzung wird üblicherweise aus Transaktionen zwischen einem Elternteil und dem Untersucher im Verlauf eines projektiven Tests (Rorschach oder TAT) hergeleitet.

Im Rahmen unserer Studie wurde jeder Elternteil individuell mit dem TAT getestet, um das Ausmaß der Kommunikationsstörung zu erfassen. Mit Hilfe von Summenwerten, die sich aus einer von Jones (1977) durchgeführten Faktorenanalyse ergaben, konnten die Eltern folgenden drei CD-Gruppen zugewiesen werden: *CD-hoch* – beide Eltern haben mindestens einen Faktorsummenwert von $T > 60$

oder ein Elternteil hat einen T-Wert > 160 in einer von zwei Unterskalen (Fehlwahrnehmungen oder größere Abschlußprobleme). Diese beiden Skalen korrelierten in der Querschnittsstudie von Jones mit dem Auftreten von Schizophrenie bei Kindern schizophrener Eltern; *CD-mittel* – nur ein Elternteil hat einen T-Wert > 60, jedoch in anderen als den obenerwähnten Skalen, während der andere Elternteil in keiner Skala einen T-Wert von 60 erreichte; *CD-niedrig* – kein Elternteil hat einen T-Wert von > 60. In Übereinstimmung mit dem von Wynne et al. (1977) entwickelten Modell stellten wir die Hypothese auf, daß alle Fälle von Schizophrenie und Schizophreniespektrum-Erkrankungen in Familien mit hohem CD auftreten werden.

15.2.2.2 Emotionale Einstellungen

Ist die Schizophrenie zum Ausbruch gekommen, so spielen emotionale Einstellungen für den weiteren Verlauf der Krankheit eine wichtige Rolle (Leff 1976). Allerdings konnte kein Zusammenhang zwischen negativen Einstellungen dem Kinde gegenüber und dem Ausbruch einer schizophrenen Erkrankung nachgewiesen werden. Die hier beschriebene Studie befaßt sich mit dem Verlauf psychiatrischer Störungen vom Jugend- bis ins Erwachsenenalter, und wir hatten die Vermutung, daß ähnliche Einstellungen auch diese Langzeitentwicklung beeinflussen können. Unser besonderes Interesse galt der Annahme, daß negative Einstellungen psychopathologische Prozesse verstärken und daß sie für ein Kind aus einer häuslichen Umgebung mit hoher CD-Ausprägung die Wahrscheinlichkeit erhöhen, eine schizophrene Erkrankung zu entwickeln.

Mit Hilfe von zwei Variablen wurden in dieser Studie die emotionalen Einstellungen erfaßt: 1) emotionales Engagement (EE) und 2) affektiver Stil (AS).

Das *EE-Konstrukt* wurde aus den obenerwähnten britischen Untersuchungen hergeleitet. Anhand eines auf Tonband aufgenommenen Interviews werden kritische Kommentare und/oder emotionales Überengagement des Angehörigen erfaßt. An Stelle des spezifischen Camberwell Family Interview (CFI; Vaughn u. Leff 1976), das üblicherweise zur EE-Messung benutzt wird, basiert unsere EE-Einschätzung auf einem ähnlich strukturierten Interview, das mit jedem Elternteil allein zu Beginn der Studie durchgeführt wurde. Die Eltern wurden im wesentlichen aufgrund des Kriteriums Kritik den Kategorien hoch (> 6 kritische Äußerungen) bzw. niedrig EE zugewiesen und anschließend zu den folgenden Gruppen zusammengefaßt: beide Eltern hoch EE, je ein Elternteil hoch und niedrig (gemischt EE), beide Eltern niedrig EE.

Die zweite Dimension zur Erfassung emotionaler Einstellungen, die wir *negativer affektiver Stil (AS)* nannten, wurde aus *direkt* beobachteten Familieninteraktionen bei der Diskussion kontroverser Probleme hergeleitet. Diese Interaktionen wurden mit Hilfe des AS-Codierungssystems ausgewertet, wobei die AS-Codes den EE-Variablen ähneln. (Genauere Angaben zum AS-System finden sich bei Doane et al. 1981.) Die AS-Klassifizierung der Familien in „günstig", „schwach negativ" und „negativ" erfolgte entsprechend den ursprünglich von Doane et al. entwickelten Kriterien. In anderen Studien unserer Arbeitsgruppe konnte nachgewiesen werden, daß hohe EE-Einstellungen und negative AS-Verhaltensweisen miteinander korrelierten (Valone et al. 1983; Miklowitz et al. 1984). Der Zusammenhang ist jedoch nicht perfekt, so daß wir beide Maße als Prädiktoren in unsere Studie aufnahmen.

15.2.3 Durchführung der Nachkontrollen

Fünf Jahre nach dem Erstkontakt wurden die jungen, inzwischen erwachsenen Indexfälle erneut aufgesucht und, sofern sie ausfindig gemacht werden konnten und zugänglich waren, mit Hilfe eines strukturierten psychiatrischen Interviews befragt. Von einem Kliniker, der „blind" bezüglich der familiären Variablen war, wurde dann anhand der Research Diagnostic Criteria (RDC, Spitzer et al. 1978) eine psychiatrische Diagnose für jeden Indexfall bestimmt. Zusätzlich zu den separat durchgeführten Elterninterviews, die die Angabe der Indexfälle erhärten sollten, wurden alle verfügbaren Krankenhausakten eingesehen. Nach weiteren 10 Jahren wurde dieses Vorgehen noch einmal wiederholt, wobei die Diagnosen der 15-Jahres-Nachkontrolle anhand der DSM-III-Kriterien erstellt wurden (American Psychiatric Association 1980). Die RDC-Diagnosen wandelten wir in DSM-III-Diagnosen um (die Anzahl der zu jedem Zeitpunkt erfaßten Fälle ist Tabelle 1 zu entnehmen).

Für einen Großteil der Fälle konnten Daten für den gesamten 15-Jahres-Zeitraum ermittelt werden. Bei den Fällen, die für die 5-Jahres-Nachkontrolle nicht zur Verfügung gestanden oder die die Teilnahme verweigert hatten, wurde die 15-Jahres-Nachkontrolle dazu benutzt, nachträglich den psychiatrischen Status der vorhergehenden Jahre zu rekonstruieren. Es bereitete keine Schwierigkeiten, diese Fälle in die Analyse einzubeziehen, wohingegen Probleme bei den 11 Fällen auftraten, die nur an der 5-Jahres-Nachkontrolle teilgenommen hatten. Wie aus Tabelle 1 ersichtlich, lebten nur noch 7 Teilnehmer; von den 4 Verstorbenen konnten umfangreiche Daten zum psychiatrischen Status ermittelt werden. Von den 7 noch Lebenden hatten zum Zeitpunkt der 5-Jahres-Nachkontrolle nur 3 keine diagnostizierbare psychische Erkrankung entwickelt. Da wir an der Lebenszeitprävalenz der schwersten psychiatrischen Erkrankung interessiert waren, nah-

Tabelle 1. Teilnahmestatus der 64 Indexfälle anläßlich der Nachuntersuchungen

Status	[n]
Daten der 5- und 15-Jahres-Nachuntersuchung vorhanden	38
Nur Daten der 15-Jahres-Nachuntersuchung	8
Nur Daten der 5-Jahres-Nachuntersuchung	11[a]
Zu beiden Zeitpunkten nicht lokalisierbar	5
Verweigerung zu beiden Zeitpunkten	2
	64

[a] Vier Indexfälle verstarben zwischen den 5- und 15-Jahres-Nachkontrollen. Wenn möglich, wurden die Eltern bzgl. des Lebenslaufes befragt.

men wir in die hier berichtete Analyse die Fälle auf, bei denen zum Zeitpunkt der 5-Jahres-Nachkontrolle eine solche Störung vorlag. Möglicherweise stellt dieses Vorgehen eine Verzerrung dar, weil so die Schwere der Störung in diesen Fällen unterschätzt wurde. Bei einer Reihe von Fällen war die zu beobachtende Störung jedoch schon nach 5 Jahren relativ schwerwiegend; so befanden sich in dieser Gruppe eine wahrscheinliche Schizophrenie, eine schizoide Persönlichkeitsstörung, 4 Fälle von schwerem Drogenmißbrauch mit gleichzeitiger antisozialer Persönlichkeitsstörung und ein Fall von Borderline-Persönlichkeitsstörung. Es ist unwahrscheinlich, daß diese Diagnosen später durch schwerwiegendere hätten ersetzt werden müssen. Die Fälle, die bei der 5-Jahres-Nachkontrolle eine psychiatrische Diagnose erhalten hatten, wurden daher in die jetzige Analyse aufgenommen.

Wurde während des Nachkontrollinterviews vom Indexfall oder von den Eltern darauf hingewiesen, daß ein anderes Geschwister psychiatrische Symptome zeigte, so wurde dieses Geschwister kontaktiert, interviewt und nach gleichen Kriterien diagnostiziert. Auf diese Weise konnten 8 Geschwister aus 7 Familien untersucht werden. In 3 Fällen wurde eine Schizophrenie diagnostiziert, davon 2 in einer Familie; 2 hatten eine schizotypische Persönlichkeitsstörung; 1 Fall litt an einer schweren Depression, wahrscheinlich einer bipolaren affektiven Störung und nur 1 Fall erhielt keine psychiatrische Diagnose. Da einige der familiären Variablen nicht an den Indexfall gebunden sind, konnten die Geschwister ebenfalls in spezifische Analysen eingehen. In diesen Analysen wurde pro Familie jeweils der Fall mit der schwerwiegendsten Diagnose benutzt, um die prädiktive Validität ausgewählter Familienvariablen zu untersuchen.

Mögliche Verzerrungen. Es besteht immer die Möglichkeit, daß die für die Langzeitanalyse zur Verfügung stehende Stichprobe nicht typisch ist für die aus 64 Fällen bestehende Ursprungsstichprobe. Glücklicherweise war dies nicht der Fall. Für CD ergaben sich folgende Prozent-Sätze in der Ursprungsstichprobe: 28% niedrig, 37% mittel, 41% hoch; in der Stichprobe mit den 54 diagnostizierbaren Fällen waren die vergleichbaren Prozentsätze: 23%, 38% und 40%. Die für die Analyse verfügbaren Fälle waren also bezüglich CD nicht atypisch. Ähnlich verhielt es sich mit AS, wo die Gesamtstichprobe bzw. die Analysestichprobe 47% bzw. 44% günstige, 16% bzw. 17% schwach negative und 37% bzw. 38% negative AS-Klassifizierungen aufwiesen. Für EE ergaben sich ähnliche Verhältnisse.

Diagnoseerstellung bei der Nachkontrolle. Für die 15-Jahres-Nachkontrolle wurde ein spezielles Interview entwickelt, um nach DSM-III diagnostizieren zu können. Es war daher möglich, die meisten Achse-I- und II-Diagnosen zu erstellen. Die Interviews mit den Indexfällen wurden, wenn möglich, auf Video aufgezeichnet. Nur bei sehr weit entfernt Wohnenden mußten Tonbandaufnahmen gemacht werden. Die meisten Interviews führte unsere Kollegin Jeri Doane durch, die keine Informationen zur Vorgeschichte der Fälle besaß. In einer getrennten Befragung wurde den Eltern ein aus zwei verschiedenen Teilen bestehendes Interview vorgegeben; der erste Teil erfaßte ähnliche Daten wie das 5-Jahres-Interview (Fragen zur psychiatrischen Symptomatik und zur sozialen Anpassung), im zweiten Teil sollte die psychiatrische Familiengeschichte mit Hilfe des RDC-Familieninterviews ermittelt werden. Beide Interviews wurden möglichst mit jedem Elternteil einzeln durchgeführt. Anschließend erstellte ein Rater, der keine Information über den Indexfall und die familiären Variablen hatte, einen Familienstammbaum.

Diese 15-Jahres-Interviews wurden von mindestens 2 Ratern analysiert und zwar von dem Interviewer selbst und einem „blinden" Rater, der, als er die Videobzw. die Tonbandaufnahmen beurteilte, weder Informationen über den Indexfall noch über die Familiendaten besaß. Jeder Indexfall wurde nach den DSM-III-Achsen I–III beurteilt und jede Diagnose mit Einzelheiten aus dem Interview dokumentiert. Der „blinde" Rater fertigte außerdem ein schriftliches Gutachten an. Die diagnostischen Eindrücke der beiden Rater wurden dann miteinander verglichen. Ergaben sich signifikante Diskrepanzen, wurde ein zweiter „blinder" Rater hinzugezogen, der ebenfalls die Aufnahme beurteilte und eine unabhängige Diagnose ermittelte. Die drei Klassifikationen wurden dann auf einer Fallkonferenz besprochen und eine Konsensusdiagnose erstellt. Von den 46 nach 15 Jahren zu diagnostizierenden Fällen mußten nur 4 in der beschriebenen Weise 3fach beurteilt werden, bei 42 Fällen war die Übereinstimmung sehr gut.

In Einklang mit dem in heutigen psychiatrischen epidemiologischen Studien gebräuchlichen Vorgehen wurden die Diagnosen als „sicher", „wahrscheinlich" oder „möglich" klassifiziert, wobei wir die an der Yale Universität entwickelten Kriterien benutzten (Leckman et al. 1982).

Da nach DSM-III eine Reihe von Diagnosen möglich sind, war es notwendig, die Diagnosen in eine Rangreihe zu bringen, wobei wir uns an das Vorgehen von Leckman et al. (1982) hielten. In Einklang mit den Zielen unserer Studie entwickelten wir folgende Rangreihe: 1) Schizophrenie, 2) schizotypische Persönlichkeitsstörung, 3) paranoide Persönlichkeitsstörung, 4) schizoide Persönlichkeitsstörung und 5) Borderline-Persönlichkeitsstörung. Bei anderen Mehrfachdiagnosen wurde diejenige ausgewählt, die den größten Einfluß auf die soziale Anpassung hatte.

Zur Prädiktion wurde die schwerste Diagnose während des 15-Jahres-Zeitraumes als Kriterium bestimmt. War beispielsweise bei einem Indexfall nach 5 Jahren eine Phobie diagnostiziert worden, nach 15 Jahren aber eine schizotypische Persönlichkeitsstörung, so galt die letztere als Kriteriumsdiagnose.

15.3 Ergebnisse

Aus Tabelle 2 sind Anzahl und prozentualer Anteil der Fälle für jede primäre Diagnose ersichtlich. Die Angaben beziehen sich auf die 54 Indexfälle, die ursprünglich als verhaltensgestört in die Studie aufgenommen worden waren. Um die prädiktive Validität der drei Familienvariablen bestimmen zu können, mußten die Diagnosen ebenfalls in Gruppen eingeteilt werden. Wie bei den Familienvariablen wurde trichotomisiert. Ausgangspunkt der Gruppeneinteilung war der erstmals in der Dänischen Adoptionsstudie von Kety et al. (1968) verwendete Begriff „erweitertes Schizophreniespektrum". Die in jüngster Zeit von Kendler u. Gruenberg (1984) mit Hilfe der DSM-III-Kriterien vorgenommenen Reanalysen

Tabelle 2. Primäre Lebenszeitdiagnose pro Indexfall über die Nachkontrollzeit

	[n]	[%]
Keine psychiatrische Störung	16	30
Schwere depressive Störungen[a]	6	11
Antisoziale Persönlichkeit/Drogenabhängigkeit	11	20
Andere Persönlichkeitsstörungen	6	11
Borderline-Persönlichkeitsstörungen	6	19
Schizoide Persönlichkeitsstörungen	3	6
Paranoide Persönlichkeitsstörungen	1	2
Schizotypische Persönlichkeitsstörungen	1	2
Schizophrenie	4	7
Gesamt	54	100

[a] Enthält eine Zwangserkrankung mit deutlich depressiven Zügen und dysthymischen Störungen.

der Fälle aus der Dänischen Adoptionsstudie zeigten eine Häufung der Diagnosen Schizophrenie, schizotypische und paranoide Persönlichkeitsstörungen bei den Kindern schizophrener Eltern. Der Status der Borderline- und schizoiden Persönlichkeitsstörung erwies sich bei der Reanalyse als fraglich.

In Anbetracht der in der Literatur herrschenden Unklarheit, ob Borderline-Persönlichkeitsstörungen dem erweiterten Schizophreniespektrum zuzurechnen sind, benutzten wir zwei Kategorien als Kriterium: (1) ein *breites* Schizophreniespektrum (BSS), das sowohl Borderline- und schizoide Persönlichkeitsstörungen als auch die von Kendler u. Gruenberg (1984) identifizierten Störungen umfaßte und (2) ein *enges* Spektrum (ESS), das Borderline-5und schizoide Persönlichkeitsstörungen ausschloß. Außerdem wurden noch zwei weitere Kategorien gebildet: *keine* psychiatrische Störung (KPS) in der 15jährigen Nachkontrollzeit und *andere* psychiatrische Störungen (APS), d. h. alle DSM-III-Diagnosen, die nicht dem breiten oder engen Spektrum zuzuordnen sind. Die letzte Gruppe war theoretisch besonders interessant, da sie die Möglichkeit bot zu überprüfen, ob Variablen wie hoch CD tatsächlich spezifisch für schizophrene Störungen sind oder nur intrafamiliäre Stressoren darstellen, die für Kinder allgemein die Anfälligkeit für psychiatrische Erkrankungen erhöhen.

Mit den drei Familienvariablen als Prädiktoren wurden dann eine Reihe von Log-Linear-Analysen gerechnet. Überprüft werden sollte die prädiktive Validität (1) jeder einzelnen Variable und (2) jeder Variable nach Auspartialisierung der beiden anderen. In Tabelle 3 ist die Verteilung der Diagnosen dargestellt, bei Analyse jedes Prädiktors einzeln.

Bei Auspartialisierung jeweils zweier Variablen ergaben sich folgende Wahrscheinlichkeiten: 0,002 für CD und 0,001 für AS, aber kein signifikanter Zusammenhang für EE (0,789); d. h. gehen die beiden emotionalen Einstellungsvariablen gleichzeitig in die Log-Linear-Analyse ein, trägt EE nicht mehr signifikant zur Prädiktion bei.

Weiterhin wurde eine Log-Linear-Analyse nur mit CD und AS gerechnet. Beide Variablen trugen signifikant zur Verteilung der Indexfälle auf die drei Diagno-

Tabelle 3. Verteilung der Diagnosen in Abhängigkeit von elterlichen Variablen (*KPS* keine psychiatrische Störung, *APS* andere psychiatrische Störungen, *Spektrum* breites Schizophreniespektrum)

	Kommunikations-störungen (CD)			Affektiver Stil (AS)			Emotionales Engagement (EE)		
	KPS	APS	Spektrum	KPS	APS	Spektrum	KPS	APS	Spektrum
Niedrig[a]	8	3	1	11	11	1	5	12	1
Mittel	3	11	5	1	6	2	6	5	6
Hoch	3	7	10	4	4	12	1	4	7
	($p < 0,002$)			($p < 0,0008$)			($p < 0,04$)		

[a] Vergleichbare Kategorien für AS = günstig, schwach negativ und negativ; für EE = beide Eltern niedrig, ein Elternteil niedrig, ein Elternteil hoch und beide Eltern hoch EE.

segruppen bei: das partielle χ^2 für CD betrug 17,90, $p > 0,001$, für AS 22,94, $p < 0,0001$.

Die Ergebnisse dieser Analyse veranlaßten uns genauer zu untersuchen, ob CD und AS verläßlich das Auftreten von psychiatrischen Störungen allgemein vorhersagen können (Unterscheidung KPS von APS mit BSS) oder ob sie auch innerhalb der psychiatrischen Störungen differenzieren können (KPS von APS von BSS). Diese Frage ist von erheblicher theoretischer Bedeutung, da hier die *Spezifität* der Familienvariablen zur Vorhersage spezifischer psychiatrischer Störungen überprüft werden kann. Die entsprechende Log-Linear-Analyse zeigte die beste Differenzierung zwischen der Gruppe der Spektrumdiagnosen und den beiden anderen Gruppen ($p < 0,003$), während der Unterschied zwischen KPS und APS nur knapp signifikant wurde ($p < 0,054$); d.h. die Kombination von hoch-CD und AS-negativ identifiziert spezifisch die Familien, in denen ein Auftreten von Spektrumdiagnosen wahrscheinlich ist und nicht solche, die allgemein ein Risiko für das Auftreten psychiatrischer Krankheiten darstellen.

In Tabelle 4 ist die Verteilung der Fälle in den drei Diagnosegruppen aufgrund von CD und AS dargestellt. Es ist klar zu ersehen, daß der Großteil der Schizophreniespektrumfälle dann auftritt, wenn bei der Anfangsmessung ein hohes Ausmaß an CD und ein negatives AS vorhanden waren. Eine weitere Häufung von Spektrumfällen ergibt sich beim Vorliegen eines negativen AS-Profils und mittlerer CD-Ausprägung. Bemerkenswert ist auch die protektive Wirkung eines niedrigen Ausmaßes von elterlichem CD: bei einem Großteil dieser Fälle zeigten sich nach der anfänglichen Verhaltensstörung keine weiteren psychiatrischen Auffälligkeiten.

In den bisherigen Analysen wurde das breite Schizophreniespektrumkonzept benutzt, in dem Schizophrenie, paranoide, schizotypische, Borderline- und schizoide Persönlichkeitsstörungen zusammengefaßt sind. In weiteren Analysen verwendeten wir eine Zusammenfassung von den Diagnosen, die von Kendler u. Gruenberg (1984) gehäuft bei den wegadoptierten Kindern schizophrener Eltern gefunden wurden. Die Verwendung der engen Spektrumkategorie war problematisch, da hier nur 6 Fälle vorkamen. Die entsprechende Log-Linear-Analyse war dann auch schlechter und nur vom Trend her signifikant ($p < 0,06$). Die Kombi-

Tabelle 4. Kombination von Kommunikationsstörungen (CD) und affektivem Stil (AS) als Prädiktoren des psychiatrischen Status nach 15 Jahren (*KPS* keine psychiatrische Störung, *APS* andere psychiatrische Störung, *Spektrum* breites Schizophreniespektrum)

CD	AS			Diagnose
	Günstig	Schwach negativ	Negativ	
Niedrig	4	1	3	KPS
	1	1	1	APS
	0	0	1	Spektrum
Mittel	2	0	1	KPS
	6	4	2	APS
	0	1	3	Spektrum
Hoch	3	0	0	KPS
	4	2	1	APS
	1	1	8	Spektrum

nation von hohem CD und negativem AS ist also nicht in der Lage, Diagnosen des engen Schizophreniespektrums vorherzusagen.

Einbeziehung von Geschwisterdaten. Erhielten wir während der 5- oder 15-Jahres-Nachkontrolle vom Indexfall oder einem anderen Familienmitglied Informationen darüber, daß bei einem anderen Kind der Familie schwere psychiatrische Störungen aufgetreten waren, so nahmen wir Kontakt auf, interviewten es und erstellten Diagnosen wie beim Indexfall. Die Geschwister wurden dann interviewt, wenn es Hinweise dafür gab, daß eine dem breiten Spektrum zuzurechnende Störung vorlag, da uns von der Zielsetzung der Studie her diese Diagnosen besonders interessierten. Insgesamt 8 Geschwister aus 7 Familien wurden dann einer intensiven diagnostischen Untersuchung unterzogen, wobei bei 3 Geschwistern Schizophrenie (2 gehörten derselben Familie an), bei 2 schizotypische Persönlichkeitsstörungen, bei einem Borderline-Persönlichkeitsstörungen, bei einem weiteren eine schwere Depression (wahrscheinlich bipolar) und in einem Fall keine psychiatrische Erkrankung festgestellt wurde.

Diese Daten wurden in eine weitere Analyse einbezogen, wobei die Abschätzung des Risikos, an einer Schizophreniespektrumstörung zu erkranken, mit Hilfe einer anderen Methode vorgenommen wurde. Die Erfassung der elterlichen Kommunikationsstörung (CD) erfolgt, wie oben dargestellt, in Abwesenheit des Indexfalles, so daß CD nicht an ein bestimmtes Kind in der Familie gebunden ist. Deshalb stellten wir uns die Frage, ob in CD-hohen Familien nicht alle Kinder gefährdet sind, an einer Schizophreniespektrumstörung zu erkranken. Um nicht die Zahl der Fälle zu erhöhen, nahmen wir nur ein Kind pro Familie in die Analyse auf, und zwar das mit der schwersten psychiatrischen Diagnose (die Anzahl der Familien blieb also mit n = 54 gleich). Bei der Auswahl der Kinder wurde wie folgt verfahren: die Diagnose Schizophrenie war schizotypischen und anderen Spektrumdiagnosen übergeordnet, während schizotypische Störungen Vorrang vor allen anderen Persönlichkeitsstörungen hatten. (Dieses Vorgehen konnte nicht auf AS und EE angewendet werden, da sich diese Variablen ja auf ein spezifisches Kind bezogen.) Wurde der schwerste Fall als abhängige Variable benutzt, so ergab sich ein höherer Zusammenhang zwischen CD und Spektrumdiagnose als wenn der Indexfall zu Grunde gelegt wurde. So entfiel auf 14 von 19 CD-hohen Familien mindestens ein Fall mit einer breiten Spektrumdiagnose (statt 10 von 19 bei Verwendung der Indexfälle). Bemerkenswerterweise traf dieses Ergebnis auch für die nach dem engen Schizophreniespektrum (Kendler u. Gruenberg 1984) erstellten Diagnosen zu. In 7 von 19 CD-hohen Fällen (37%), bei denen die schwerste Diagnose berücksichtigt wurde, konnten Störungen des engen Spektrums identifiziert werden (im Gegensatz zu 4 von 19 Fällen – 22% – bei der Indexfallstichprobe). Das Ausmaß elterlicher Kommunikationsstörungen scheint demnach Hinweise dafür zu liefern, ob irgendein Kind einer Familie später eine Schizophreniespektrumstörung entwickeln könnte, erlaubt allerdings nicht die Vorhersage, *welches* Kind davon betroffen sein wird.

Art der jugendlichen Verhaltensstörung als Prädiktor des psychiatrischen Status bei der Nachkontrolle. Der vorliegende Beitrag befaßt sich überwiegend mit der prädiktiven Validität elterlicher Attribute, die zu dem Zeitpunkt erfaßt worden waren, als der Jugendliche Verhaltensprobleme gezeigt hatte. Wir stellten aber auch die Hypothese auf, daß bestimmte Muster in der Psychopathologie Heranwachsender den Ausbruch von Störungen des Schizophreniespektrums im späteren Erwachsenenalter begünstigen. In unserem oben erwähnten, 1968 veröffentlichten Artikel, gingen wir davon aus, daß Jugendliche, deren Verhaltensstörungen auf aktive Konflikte innerhalb der Familie zurückzuführen waren (Gruppe 1), und solche, die sozial isoliert und zurückgezogen lebten (Gruppe 2), stärker gefährdet waren, an Störungen des Schizophreniespektrums zu erkranken als die Jugendlichen der beiden anderen Gruppen mit aggressiv-antisozialem bzw. passiv-negativem Verhalten. Unsere Hypothese konnte jedoch nicht bestätigt werden, denn wir konnten keinen systematischen Zusammenhang zwischen der Art der Adoleszenzstörung und dem späteren psychiatrischen Status feststellen. Lediglich die passiv-negative Gruppe (Gruppe 4) zeigte eine sehr niedrige Rate an Störungen aus dem Bereich des Schizophreniespektrums.

15.3.1 Familiäre psychiatrische Störungen und CD als Prädiktoren

Wie schon erwähnt, führten wir Interviews durch, um das Auftreten psychiatrischer Erkrankungen bei den Eltern, Geschwistern und anderen Verwandten 2. Grades zu eruieren. Dieser Bereich unserer Forschungsarbeit ist noch nicht abgeschlossen, aber etwa die Hälfte der Stichprobe wurde bisher befragt und diagnostiziert. In einer ersten Analyse suchten wir nach Hinweisen auf schwere psychiatrische Störungen bei Verwandten 1. oder 2. Grades. Als schwere psychiatrische Störungen gelten entsprechend den RDC-Kriterien für Familienuntersuchungen: Psychose, Schizophrenie oder schwere uni/bipolare affektive Störungen. Die Familien wurden in solche mit „positiver" bzw. in solche mit „negativer" Familiengeschichte eingeteilt, wenn eine der obengenannten Störungen aufgetreten bzw. nicht aufgetreten war. Dies stellt nur einen Ansatz zur Klassifikation von Familien aufgrund ihrer psychiatrischen Vorgeschichte dar. Wir planen weitere Ana-

Tabelle 5. Rate von breiten und engen Schizophreniespektrum-Diagnosen bei Familien mit hohen elterlichen Kommunikationsstörungen (CD) in Abhängigkeit von familiärer psychiatrischer Belastung

	Breite Schizophrenie-spektrum-Diagnosen		Enge Schizophrenie-spektrum-Diagnosen	
	n	%	n	%
Positive Familiengeschichte (n = 7)	6	86	5	71
Negative Familiengeschichte (n = 5)	1	20	1	20

lysen, in denen berücksichtigt werden soll, ob es sich bei den Patienten um Verwandte 1. oder 2. Grades handelt und in wievielen Generationen Störungen aufgetreten sind.

Wir untersuchten den Zusammenhang zwischen CD und positiver/negativer Familiengeschichte. Bei den 31 bislang erfaßten Familien zeigte sich kein signifikanter Zusammenhang. Etwa die Hälfte der Familien mit positiver Geschichte hat eine hohe, der Rest eine mittlere bzw. leichte CD-Ausprägung. CD ist also kein äquivalenter Risikomarker. Weiterhin überprüften wir im Kontext des Diathese-Streß-Modells, ob eine Kombination von hohem CD und positiver Familiengeschichte das Risiko für die Kinder erhöht, an einer Schizophreniespektrumstörung zu erkranken. Wir benutzten wieder, wie vorher beschrieben, die schwerste Diagnose pro Familie als Kriterium. Von 12 bisher untersuchten CD-hohen Familien hatten 5 eine negative, 7 eine positive Familiengeschichte. In Tabelle 5 sind die Raten von breiten und engen Schizophreniespektrumdiagnosen in Abhängigkeit von CD und psychiatrischer Familiengeschichte dargestellt. Eine Kombination von positiver Familiengeschichte und hohem CD stellt demnach ein sehr großes Risiko dar. In 86% dieser Familien zeigte sich mindestens bei einem Kind später eine Erkrankung des breiten Schizophreniespektrums, in 71% eine des engen Spektrums. Dagegen erkrankten Kinder aus CD-hohen Familien mit einer negativen Familiengeschichte nur zu 20% an Störungen des breiten/ engen Spektrums. Wir sind uns darüber im klaren, daß eine positive Familiengeschichte nicht notwendigerweise eine genetische Vermittlung im Gegensatz zu einer psychosozialen impliziert. Wie auch immer man die Daten interpretieren mag, sie weisen darauf hin, daß der Kombination der Prädiktoren große Bedeutung zukommt.

15.4 Diskussion

In einer früheren Veröffentlichung unserer Forschungsgruppe (Doane et al. 1981) waren wir zu dem Schluß gekommen, daß elterliche Kommunikationsstörungen (CD) ein signifikanter Marker für die spätere Erkrankung eines Kindes an Schizophrenie oder Schizophreniespektrumstörungen sind. Diese Schlußfolgerung ist durch unsere längere Nachkontrolle noch weiter erhärtet worden. Durch die Einbeziehung der Geschwister in unsere Analyse zeigte sich ein deutlicher Zusammenhang zwischen hohem elterlichen CD und dem späteren Auftreten einer Schizophreniespektrumerkrankung bei *irgendeinem* Kind der Familie. Wie schon in anderen Veröffentlichungen erwähnt, war es, retrospektiv gesehen, sicherlich ein taktischer Fehler, zum Zeitpunkt des Erstkontaktes nicht auch elterliche Einstellungen zu den anderen Geschwistern und ihr Verhalten in der Interaktion mit ihnen zu erheben. CD kann zwar als genereller Marker für die Kernfamilie benutzt werden, die in dieser Studie erhobenen affektiven Maße waren jedoch speziell an den Indexfall gebunden. Daher ist es nicht möglich, die Analyse der interaktiven Effekte von CD, AS und EE bei den anderen Geschwistern durchzuführen, die sicherlich auch dem Risiko ausgesetzt sind, an einer Schizophreniespektrumstörung zu erkranken.

Trotz dieser Einschränkungen konnte auch die zweite Schlußfolgerung aus unserer früheren Veröffentlichung anhand der Daten der längeren Nachkontrolle voll bestätigt werden: Der Verlauf einer psychiatrischen Störung vom jugendlichen bis ins Erwachsenenalter wird signifikant beeinflußt durch eine Interaktion von CD und emotionalen Einstellungen. Der von einer Schizophreniespektrumstörung bedrohte Jugendliche kommt aus einer häuslichen Umgebung, die von hohem CD und negativem affektiven Klima geprägt ist. Im Bereich der elterlichen emotionalen Einstellungen erwies sich das Interaktionsmaß AS („affektiver Stil“) als besserer Prädiktor als das Einstellungsmaß der "expressed emotion" (EE). In einer früheren Veröffentlichung (Goldstein 1985) waren wir zu einer unterschiedlichen Schlußfolgerung gelangt. Wir fanden, daß bei allen Störungen des engen Schizophreniespektrums sowohl eine hohe CD-Ausprägung als auch ein negativer AS- und ein hoher EE-Status vorlagen. Damals hatten wir allerdings beim elterlichen affektiven Stil (AS) eine Dichotomisierung vorgenommen und mittlere und negative Ausprägungen als eine Gruppe behandelt, während wir hier die ursprünglich von Doane et al. (1981) vorgeschlagene Trichotomisierung in günstig, mittel und negativ benutzten. Dadurch ergab sich eine starke Überlappung von EE und AS, so daß EE nur noch wenig zur Vorhersage beitragen konnte.

Erwähnenswert ist noch, welches Kriterium für die Gruppeneinteilung in AS-mittel bzw. AS-negativ ausschlaggebend war: Machte ein Elternteil während einer insgesamt kritisch verlaufenden Diskussion eine einzige positive Äußerung, so gab diese den Ausschlag dafür, die Familie der mittleren statt der negativen Gruppe zuzuordnen. Es ist schwer vorstellbar, daß eine einzige positive Bemerkung während einer 10minütigen emotional geladenen Diskussion einen solch großen Unterschied bewirken kann; sie könnte aber auf Kompromißbereitschaft hindeuten oder eine latent vorhandene positive Haltung dem Jugendlichen gegenüber widerspiegeln, was durch den momentanen Konflikt überlagert wird. Diese Qualitäten scheinen in den AS-negativen Familien völlig zu fehlen.

15.5 Empfehlungen

Die Ergebnisse dieser Studie weisen darauf hin, daß die Maße CD, AS und EE erfolgreich Familien identifizieren können, deren Kinder einem erhöhten Risiko ausgesetzt sind, später an einer Schizophrenie oder verwandten Störungen zu erkranken. Diese Maße scheinen prädiktive Validität für solche Familien zu haben, in denen ein Kind, so wie in dieser Studie, schon an einer Verhaltensstörung litt. Ob diese Variablen auch generelle Risikomarker sind, wenn die Kinder keine psychopathologischen Auffälligkeiten zeigen, sollte Gegenstand zukünftiger Forschung sein.

Um diese Frage beantworten zu können, müßten einfache, ökonomische Maße entwickelt werden, die in breitangelegten Untersuchungen bei repräsentativen Populationen zum Einsatz kommen. Erste Schritte in diese Richtung werden z. Zt. von unserer Forschungsgruppe unternommen, die eine Kurzform des EE-Ratings entwickelt hat (Magana et al. 1986). Schließlich sollten auch Instrumente zur Messung signifikanter Familienvariablen in psychiatrische epidemiologische Studien und Untersuchungen zur familiären Krankheitsgeschichte einbezogen werden. Auf diese Weise könnte geklärt werden, wie diese Maße mit den traditionellen Risikoindikatoren zusammenhängen und ob sie Informationen bezüglich der familiären Transmission psychiatrischer Störungen liefern.

Die prädiktive Validität der Familienvariablen CD und AS konnte nachgewiesen werden, unklar bleibt jedoch, in welcher Beziehung sie zur elterlichen Psychopathologie stehen. Spiegeln sie einfach den psychiatrischen Status eines Familienmitgliedes wider, oder können sie zusätzliche Informationen über das Erkrankungsrisiko der Kinder liefern, die über das Wissen um die psychiatrische Erkrankung eines Elternteils hinausgehen? Die hier berichteten vorläufigen Daten der Analyse familiärer Krankheitsgeschichten legen nahe, daß diese Variablen tatsächlich zusätzliche Informationen vermitteln, ein Ergebnis, das auch von Wynne et al. (1987) bestätigt werden konnte.

Mit den in unserer Studie verwendeten Familienvariablen sind zwar die gefährdeten Familien zu identifizieren, sie können jedoch nicht vorhersagen, welches Kind von der Erkrankung bedroht ist. Dies wäre erst möglich, wenn ein genetischer Marker für Schizophrenie zur Verfügung stünde. Dieser in behavioralen oder biochemischen Studien noch zu entwickelnde Marker würde die Identifizierung des einzelnen Familienmitgliedes erleichtern und außerdem aufzeigen, unter welchen Umweltbedingungen die gefährdete Person eine schizophrene Störung entwickelt. Solange jedoch diese Marker noch nicht bekannt sind, möchten wir für zukünftige Studien empfehlen, alle Kinder einer Familie (und nicht nur eines, wie in unserer und anderen Studien) zu untersuchen. Nur so kann geklärt werden, warum in stark gefährdeten Familien nur bestimmte Kinder an einer Schizophrenie oder einer Schizophreniespektrumstörung erkranken.

Wichtig wäre es unserer Meinung nach auch, in zukünftige Risikostudien individuelle Vulnerabilitätsmarker miteinzubeziehen. Solche, in anderen Risikostudien identifizierte Marker, wie Defizite in bestimmten neuropsychologischen Leistungen, in der Informationsverarbeitung und in sozialer Kompetenz, sollten zusammen mit familiären Risikomarkern erhoben werden. Über die Art des Zusammenhanges zwischen intrafamiliären Transaktionen und der Entwicklung kognitiver und sozialer Kompetenzen ist noch wenig bekannt, so daß es Aufgabe zukünftiger Risikostudien sein könnte, wichtige Informationen über das subtile Zusammenspiel dieser verschiedenen Faktoren im Entwicklungsverlauf zu liefern. Sind Aufmerksamkeitsstörungen Ausdruck der Diathese, die mit intrafamiliären Prozessen interagiert, oder entstehen sie aufgrund von abweichenden Kommunikationsmustern und negativem Emotionsausdruck? Auf diese wichtigen Fragen können nur prospektive Langzeitstudien mit stark oder weniger stark gefährdeten Populationen Antwort geben.

15.6 Zusammenfassung

In dem an der University of California, Los Angeles (UCLA) durchgeführten Projekt zur Vorhersage von schizophrenen Erkrankungen bei Jugendlichen wurde eine Gruppe von 64 Familien über einen Zeitraum von 15 Jahren hinweg untersucht. In die Studie wurden Familien aufgenommen, die wegen Verhaltensauffälligkeiten eines ihrer Kinder im Jugendalter in einer psychologischen Beratungsstelle um Hilfe nachgesucht hatten. Zu Beginn wurden zwei Klassen von Prädiktoren festgelegt, um die Wahrscheinlichkeit zu bestimmen, mit der der Jugendliche an einer schizophrenen Störung erkranken könnte: zum einen die Art der Verhaltensstörung, zum anderen elterliche Variablen wie Kommunikationsstörungen (communication deviance, CD), negativer affektiver Stil (affective style, AS) und Grad des emotionalen Engagements (expressed emotion, EE). Es wurde die Hypothese aufgestellt, daß die Wahrscheinlichkeit, an Schizophrenie zu erkranken, besonders dann gegeben ist, wenn bestimmte Verhaltensstörungen beim Jugendlichen und Störungen der Kommunikation und/oder ein negativer affektiver Stil bei den Eltern zusammentreffen. 54 Jugendliche aus den ursprünglich 64 Familien konnten erfolgreich über einen Zeitraum von 15 Jahren nachuntersucht werden (Durchschnittsalter bei der letzten Nachuntersuchung = 30 Jahre). Die Indexfälle wurden psychiatrisch untersucht, wobei die Diagnosen von Untersuchern gestellt wurden, die „blind" in bezug auf die genannten Kriterien waren. Entgegen der eingangs aufgestellten Hypothese erwies sich die Art der Adoleszenzstörung nur von begrenztem prognostischem Wert, wohingegen die Kombination der elterlichen Variablen (CD und AS) in hohem Maße das Auftreten von Erkrankungen aus dem schizophrenen Formenkreis vorhersagen konnte. CD erwies sich als besonders valide bei der Vorhersage von Schizophreniespektrum-Diagnosen, wenn alle Kinder einer Familie, also nicht nur der Indexfall, einbezogen wurden.

Danksagung. Der Autor ist vielen Mitarbeitern für ihre signifikanten Beiträge zu diesem Projekt zu tiefem Dank verpflichtet, ganz besonders aber dem Ko-Projektleiter Eliot H. Rodnick, Ph. D. Auch Lewis L. Judd, M. D., Sigrid McPherson, Ph. D., Katherine West, Ph. D., James E. Jones, Ph. D. und Jeri A. Doane, Ph. D., sei an dieser Stelle gedankt für ihre hervorragende Mitarbeit am Design und bei der Umsetzung der Studie.

Literatur

American Psychiatric Association (1980) DSM-III: Diagnostic and Statistical Manual of Mental Disorders. 3rd edn. The Association, Washington, DC
Doane JA, West KL, Goldstein MJ, Rodnick EH, Jones JE (1981) Parental communication deviance and affective style: Predictors of subsequent schizophrenia-spectrum disorders in vulnerable adolescents. Arch Gen Psychiatry 38:679–685
Goldstein MJ (1985) Family factors that antedate the onset of schizophrenia and related disorders: The results of a fifteen year prospective longitudinal study. Acta Psychiatr Scand 71 (Suppl 319):7–18

Goldstein MJ, Judd LL, Rodnick EH, Alkire A, Gould E (1968) A method for studying social influence and coping patterns within families of disturbed adolescents. J Nerv Ment Dis 147:233–251

Jones JE (1977) Patterns of transactional style deviance in the TATs of parents of schizophrenics. Fam Proc 16:327–337

Kendler KS, Gruenberg AM (1984) An independent analysis of the Danish Adoption Study of schizophrenia: VI. The relationship between psychiatric disorder as defined by DSM-III in the relatives and adoptees. Arch Gen Psychiatry 41:555–564

Kety SS, Rosenthal D, Wender PH, Schulsinger F (1968) The types and prevalence of mental illness in the biological and adoptive families of adopted schizophrenics. In: Rosenthal D, Kety SS (eds) The transmission of schizophrenia. Pergamon Press, Oxford, pp 345–362

Leckman JF, Sholomskas D, Thompson WD, Belanger A, Weissman MM (1982) Best estimate of lifetime diagnosis. Arch Gen Psychiatry 39:879–883

Leff JP (1976) Schizophrenia and sensitivity to the family environment. Schizophr Bull 2:566–574

Magana AG, Goldstein MJ, Karno M, Miklowitz DJ, Jenkins J, Falloon IRH (1986) A brief method for assessing expressed emotion in relatives of psychiatric patients. Psychiatry Res 17:203–212

Miklowitz DJ, Goldstein MJ, Falloon IRH, Doane JA (1984) Interactional correlates of expressed emotion in the families of schizophrenics. Br J Psychiatry 144:482–487

Nameche GF, Waring M, Ricks DF (1964) Early indicators of outcome in schizophrenia. J Nerv Ment Dis 139:232–240

Robins LN (1966) Deviant children grown up. Williams & Wilkins, New York

Simon FB, Stierlin H (1984) Die Sprache der Familientherapie: ein Vokabular. Klett-Cotta, Stuttgart, S 89

Spitzer RL, Endicott J, Robins E (1978) Research diagnostic criteria: Rationale and reliability. Arch Gen Psychiatry 35:773–779

Valone K, Norton JP, Goldstein MJ, Doane JA (1983) Parental expressed emotion and affective style in an adolescent sample at risk for schizophrenia-spectrum disorders. J Abnorm Psychol 92:399–407

Vaughn CE, Leff JP (1976) The measurement of expressed emotion in the families of psychiatric patients. Br J Soc Clin Psychol 15:157–165

Wynne LC, Singer MT, Bartko JJ, Toohey ML (1977) Schizophrenics and their families: Research on parental communication. In: Tanner JM (ed) Developments in psychiatric research. Hodder & Stoughton, London, pp 254–284

Wynne LC, Cole RE, Perkins P (1987) The University of Rochester Child and Family Study: Risk research in progress. Schizophr Bull 13:463–476

16 Grenzenstörungen als Dysfunktionalitätsmaß bei Familien mit einem schizophrenen Jugendlichen

P. JORASCHKY, G. ENGELBRECHT-PHILIPP und S. ARNOLD

Der Grenzenregulation in Familien kommt sowohl in der Diagnostik wie in der Therapie ein zentraler Stellenwert zu. Sie hat wesentlichen Einfluß auf die Anpassungs- und Bewältigungsfähigkeiten der Familie und bestimmt die Spielräume für die Identitäts- und Autonomieentwicklung des einzelnen.
Zu dieser Thematik liegen jedoch kaum empirische Untersuchungen vor.

In der nachstehenden Untersuchung soll an klinischen Gruppen im Sinne einer Vergleichsuntersuchung das Grenzenkonzept als Maß für die Beziehungsregulation in Familien dargestellt werden. Weiterhin wird dieses Konzept im Hinblick auf seine Aussagekraft für den Krankheitsverlauf untersucht.

Bei der Psychopathologie der Schizophrenie spielen *Ich-Grenzenstörungen* eine wichtige Rolle. Die Patienten können sich gegenüber der Umwelt nicht klar abgrenzen, die Realitätsprüfung ist gestört, sie erleben sich beeinträchtigt, beeinflußt, vereinnahmt. Dies wirkt sich direkt auf das Kontaktverhalten aus, sie bleiben nach der Erkrankung überwiegend bindungsunfähig, haben ausgeprägte Ängste, in Beziehungen symbiotisch verschlungen zu werden, und distanzieren sich häufig, bis hin zur Isolation.

Diese Ängste werden deutlich, wenn es gelingt, mit dem Patienten eine enge therapeutische Beziehung herzustellen. Dann wird auch die Problematik der Intimitätsregulation, der *Nähe-Distanz-Regulation* beim Schizophrenen offenkundiger.

Bei der Behandlung von Familien Schizophrener fanden wir *Generationsgrenzenstörungen*, Verstrickungen der Familienmitglieder untereinander und häufig eine rigide Abgrenzung zur Umwelt. Diese Muster sind auch in der Literatur beschrieben (Kaufmann 1972) und finden sich auch in allgemeinen familiendynamischen Konzepten wie in dem Verstrickungskonzept von Minuchin (1981) und dem Delegationsprinzip von Stierlin (1978).

In der empirischen Familienforschung werden Grenzenstörungen im Kohäsionskonzept von Olson et al. (1983) und im Funktionalitätskonzept von Beavers u. Voeller (1983) berücksichtigt. Vor allem die für Chronifizierungsprozesse psychischer Krankheiten aussagekräftigen Maße der EE-Forschung (vgl. Kap. 16), das emotionale Überengagement und die Kategorie der „Intrusivität" im „Affektiven Beziehungsstil" von Doane et al. (1981) enthalten wichtige Aspekte der Grenzenstörungen.

Tropon-Symposium, Bd. III
Die Schizophrenien
Hrsg. Kaschka/Joraschky/Lungershausen
© Springer-Verlag Berlin Heidelberg 1988

174

P. Joraschky et al.

16.1 Beschreibung der intrafamiliären Grenzen

Die Grenzen in Familien und zur Familienumwelt werden besonders in der Phase der Ablösung, der *Adoleszenz*, auf den Prüfstand gestellt; in dieser Phase wird die Grenzenregulation in Familien manifest und diagnostischen Prozessen leichter zugänglich.

Grenzüberschreitungen, wie sie als Infragestellen von Normen und Regeln typischerweise durch Adoleszente vollzogen werden, zwingen die Familie zu Veränderungen ihrer Rollen und der damit in Zusammenhang stehenden Regeln. Wichtig für die Familiendiagnostik ist es, pathologische Grenzenstörungen von solchen Grenzenverletzungen zu unterscheiden, die vom Familiensystem toleriert werden können und evtl. Entwicklungsprozesse anstoßen. Bei der Grenzenregelung handelt es sich also um ein dynamisches und nicht um ein statisches Konzept (vgl. Cierpka 1986; Joraschky u. Cierpka 1987). Die Grenzenqualität drückt sich in den Dimensionen „Starrheit" (Rigidität) und „Durchlässigkeit" (Permeabilität) aus. Als theoretische Konstrukte für die Operationalisierung von Grenzenstörungen nehmen wir Anleihen sowohl bei der Systemtheorie wie bei der psychoanalytischen Familientheorie, wobei diese vor allem zum Verständnis der Bindungskräfte in Familien beigetragen hat.

Grenzenstörungen können auf verschiedenen Ebenen lokalisiert werden, auf der individuellen Ebene, der interaktionellen Ebene und der systemisch-strukturellen Ebene (s. Abb. 1).

16.1.1 Die Selbstgrenzen

Die *individuelle Abgrenzungsfähigkeit* beschreibt als dynamischer Regelprozeß die Freiheitsgrade, Nähe zulassen bzw. Distanz herstellen zu können. Da sich die Abgrenzungsfähigkeit immer in einem interaktionellen Prozeß manifestiert, wird die Grenze in jeder Dyade neu konstituiert. Diese Konstituierung wird nicht nur aktuell durch die Beziehung der Interaktionspartner hergestellt, sondern jedes Individuum bringt gleichzeitig die bisherige Geschichte seiner Grenzenregelung mit ein, wie sie sich intrapsychisch als Selbst-Objekt-Differenzierung ableiten läßt. Unter entwicklungspsychologischen Aspekten läßt sich die Grenzenregelung als ein auf unterschiedlichen Reifestufen ablaufender reversibler Prozeß beschreiben. Modellhaft könnte man die Selbstgrenzen als gleichsam übereinandergelegte Folien der Subjekt-Objekt-Trennung über viele Entwicklungsphasen hinweg darstellen, wobei die Verletzlichkeit der Grenzen auf bestimmten Organisationsstufen besonders hoch bleiben kann. Die Dynamik wird also in den Möglichkeiten zu regressiven und progressiven Veränderungen gesehen.

16.1.2 Die Nähe-Distanz-Regulation in Dyaden

Grenzenverletzungen auf dieser Ebene können mit dem Begriff der *Intrusivität* beschrieben werden. Mit Intrusion wird das Eindringen in das Territorium des anderen, das Durchbrechen des Intimschutzes beschrieben. Es läßt sich eine ganze

Palette intrusiver Interaktionen darstellen, die in der Regel durch eine Aktiv-Passiv-Verteilung der interagierenden Partner charakterisiert sind. Dabei hat im Sinne der Interaktionstheorie der passive Teil für die Aufrechterhaltung dieser Muster die gleiche Bedeutung wie der aktive.

16.1.2.1 Aggressive Intrusionen

Intrusiv können z. B. Vorwürfe sein, wenn sie den anderen einbinden und einschnüren, da dieser einerseits weggestoßen wird, andererseits aber Schuldgefühle induziert bekommt, daß er den anderen nicht im Stich lassen darf. Wir sehen dann ohnmächtig verklammerte Interaktionspartner vor uns.

Aggressive Intrusionen sind weiterhin narzißtische Kränkungen, globale Kritik, Disqualifikationen, Eingriffe, die nicht zur Differenzierung der Meinungen und Standpunkte beitragen, sondern die Selbstachtung des anderen verletzen, ihn klein machen, verleumden, erniedrigen und entwürdigen. Diese Intrusionen können dann besonders maligne wirken, wenn es dem kritisierten Partner unmöglich gemacht wird, sich zu distanzieren und zu reagieren, wenn er etwa unter Ausbruchsschuld bei Fluchtimpulsen leidet oder mit Vergeltungsschlägen und Diskriminierung zu rechnen hat.

16.1.2.2 Verführende Intrusionen

Eine gleichermaßen typische Intrusion ist die Verführungsintrusion. Wir finden häufig in diesen Familien unklare Moralvorstellungen; die aufgestellten Normen werden von den Betreffenden selbst nicht klar befolgt, so daß auch das Inzesttabu nicht als klare Norm vom Kind wahrgenommen wird. Typisch sind Generationsgrenzen verletzende Intrusionen: alle neurotischen Bindungen können gerade in der Adoleszenz als Verführungsmanöver verstanden werden, das enge Einbinden durch Schuldgefühle an einen Elternteil gewinnt durch die Triebdurchlässigkeit in der Adoleszenz leicht sexualisierte Züge. Man spricht dann von Geschlechtsgrenzenverletzungen, wenn das Kind von dem bindenden Elternteil zum Partner-Substitut gemacht wird. Intrusionen zeigen sich im Verhalten in Form von Einmischung, neugierigem Eindringen in die „Peer-Gruppen-Kontakte", dem Lesen der Post des Jugendlichen etc. Gerade in der Adoleszenz fallen auch Delegationen der Eltern auf, etwa die nichtgelebte Sexualität, die an den Jugendlichen weitergegeben wird.

16.1.3 Die Familie-System-Grenze

Unter systemtheoretischen Gesichtspunkten werden intrafamiliär die Grenzen zwischen den Subsystemen Eltern – Kind wie auch die Grenzen zwischen Familie und Umwelt besonders beachtet. Vor allem die Familienstrukturtheorie (Minuchin et al. 1967) beschäftigte sich mit den Generationsgrenzenstörungen.

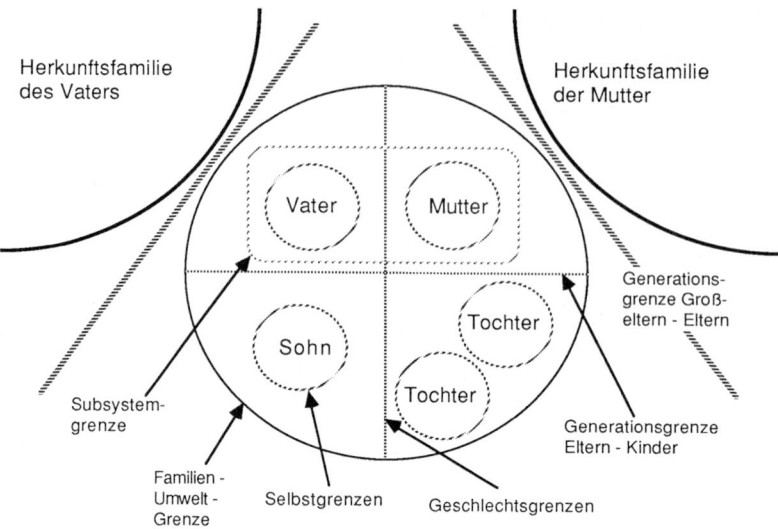

Abb. 1. Die Grenzen in der Familie

„Verstrickung" (Minuchin et al. 1975), „Pseudogegenseitigkeit" (Wynne et al. 1958), „undifferenzierte Familien-Ich-Masse" (Bowen 1960), „Parentifizierung" (Boszormenyi-Nagy 1965), alle diese Konzepte verweisen auf die Erschwerung oder Verhinderung der Ich-Differenzierung in Familien mit Generationsgrenzen-störungen. Die in verstrickten Familien wirksamen zentripetalen oder zentrifuga-len Kräfte (Stierlin 1974) werden durch Bindungs- und Ausstoßungskräfte be-stimmt.

Simon u. Stierlin (1984) heben folgende Aspekte bei den Grenzenstörungen in systemischer Perspektive hervor:

– Grenzen eines Systems oder Subsystems bestimmen sich durch die Regeln, die definieren, wer dazugehört und wie er dazugehört (Minuchin 1974). Innerfami-liäre Grenzen sind daran zu erkennen, daß es unterschiedliche Verhaltensregeln für Angehörige verschiedener familiärer Subsysteme gibt.
– Grenzen sind wichtige Parameter für die Differenzierung und Entwicklung von Strukturen. Eine gestörte Grenzenbildung ist demnach gleichbedeutend mit pa-thologischer Struktur.
– Die Grenzen der Familie nach außen bestimmen sich dadurch, daß die Fami-lienmitglieder sich gegenüber Fremden anders als gegenüber Familienangehö-rigen verhalten.

16.2 Die empirische Erforschung der Grenzenstörungen mit einem Familien-Beobachtungsinstrument

Die oben beschriebene Dreiteilung der Grenzendynamik gründet auf der klini-schen Erfahrung mit Patienten und deren Familien. Da bisher kein entsprechendes Untersuchungsinstrument vorliegt, war es notwendig, ein spezielles Familien-Beobachtungsinstrument zu konstruieren, mit dem die Grenzenregulation auf mehreren Ebenen erfaßt werden kann:

1) *Die individuelle Ebene*: Die Ebene der Selbstgrenzen und ihre Störungen
2) *Die dyadische Ebene*: Die Nähe-Distanz-Regulation
3) *Die systemische Ebene*: Die Ebene der Funktionalität und Dysfunktionalität von Systemen

Ein derartiger mehrdimensionaler Ansatz hat sich in den letzten Jahren in der Familiendiagnostik bewährt. Vor allem Cromwell u. Peterson (1983) betonen die Notwendigkeit eines Multimethoden-Multisystem-Ansatzes in der Familienforschung. Ebenso orientiert sich das Prozeßmodell von Steinhauer et al. (1984; vgl. auch Kap. 18 in diesem Band) an einem Mehrebenenansatz.

16.2.1 Methodik

Bei der Untersuchung klinischer Gruppen und für die Verlaufsforschung haben sich globale Einschätzungen, sog. makroanalytische Verfahren, in der Familienforschung bewährt.

Wir untersuchten die Familien anhand eines semistrukturierten Familieninterviews. Das durchschnittlich 90- bis 120minütige Familieninterview wird auf Videoband aufgenommen und anschließend von unabhängigen Ratern nach verschiedenen Kriterien eingestuft. Das Familien-Einschätzungsinstrument zur Messung der Grenzenstörungen ist auf den drei Ebenen operationalisiert. Die Interrater-Reliabilität liegt zwischen 0,70 und 0,85. Die Einschätzung erfolgt anhand eines Manuals.

16.2.2 Stichprobe

Es handelt sich um eine Vollerhebung von jeweils 30 Familien mit einem schizophrenen Jugendlichen und 30 Familien mit einem neurotischen Jugendlichen, die erstmals stationär psychiatrisch behandelt wurden. Neurotische Jugendliche wurden gewählt, da hierdurch gute Vergleichsmöglichkeiten der Belastung der Familien gegeben sind. Diese Belastung ergibt sich nicht allein aus der erstmalig aufgetretenen Behandlungsbedürftigkeit der Erkrankung, sondern auch durch die längerfristigen, aus dem Umgang mit der prämorbiden Persönlichkeit herrührenden Schwierigkeiten für die Gesamtfamilie. Grenzenstörungen sind in der Literatur bisher in der Regel bei Familien mit einem an Schizophrenie erkrankten Familienmitglied beschrieben worden (Kaufmann 1972), entsprechende Untersuchungen bei Familien mit einem neurotischen Mitglied sind uns nicht bekannt.

Besonderer Wert wurde auf die Selektion homogener Gruppen gelegt. Bislang wurden nur sehr selten erstaufgenommene Patienten systematisch erfaßt, und meist wurden nur mit einem Elternteil Interviews durchgeführt.

Die beiden klinischen Gruppen waren im Hinblick auf das Alter der Patienten (durchschnittlich 21 Jahre), Schulbildung, Schicht der Herkunftsfamilie und Auffälligkeit der Primärpersönlichkeit vergleichbar. Es ergab sich ein Geschlechtsunterschied, der für schizophrene Jugendliche typisch ist, hier überwiegen mit 70% männliche Jugendliche. Die Diagnosesicherung erfolgte nach DSM III und mit dem PSE. Die Schizophreniediagnose wurde somit eng gefaßt.

Die 60 klinischen Familien wurden mit 10 nichtklinischen Familien mit Jugendlichen verglichen, wobei das Kriterium dieser sog. „Normalfamilien" war, daß kein Familienmitglied bisher in psychiatrischer oder psychologischer Behandlung gewesen sein durfte, ein Kriterium, das in der Familienforschung üblich ist (Walsh 1982). Auch die Vergleichsgruppe wurde mit den klinischen Gruppen parallelisiert.

Wir wählten Jugendliche und junge Erwachsene im Alter zwischen 17 und 24 Jahren, da sich hier besonders die Abgrenzungsfrage während der Ablösung aus dem Elternhaus stellt, die Frage, inwieweit die vom Jugendlichen erreichte Autonomie, der Aufbau der eigenen Realität, tragfähig ist und sie diese auch den Eltern entgegenstellen können. Weiterhin ist die Ablösungsphase ein für die Schizophreniemanifestation wichtiger Zeitpunkt; in dieser Phase besteht eine deutlich erhöhte Krankheitsrate und auch eine schlechtere Prognose als bei späterem Krankheitsbeginn.

Aus Darstellungen in der Literatur läßt sich die Hypothese ableiten, daß Grenzenstörungen in Familien mit schizophrenen Familienmitgliedern ausgeprägter sind als bei Familien mit neurotischen Mitgliedern.

16.3 Ergebnisse des Gruppenvergleichs zwischen Familien mit einem schizophrenen und Familien mit einem neurotischen Jugendlichen

16.3.1 Die Selbstgrenzen

In der ersten Dimension des Beobachtungsinstruments geht es um die Einschätzung der Stabilität der Selbstgrenzen der einzelnen Familienmitglieder. Die Selbstgrenzenstörungen werden als die Schwierigkeiten definiert, als Individuum seinen physischen, emotionalen und kognitiven Raum zu beanspruchen und zu nutzen. Im Anschluß an die Theorien von Lidz et al. (1965) ergibt sich der Grad der Durchlässigkeit der Selbstgrenzen aus dem Verhältnis, das zwischen dem Ausmaß der Selbstbezogenheit und dem Maß an Bezogenheit auf die Umwelt besteht. Durch die Polarität Egozentrizität – Dezentrizität sind auch die Extrembereiche der Selbstgrenzenstörungen dargestellt.

Die Selbstgrenzen werden in 4 Kategorien bestimmt:
- emotionale Abgrenzung,
- kognitive Abgrenzung,
- Fähigkeit zum Neinsagen,
- individuelle Außenkontakte.

Die Kategorien sind bipolar operationalisiert, sie bedeuten in ihren Extremwerten maximale Rigidität der Selbstgrenzen, also Egozentrizität, und maximale Permeabilität der Selbstgrenzen, also Dezentrizität. Die Kategorien werden von -3 (Rigidität) bis $+3$ (Permeabilität) eingeschätzt.

Tabelle 1. Vergleich der klinischen Gruppen mit der Vergleichsgruppe

Dimension	1 Emotionale Abgrenzung	2 Kognitive Abgrenzung	3 Fähigkeit zum Neinsagen
V	$p \leq 0,01$[a]	$p \leq 0,01$[a]	$p \leq 0,75$
M	$p \leq 0,04$[a]	$p \leq 0,33$	$p \leq 0,45$
K 1	$p \leq 0,008$[a]	$p \leq 0,02$[a]	$p \leq 0,01$[a]

[a] Signifikant auf dem 5%-Niveau.

Verglichen werden die individuellen Selbstgrenzen der Väter, Mütter und Kinder der klinischen Gruppen mit der Vergleichsgruppe (Tabelle 1).
Die Auswertung erfolgt mit dem Chi-Quadrattest.

16.3.1.1 Zusammenfassung der Ergebnisse

Die *Väter* in den klinischen Gruppen zeigen häufiger rigide Selbstgrenzen als in der nichtklinischen Gruppe. Der Unterschied ist signifikant. Kein Unterschied besteht zwischen den beiden klinischen Gruppen.

Die *Mütter* der beiden klinischen Gruppen hingegen unterscheiden sich signifikant in der „emotionalen Selbstabgrenzung". Diese sind bei den Müttern der schizophrenen Jugendlichen durchlässiger als bei denen der neurotischen Jugendlichen.

Die „Fähigkeit zum Neinsagen" ist bei den Eltern der 3 Gruppen nicht zu unterscheiden, lediglich die Jugendlichen zeigen deutliche Differenzen: die nichtklinische Gruppe liegt im Mittel, die schizophrenen Jugendlichen zeigen eine Abgrenzungsschwäche, die neurotischen Jugendlichen eine mehr trotzig-rigide Haltung.

Die „individuellen Außenkontakte" sind bei den schizophrenen Jugendlichen signifikant in Richtung Isolation verschoben, im Gegensatz zu den anderen beiden Gruppen.

16.3.2 Die Nähe-Distanz-Regulation in Dyaden

Die Fähigkeit, trotz aller Verschiedenheit ein Gefühl der Zugehörigkeit entwickeln zu können, die Fähigkeit zur Einfühlung in den anderen, seine Gedanken, seine Gefühle und Wahrnehmungen zu erkennen und zu verstehen, wird durch die Polaritäten von Nähe und Distanz beschrieben. Auf der zweiten Ebene des Beobachtungsinstrumentes geht es darum, zu erfassen, auf welche Art und Weise und in welchem Ausmaß die Familienmitglieder in der Interaktion mit anderen Familienmitgliedern ihre Grenzen setzen.

Folgende 8 Kategorien werden eingestuft:
1) Körperliche Zu- oder Abgewandtheit

Konfliktstrategien:

2) Einbeziehung vs. Ignorieren

3) Harmonisierung vs. Kritik

Emotionale Ebene:

4) Fürsorglichkeit

5) Empathie

6) Schuldinduktionen

7) Schamgefühle verletzen

Geschlechtsgrenzenverletzung:

8) Tabuisierung vs. Verführung

Die Einstufung erfolgt wie bei den Selbstgrenzen bipolar von -3 (Isolation) bis $+3$ (symbiotische Fusion).

Die einzelnen Kategorien werden mit Hilfe einer Soziomatrix eingestuft. Jede Dyade wird über die 8 Kategorien eingeschätzt, und schließlich wird ein Summenwert für jede Dyade gebildet. Es lassen sich dann Aussagen zum Stellenwert bestimmter Themenbereiche in der Nähe-Distanz-Regulation in einzelnen Dyaden machen. Schließlich kann die Interaktionsstruktur der Familie graphisch in Form eines Netzwerkbildes der Familie dargestellt werden (Schretter et al. 1985).

Tabelle 2. Vergleich der Grenzenstörungen in Dyaden zwischen der Gruppe mit einem schizophrenen Jugendlichen, der Gruppe mit einem neurotischen Jugendlichen und der Vergleichsgruppe (zusammenfassende Übersicht über alle 8 Kategorien)

Dyade	Dimension							
	1 Körperl. Zugewandtheit	2 Einbeziehen vs. Ignorieren	3 Harmonis. vs. Kritik	4 Fürsorglichkeit	5 Empathie	6 Schuldinduktion	7 Schamgefühl verletzen	8 Geschlechtsgrenzen
	$p \leqq$	$p \leqq$	$p \leqq$	$p \leqq$	$p \leqq$	$p \leqq$	$p \leqq$	$p \leqq$
Vater:Mutter	0,25	0,38	0,03[b]	0,16	0,27	0,50	0,06[a]	0,43
Vater:Kind 1	0,38	0,17	0,02[b]	0,45	0,01[b]	0,005[b]	0,04[b]	0,44
Mutter:Vater	0,83	0,33	0,04[b]	0,27	0,01[b]	0,59	0,2	0,44
Mutter:Kind 1	0,04[b]	0,06[a]	0,003[b]	0,008[b]	0,006[b]	0,001[b]	0,08[a]	0,27
Kind 1:Vater	0,16	0,06[a]	0,003[b]	0,18	0,07[a]	0,31	0,06[a]	0,20
Kind 1:Mutter	0,10[a]	0,10[a]	0,04[b]	0,02[b]	0,01[b]	0,13	0,45	0,05[b]

[a] Tendenziell signifikant auf 10%-Niveau.
[b] Signifikant auf mindestens 5%-Niveau.

Zusammenfassung: Folgende signifikante Unterschiede ergaben sich zwischen den Familien mit den schizophrenen und neurotischen Jugendlichen im Vergleich zu den Normalfamilien:

1) Bei der *körperlichen Zugewandtheit* zeigt die Mutter-Kind-Dyade eine signifikant stärkere Ausprägung in den klinischen Gruppen.

2) In der Kategorie *Einbeziehung vs. Ignorieren* ergibt sich ebenfalls ein signifikanter Unterschied in der Mutter-Kind-Dyade. Hier erweisen sich die Mütter in den klinischen Gruppen als stärker einbeziehend, fusionierend. Ein Unterschied ergibt sich auch in der Kind-Vater-Dyade, wobei die Jugendlichen der klinischen Gruppen die Väter häufiger ignorieren.

3) In der Kategorie *Harmonisierung vs. Kritik* stellen sich in sämtlichen Dyaden signifikante Unterschiede zwischen den klinischen Gruppen und der Vergleichsgruppe dar. Dabei ergeben sich in der Elterndyade häufiger kritische Intrusionen, ebenso in der Vater-Kind-Dyade. In der Mutter-Kind- und in den Kind-Eltern-Dyaden finden sich häufiger Harmonisierungen.

4) Eine signifikante Erhöhung der Werte in der Dimension der *Fürsorglichkeit* kommt in der Mutter-Kind-Dyade sowie in der Kind-Mutter-Dyade der klinischen Gruppen im Vergleich zu den „Normalfamilien" vor.

5) Bis auf die Vater-Mutter-Dyade sind die Ergebnisse sämtlicher übriger Dyaden in der *Empathiekategorie* signifikant unterschiedlich (in Richtung Distanz) im Verhältnis zur Vergleichsgruppe.

6) Signifikant höhere Ausprägungen in der Dimension der *Schuldinduktion* finden sich in den klinischen Gruppen sowohl in der Vater-Kind- wie in der Mutter-Kind-Dyade.

7) Die Verletzung von *Schamgefühlen* wie auch die *Idealisierung* kommen in signifikant höheren Ausprägungsgraden in den klinischen Gruppen bei folgenden Dyaden vor:
Vater-Mutter-Dyade, Vater-Kind-Dyade, Mutter-Kind-Dyade, Kind-Vater-Dyade.

8) Schließlich finden sich signifikant unterschiedliche Ergebnisse für die Dimension der *Geschlechtsgrenzenverletzung* in der Kind-Mutter-Dyade. Hier zeigen die Kinder in den klinischen Gruppen eine stärker distanzierende Tendenz.

Insgesamt zeigen sich auch in den Dyaden ähnliche pathologische Werte bei beiden klinischen Gruppen, jedoch lassen sich in einzelnen Kategorien auch signifikante Unterschiede zwischen *Familien mit einem schizophrenen und einem neurotischen Jugendlichen* finden:

Die beiden klinischen Gruppen unterscheiden sich vor allem in der Kategorie drei. Die schizophrenen Familien zeigen in der Elterndyade und in der Mutter-Kind und Kind-Mutter-Dyade stärkere Harmonisierungstendenzen. In der Kategorie *Empathie* weisen schizophrene Jugendliche ihren Müttern gegenüber signifikant höhere Werte auf (im Sinne einer symbiotischen Identifikation).

Schuldvorwürfe werden signifikant häufiger in der Kind-Vater-Dyade bei den Familien mit einem neurotischen Jugendlichen beobachtet.

Höhere Ausprägungsgrade ergeben sich bei der *Verletzung* der *Schamgefühle* in der Vater-Mutter-Dyade der Familien mit einem neurotischen Jugendlichen.

Schließlich findet sich eine ausgeprägtere Störung von *Geschlechtsgrenzen* in der Muttei-Kind-Dyade der Familien mit einem schizophrenen Jugendlichen.

16.3.3 Die Familien-System-Grenze

Das Ausmaß der Systemkräfte zeigt sich in verschiedenen Funktionsbereichen: Auf dieser Ebene wird vor allem die Fähigkeit einer Familie, sich der Umwelt zu öffnen, sich mit ihr auseinanderzusetzen und mittels dieser neugewonnenen Informationen Veränderungen durchzuführen, zusammengefaßt.

Die Familien-Umwelt-Grenze wird zum einen definiert durch die Offenheit nach außen, zum anderen durch die Kohäsion der Familienstruktur. So kann die Binnenstruktur der Familie durch Regeln und Normen rigide zementiert sein oder durch einen Mangel an Normen und Regeln chaotisch aufgelöst sein.

Eine Störung der Familien-System-Grenze ist dann gegeben, wenn die Familie ihre Grenzziehung zu rigide oder zu durchlässig handhabt; beides wird von den Systemtheoretikern als „dysfunktional" beschrieben.
Die Einschätzung erfolgt wiederum bipolar von -3 (rigide) bis $+3$ (durchlässig). Folgende Unterschiede finden sich im Vergleich der klinischen Gruppen zu der normalen Vergleichsgruppe:

1) Starrheit der Beziehungsstruktur $\quad X^2 = 17,9 \quad p \leq 0,0 \quad$ s.
2) Normenrigidität $\quad X^2 = 2,6 \quad\quad\quad$ n.s.
3) Bindende Familienregeln $\quad X^2 = 3,42 \quad\quad\quad$ n.s.
4) Familiengeheimnis $\quad X^2 = 5,87 \quad p \leq 0,1 \quad$ tend. s.
5) Funktionaler Zusammenhalt $\quad X^2 = 4,03 \quad\quad\quad$ n.s.
6) Emotionale Dichte $\quad X^2 = 16,22 \quad p \leq 0,05 \quad$ s.
7) Offenheit des Systems $\quad X^2 = 6,6 \quad p \leq 0,05 \quad$ s.
8) Umweltkontakte $\quad X^2 = 5,86 \quad\quad\quad$ n.s.

16.3.3.1 Zusammenfassung

1) In der Starrheit der Beziehungsstruktur findet man bei Familien mit einem schizophrenen Jugendlichen signifikant häufiger Generationsgrenzenstörungen im Vergleich zur Normalgruppe. Keine signifikanten Unterschiede ergeben sich in den Familien der neurotischen Jugendlichen zur Vergleichsgruppe.
2) Familiengeheimnis: Hier zeigen die Familien mit dem schizophrenen Jugendlichen signifikante Unterschiede zur Vergleichsgruppe.
3) Emotionale Dichte: Hier finden sich sowohl bei Familien mit einem neurotischen wie mit einem schizophrenen Jugendlichen signifikante Unterschiede zur Vergleichsgruppe, sowohl in Richtung „verstärkte Gefühlskontrolle" wie in Richtung „impulsive Ausbrüche".
4) Offenheit des Systems: Hier zeigen sowohl die Familien mit einem neurotischen wie mit einem psychotischen Jugendlichen signifikant höhere Werte bei der „Verschlossenheit gegenüber therapeutischen Interventionen" als die Vergleichsgruppe.

Insgesamt ist überraschend, daß bei der Hälfte der Systemkategorien keine signifikanten Unterschiede zwischen den klinischen Gruppen und der Vergleichsgruppe zu finden sind.

Zwischen den Familien mit einem neurotischen Jugendlichen und den Familien mit einem schizophrenen Jugendlichen zeigen sich über alle Kategorien *keine* signifikanten Unterschiede.

16.3.3.2 Dysfunktionalitätswerte

Wenn man über alle acht Kategorien nach dem Ausprägungsgrad der pathologischen Werte einen Summenwert bildet, stellt dieser Summenwert die systemische Funktionalität, d. h. die Beweglichkeit, Anpassungsfähigkeit, Offenheit des Systems nach außen und für Veränderungen dar.

Wenn für die Kategorien die Ausprägung von 1, 2 und 3 gewählt wird, ergibt sich ein Minimalwert von 8 für maximale Funktionalität und 24 für maximale Dysfunktionalität.

Es ergeben sich folgende durchschnittliche Dysfunktionalitätswerte

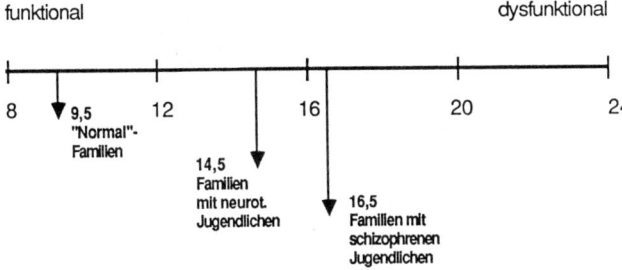

16.4 Die prädiktive Validität des Untersuchungsinstrumentes

Bisher konnten von den 60 beschriebenen Familien jeweils 16 Familien mit einem schizophrenen und 16 Familien mit einem neurotischen Jugendlichen einer 3-Jahres-Katamnese unterzogen werden. Sie wurden mittels Fragebogen und einem strukturierten Interview entsprechend ihrer Psychopathologie, aber auch ihrer sozialen Integration, Autonomieentwicklung und emotionaler Bindungsfähigkeit untersucht. Der Dreijahreszeitraum erschien sinnvoll, da bislang Verlaufsstudien mit Familien meist nur über 1 Jahr durchgeführt wurden, aber Chronifizierungsprozesse lassen sich in der Regel erst nach 3 Jahren klar erkennen.

Der Verlauf bezüglich der Psychopathologie erwies sich in der Gruppe der schizophrenen Jugendlichen als relativ günstig: durch eine chronisch produktive Symptomatik waren nur zwei Jugendliche eingeschränkt. Im übrigen lag eine in der Regel leicht bis mäßig ausgeprägte Minussymptomatik vor. Im Gegensatz zum günstigen psychopathologischen Verlauf erwiesen sich die Sozialdaten in allen Bereichen als überdurchschnittlich schlecht. Dies bestätigt die Hypothese, daß jugendliche Schizophrene einen schweren Krankheitsverlauf haben. Während die mangelhafte berufliche Integration auch auf den aktuellen Arbeitsmarkt zurückzuführen sein dürfte, der psychisch Behinderten kaum eine Chance läßt, ist in der Untersuchung v. a. gefunden worden, daß die Schizophrenen nach 3 Jahren prak-

tisch keine engeren Kontakte mehr eingehen konnten. Die Störung der Bindungsfähigkeit beeindruckte als die schwerste Behinderung.

Die Gruppe der neurotischen Jugendlichen hingegen zeigte noch eine ausgeprägte psychopathologische Beeinträchtigung, trotzdem konnten sie einen deutlichen Fortschritt erreichen. Sowohl in der beruflichen Situation wie in der sozialen
Anpassung zeigten sie gute Ergebnisse. In der Autonomieentwicklung, in der Ablösung vom Elternhaus manifestiert sich ein deutlich progressiver Trend. Über die
Hälfte der Patienten hatte feste Freundschaften und intime Beziehungen.

Sowohl die Gruppe der schizophrenen Jugendlichen wie die Gruppe der neurotischen Jugendlichen wurde in zwei gleich große Untergruppen geteilt, entsprechend dem „guten" oder „schlechten" Verlauf, und mit den bei der Erstaufnahme
erhobenen Familienbefunden korreliert.
Es zeigte sich auf der Ebene der Selbstgrenzen eine hoch signifikante Beziehung
zwischen gestörten Selbstgrenzen und einem schlechten Krankheitsverlauf.

Auf der Ebene der dyadischen Beziehungen konnte ebenfalls die Hypothese,
daß Grenzenstörungen in Dyaden den Krankheitsverlauf beeinflussen, signifikant bestätigt werden. Sowohl die Grenzenstörungen in den Bereichen der Mut-
ter-Kind- als auch die der Kind-Mutter-Dyade waren bei den Neurotikern wie bei
den Schizophrenen ein bedeutender Prädiktor für den Krankheitsverlauf. Die Va-
ter-Kind-Beziehung hatte hingegen keinen Einfluß. Dieses Ergebnis kann sehr
gut mit den „Symbiosetheorien" zur Schizophrenie in Einklang gebracht werden,
die beschreiben, daß Kind und Mutter in einer eng verstrickten Beziehung gefan-
gen sind und keine Entwicklungsmöglichkeiten haben. Allerdings konnte festgestellt werden, daß ähnliche symbiotische Verstrickungen auch bei neurotischen
Jugendlichen und ihren Müttern festzustellen waren.

Auf der systemischen Ebene zeigten die Dysfunktionalitätswerte sowohl der
Familienkohäsion wie der Offenheit der Familie und der Außenkontakte gleichermaßen eine gute Validität bezüglich der Vorhersage des Verlaufes. Diese Ergebnisse bedürfen der Überprüfung an größeren Fallzahlen.

Zusammenfassend kann festgestellt werden, daß Grenzenstörungen auf allen
drei Ebenen als Verlaufsprädiktor nicht als spezifisch für die Schizophrenie anzusehen sind; wohl aber scheinen sie im Sinne eines Chronifizierungsfaktors dazu
beizutragen, daß diese Krankheiten aufgrund der wenig flexiblen Anpassungs-
und Bewältigungsfähigkeiten dieser Familien häufig aufrechterhalten werden.

16.5 Zusammenfassung

Es wurden in einer Vollerhebung 30 Familien mit einem schizophrenen Jugendlichen und 30 Familien mit einem neurotischen Jugendlichen, die erstmals in stationärer psychiatrischer Behandlung waren, untersucht. Als Vergleichsgruppe dienten 10 „Normalfamilien" ohne psychiatrische Anamnese.

Die Hypothese, daß die klinischen Gruppen in Beziehung zur Vergleichsgruppe auf allen drei Ebenen, den Selbstgrenzen, in dyadischen Beziehungen und auf
der Systemebene, signifikant häufiger Grenzenstörungen zeigen, wurde bestätigt.
Die klinische Validität des Einschätzungsinstruments erwies sich als sehr gut. Die
Familien der neurotischen Jugendlichen unterschieden sich in den meisten Kate-

gorien auf allen drei Ebenen nicht von den Familien mit einem schizophrenen Jugendlichen. Vor allem konnte nicht die Hypothese bestätigt werden, daß Familien mit einem schizophrenen Mitglied eine höhere Systemrigidität aufweisen als Familien mit einem neurotischen Mitglied.

Andererseits muß auch festgestellt werden, daß sich die Familien mit einem schizophrenen Angehörigen durch ebenso pathogene Werte auf den verschiedenen Ebenen der Grenzenstörungen charakterisieren lassen wie Familien mit einem neurotischen Jugendlichen, bei denen Beziehungsstörungen und auch eine pathologische Familienstruktur pathogenetisch relevant sind. Grenzenstörungen sind vor allem im Sinne eines Dysfunktionalitätsmaßes gut in der Lage, einen schlechten gegenüber einem guten Krankheitsverlauf vorherzusagen: Familien mit hoher Dysfunktionalität zeigen im Sinne des Streß-Vulnerabilitäts-Modells eine verringerte Anpassungsfähigkeit und Toleranzbreite für psychische Störungen aller Art, so daß über diese Streßintoleranz auch pathogene Verläufe erklärbar werden. Neben der schlechten individuellen emotionalen und kognitiven Selbstabgrenzungsfähigkeit der klinischen Familien fanden sich vor allem auf der interaktionellen Ebene hochsignifikante Unterschiede zwischen den klinischen Gruppen und den „Normalfamilien".

Vor allem fanden sich signifikante Unterschiede in den Werten der „Kritik" und „Harmonisierung". Dies kann als Bestätigung der von der „EE-Forschung" gefundenen Bedeutung kritischer Einstellungen der Eltern gegenüber dem Kind angesehen werden, andererseits kann der Faktor „Kritik" genauer spezifiziert werden: mit kritischen Intrusionen korrelierten Schuldinduktion und Entwertungen gegenüber dem Kind. Die Kinder zeigten hingegen erhöhte Werte für Harmonisierung und Idealisierung. Die Werte für Überfürsorglichkeit waren in der Mutter-Kind-Dyade signifikant erhöht, ebenso die Werte für die Empathiestörungen.

Im Vergleich der klinischen Gruppen untereinander zeigten die Eltern neurotischer Jugendlicher gegenüber ihrem Kind wesentlich häufiger Disqualifikationen, während die Eltern schizophrener Jugendlicher starke Harmonisierungstendenzen aufwiesen.

Die in der EE-Forschung weniger klar herausgearbeitete Dimension des emotionalen Overinvolvements zeigte sich in dieser Untersuchung durch signifikante Unterschiede zur Vergleichsgruppe als besonders wichtig. Hier sind vor allem Harmonisierung und „symbiotische Identifikation" bei den Familien mit schizophrenen Jugendlichen gefunden worden. Dies bestätigt die auch von Angermeyer (1982) hervorgehobene Bedeutung der Schuld- und Schamgefühle in Familien mit Schizophrenen, während bei den Familien mit den neurotischen Jugendlichen stärker offene Kritik, Schuldzuweisung und Entwertungen zu beobachten waren.

Aufgrund der vorliegenden Untersuchungen ist es nicht möglich, spezielle familiäre Belastungsfaktoren besonders hervorzuheben, vielmehr fanden sich unterschiedlich verteilte Schwierigkeiten der Familien, teils auf der systemischen, teils auf der interaktionellen, dann wieder auf der individuellen Ebene, so daß am Einzelfall jeweils die Gewichtung bestimmter, für jede Familie charakteristischer Einschränkungen, aber auch Stärken anhand des Drei-Ebenen-Modells erfolgen kann.

Literatur

Angermeyer MC (1982) The association between family atmosphere and hospital career of schizophrenic patients. Br J Psychiatry 141:1–11

Beavers WR, Voeller MN (1983) Family models: Comparing and contrasting the Olson Circumplex Model with the Beavers System Model. Fam Proc 22:85–98

Boszormenyi-Nagy I (1965) Eine Theorie der Beziehungen: Erfahrung und Transaktion. In: Boszormenyi-Nagy I, Framo L (Hrsg) Familientherapie. Theorie und Praxis. Rowohlt, Reinbek, S 51–109

Bowen M (1960) A family concept of schizophrenia. In: Jackson SS (ed) The etiology of schizophrenia. Basic Books, New York

Cierpka M (1986) Zur Funktion der Grenzen in Familien. Familiendynamik 11:307–324

Cromwell RE, Peterson GW (1983) Multisystem-multimethod family assessment in clinical context. Fam Proc 22:147–163

Doane JA, West KL, Goldstein MJ, Rodnick EH, Jones JE (1981) Parental communication deviance and affective style: Predictors of subsequent schizophrenia spectrum disorders in vulnerable adolescents. Arch Gen Psychiatry 38:679–685

Joraschky P (1985) Die Bedeutung der Familieninteraktion für die Entstehung und den Verlauf schizophrener Erkrankungen. Nervenheilkunde 4:157–162

Joraschky P, Cierpka M (1987) Zur Diagnostik der Grenzenstörungen. In: Cierpka M (Hrsg) Handbuch der Familiendiagnostik. Springer, Berlin Heidelberg New York Tokyo

Kaufmann L (1972) Familie, Kommunikation und Psychose: Ein Beitrag zur diagnostischen Beurteilung der Psychosen. Huber, Bern

Minuchin S (1974) Families and family therapy. Harvard Univ. Press, Cambridge, Mass. – Deutsch: (1977) Familie und Familientherapie. Lambertus, Freiburg

Minuchin S (1981) Psychosomatische Krankheiten in der Familie. Klett-Cotta, Stuttgart

Minuchin S et al. (1967) Families of the slums: An exploration of their structure and treatment. Basic Books, New York

Minuchin S, Baker L, Rosman B, Liebman R, Milman L, Todd T (1975) A conceptual model of psychosomatic illness in children. Arch Gen Psychiatry 32:1031–1038

Olson DH, Russel CS, Sprenkle DH (1983) Circumplex model of marital and family systems: VI. Theoretical update. Fam Proc 22:69–83

Schretter A, Aschoff R, Cierpka M, Joraschky P, Martin G, Thomas V (1985) Zum Verhältnis von dyadischer und systemischer Forschung. In: Nordmann E, Cierpka M (Hrsg) Familienforschung. Springer, Berlin Heidelberg New York Tokyo

Simon FB, Stierlin H (1984) Die Sprache der Familientherapie. Ein Vokabular. Klett-Cotta, Stuttgart

Steinhauer PD, Santa Barbara J, Skinner HA (1984) The process model of family functioning. Can J Psychiatry 29:77–88

Stierlin H (1974) Eltern und Kinder. Das Drama von Trennung und Versöhnung im Jugendalter. Suhrkamp, Frankfurt, S 44–80

Stierlin H (1978) Delegation und Familie. Suhrkamp, Frankfurt

Walsh F (ed) (1982) Normal family processes. Guilford Press, New York

Wynne LC, Ryckoff I, Day J, Hirsch S (1958) Pseudomutuality in the family relations of schizophrenics. Psychiatry 21:205–220

17 Selbsteinschätzung und Fremdbeobachtung von Familien mit einem schizophrenen Jugendlichen

M. Cierpka und K. Schnürle

Die Familienforschung im Bereich der sog. „Familientheorie der Schizophrenie" ist in den letzten 40 Jahren durch ein Auf und Ab gekennzeichnet. Die anfängliche Euphorie im Zusammenhang mit den für die Ätiopathogenese der schizophrenen Erkrankungen als spezifisch angenommenen Konzepten der Kommunikationsstörungen, u.a. der Doppelbindungstheorie (Bateson et al. 1956), konnte durch die nachfolgenden empirischen Untersuchungen nicht untermauert werden (Berger 1978). Dies führte zu einem starken Rückgang des Interesses in diesem Bereich. Die empirische Familienforschung gewann erst wieder an Respekt, als es insbesondere durch die Arbeit von Gurman u. Kniskern (1978, 1981, 1986) gelang, die Effektivität der Familientherapie durch das Zusammentragen der Ergebnisse aus vielen Outcome-Untersuchungen nachzuweisen.

Inzwischen hat sich auch die Familientherapie für Familien mit einem schizophrenen Mitglied bewährt (vgl. Gurman et al. 1986). Allerdings war hierzu eine theoretische Umorientierung notwendig. Die familiendynamischen Faktoren werden jetzt nicht mehr als kausal-genetische Variablen, sondern im Sinne von Einflußvariablen für den Verlauf gesehen. Die Zwillingsstudien (z.B. Mosher et al. 1971) und die High-risk-Studien (z.B. Goldstein 1983; Wynne u. Cole 1983; Tienari et al. 1983) konnten zeigen, daß es für den Patienten bei ungünstigen klinischen Parametern um so wichtiger erscheint, welcher Art das Familienklima und die familiären Beziehungen sind. In dieselbe Richtung gehen die Ergebnisse der "Expressed-emotion"-Forschung (Vaughn u. Leff 1976; Hahlweg 1986; Lewandowski u. Buchkremer, in diesem Band, S. 211). Durch diese Untersuchungen erfuhr die Forschung mit Familien mit einem schizophrenen Mitglied einen kräftigen Aufwind. Dazu kam eine realistischere Einschätzung der therapeutischen Erfolge mit Neuroleptika. Das Zurückdrängen der psychotischen Symptomatik muß durch psychosoziale Unterstützungsmaßnahmen ergänzt werden. Entsprechende familientherapeutische Interventionen, die inhaltlich eher einem verhaltenstherapeutischen Programm entsprechen, führen zu deutlich geringeren Rückfallquoten, insbesondere in Kombination mit der Verabreichung von Neuroleptika (Brown et al. 1972; Goldstein u. Strachan 1986). Im Gegensatz zu Ergebnisforschung sind prozeßorientierte Untersuchungen in den letzten Jahren selten geblieben. Daran mag die Enttäuschung über die Ergebnisse der empirischen Forschung der 50er und 60er Jahre mitwirken. Es scheint aber auch so, als ob erst jetzt der großen Komplexität von Familien Rechnung getragen wird. So setzt sich in den letzten Jahren die Erkenntnis durch, daß die Familiendiagnostik zumindest drei Ebenen, nämlich die individuelle, die dyadische und die gesamtfamiliäre, umfassen muß (Cromwell u. Peterson 1983; Steinhauer u. Tisdall 1984; Steinhauer et al. 1984; Cierpka 1987a).

Tropon-Symposium, Bd. III
Die Schizophrenien
Hrsg. Kaschka/Joraschky/Lungershausen
© Springer-Verlag Berlin Heidelberg 1988

Es mangelt nicht an theoretischen Modellen, die mehr oder weniger klare Vorstellungen beinhalten, wie Prozesse in Familien ablaufen. Aber auch die Familiendiagnostik wird in Zukunft nicht umhin können, ihre Modelle empirisch zu überprüfen. Dabei ist zu beachten, daß sich die in den theoretischen Modellen formulierten Prozeßkonzeptionen in der Praxis bewähren müssen und empirisch überprüfbar sind. Und hier zeigt sich nun, daß viele dieser Modelle entweder zu theoretisch oder zu allgemein formuliert sind, so daß sie sich der kritischen Reflexion und der empirischen Überprüfung entziehen. Erst in den letzten Jahren haben sich Familientheoretiker verstärkt darum bemüht, grundlegende Modelle zu erarbeiten, die zunächst einmal zwischen der Theorie der Familienprozesse und der Therapie der Familie unterscheiden. Solche Modelle beanspruchen sowohl für klinische als auch für nichtklinische Familien Gültigkeit. Die Autoren dieser Modelle (z. B. Fleck 1980; Kantor u. Lehr 1975; Miller et al. 1985; Olson et al. 1979) versuchten aus der Literatur und ihrer eigenen klinischen Tätigkeit jene Dimensionen zu extrahieren, die in ihrer Gesamtheit den familiären Prozeß beschreiben und erklären können.

Eines der vielversprechendsten Prozeßmodelle stammt von Steinhauer et al. (1984), das "Process Model of Family Functioning", im folgenden nur Prozeßmodell genannt. Das Prozeßmodell versucht explizit, verschiedene theoretische Ansätze, wie die Psychoanalyse, die Lerntheorie, die Krisentheorie und die Rollentheorie zu integrieren, um nicht den Reichtum der individual- und familientheoretischen Befunde schmälern zu müssen. Die anzustrebende *Aufgabenbewältigung* ist als Ziel definiert. Eine erfolgreiche Aufgabenbewältigung erfordert die Differenzierung von *Rollen* in einer Familie und die entsprechende Bereitschaft der Familienmitglieder, die ihnen zugeteilten Rollen zu übernehmen. Für die Erfüllung der Rollen ist eine möglichst effektive *Kommunikation* notwendig, in die auch der affektive Austausch eingeht. Die Emotionalität kann die Kommunikation entweder stören oder eben auch erleichtern und zur erfolgreichen Rollenerfüllung beitragen. Günstige affektive Beziehungen sind, sowohl was das Ausmaß (*Emotionalität*) als auch die Qualität (*affektive Beziehungsaufnahme*) des Interesses der einzelnen Familienmitglieder für einander betrifft, ganz entscheidend für eine positive und effektive Familiendynamik. Die *Kontrolle* ist dagegen jener Prozeß, mit dem sich die einzelnen Familienmitglieder untereinander beeinflussen. Die Familienmitglieder sollten fähig sein, bestimmte Funktionen zuverlässig aufrechtzuerhalten, andere in eher flexibler Weise zu verändern. Die gesellschaftlich vermittelten *Werte und Normen*, die von der Familie assimiliert werden, gehen in alle diese Dimensionen ein. Die Dimension Werte und Normen ist deshalb außerhalb des Schemas angeordnet, weil alle anderen Dimensionen diesen Hintergrund beinhalten. Wesentlich dabei ist, ob die entsprechenden Familienregeln explizit oder implizit sind und wie sich die Familie im Vergleich zu ihrem kulturellen Kontext sieht. In Abb. 1 sind die einzelnen Dimensionen im Überblick abgebildet.

Das Prozeßmodell von Steinhauer et al. (1984) betont das Interagieren von verschiedenen Dimensionen, die teilweise von den Forschern (z. B. das Rollenverhalten oder die Kommunikation) hervorgehoben werden, aber auch jene Dimensionen, die von den Klinikern in den Vordergrund gerückt werden (z. B. die affektive Beziehungsaufnahme). Das Modell versucht, dem Familiensystem als übergeordnetem interpersonalen Phänomen und andererseits der individuellen intra-

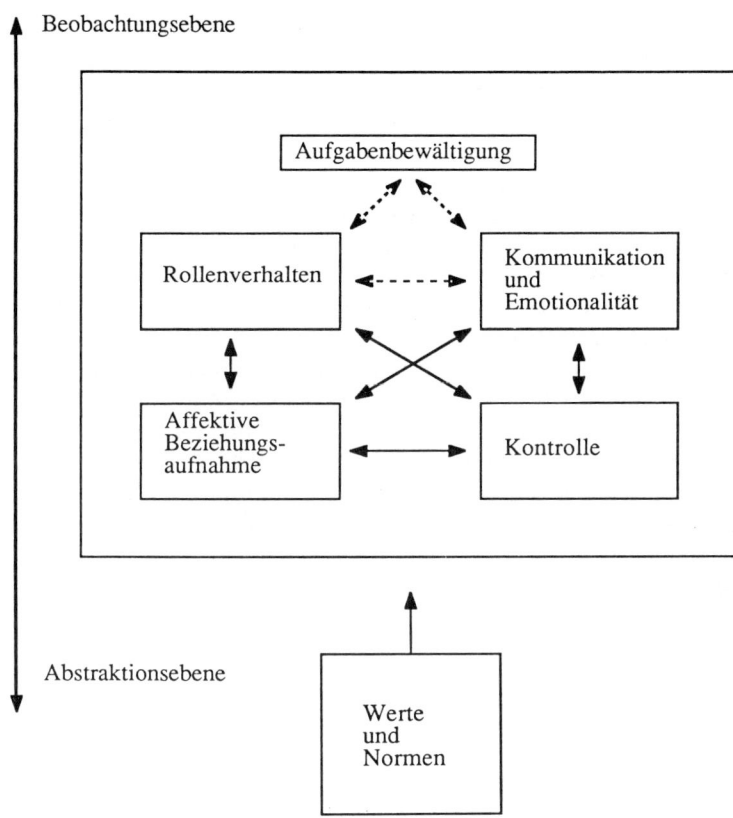

Abb. 1. Das "Process Model of Family Functioning". (Nach Steinhauer et al. 1984)

psychischen Dynamik Rechnung zu tragen. Deshalb sind die verschiedenen Dimensionen auf unterschiedlichen Abstraktionsebenen angeordnet. Die affektive Beziehungsaufnahme und die Kontrolle werden eher als intrapsychische, individuelle Dimension definiert. Die auf einer höheren Abstraktionsebene angesiedelte Dimension Werte und Normen beeinflußt die Familie zusätzlich von außen. Die ausführlichere Darstellung der dynamischen Konzeption des Prozeßmodells und die detaillierte Operationalisierung der Skalen haben wir an einem anderen Ort vorgenommen (Cierpka 1987c).

17.1 Untersuchungsansatz

Untersuchungsgegenstand dieser Arbeit ist die Überprüfung der Hypothese, daß die Beziehungen zwischen den Mitgliedern in Familien mit einem schizophrenen Jugendlichen mehr Schwächen aufweisen als die Beziehungen in anderen Familien. Das Konzept der Pseudogegenseitigkeit (Wynne et al. 1969) impliziert z. B. individuelle Wahrnehmungsverzerrungen und eine gewisse Vagheit in der Kommunikation, um die idealisierte Harmonie der Familie aufrechtzuerhalten. Lidz et al. (1969) beschreiben gestörte affektive Beziehungen in diesen Familien. Sie diagnostizierten erhebliche Generations- und Geschlechtsgrenzenstörungen, vor allem in sog. symbiotischen Beziehungen. Die Interaktionen werden als rigide und kontrolliert bezeichnet. Uns interessiert demnach, ob diese Familien tatsächlich, wie in den o. g. Studien beschrieben, mehr Schwächen im Bereich der Kommunikation, der affektiven Beziehungsaufnahme und der Kontrolle aufweisen. Als Vergleichsgruppen wählten wir Familien mit einem neurotischen Jugendlichen und nichtklinische Familien mit einem sich im Ablösungsprozeß befindlichen Jugendlichen. Die Familien mit einem schizophrenen Jugendlichen wurden erst 6 Monate nach ihrem stationären Aufenthalt untersucht, um möglichst den situativen Effekt der Familienkrise durch die stationäre Einweisung auszuschließen. Die Diagnose der schizophrenen Erkrankung wurde mit der PSE (Present State Examination, Wing et al. 1982) erhärtet. Aus unserer Stichprobe an Familienerstgesprächen parallelisierten wir drei Gruppen nach den Kriterien Alter, Geschlecht des erkrankten Jugendlichen, lebenszyklische Phase der Familie (Ablösung eines Jugendlichen) und soziale Schicht der Familie. Zum Zeitpunkt dieses Berichts liegen uns erst die Hälfte der Daten (3mal 8 Familien) vor, so daß wir nur von sehr vorläufigen Ergebnissen im Sinne von Trends sprechen können.

17.1.1 Die Selbsteinschätzung der Familien

Bei den Selbstberichtmethoden ist das Individuum die Hauptquelle der Information. Dies bedeutet, daß die erhobenen Daten nicht die aktuelle Interaktion der Familienmitglieder erfassen, sondern lediglich quantifizierbare Aussagen über das Verhalten oder die Einstellung der einzelnen Familienmitglieder oder der Gesamtfamilie erlauben.

Das Fragebogeninventar des "Family Assessment Measure" von Skinner et al.(1983) basiert auf dem Prozeßmodell. Unsere bisherigen Untersuchungen zur Reliabilität (Cierpka et al. 1986) und Validität (Cierpka u. Thomas 1987; Scheibe et al. 1987) zeigen deutliche Vorteile, vor allem hinsichtlich der klinischen Relevanz, gegenüber vergleichbaren Fragebogeninventaren (Überblick bei Cierpka 1987b). Beim FAM III handelt es sich um ein Fragebogeninstrument, das versucht, Aussagen über die Familienstärken und -schwächen zu machen. Es ist in drei Ebenen gegliedert:

1) im Allgemeinen Familienbogen wird auf die Familie als System fokussiert,
2) der Zweierbeziehungsbogen untersucht die Beziehung zwischen bestimmten Paaren und
3) im Selbstbeurteilungsbogen wird die individuelle Wahrnehmung der Funktion des einzelnen Familienmitglieds in der Familie befragt.

Während der Allgemeine Familienbogen 50 Items bzw. 9 Skalen umfaßt, sind im Zweierbeziehungsbogen und im Selbstbeurteilungsbogen jeweils 42 Items in 7 Skalen aufgeteilt. Die erhöhte Anzahl der Items im allgemeinen Familienbogen erklärt sich durch 2 zusätzliche Skalen; eine Skala für soziale Erwünschtheit und eine Skala für Abwehr.

Ergebnisse der Selbsteinschätzung: Zur Darstellung kommen hier lediglich die Ergebnisse der Fragebögen über die Zweierbeziehungen. Für die drei Gruppen (Familien mit Schizophrenen, mit Neurotiker und mit klinisch unauffälligem Jugendlichen) zeigen wir die Profile aller Skalen des FAM III (Abb. 2 a–d). Nach der graphischen Darstellung der Mittelwerte aller Familienmitglieder einer jeden Gruppe erschien eine weitere Untergliederung der Dyaden sinnvoll, um Verzerrungen, die durch die Selbstwahrnehmung des Patienten verursacht sein könnten, aufzuzeigen. Abb. 2 b zeigt die Dyaden, wie sie die Patienten (oder der sich im Ablösungsprozeß befindliche Jugendliche der „Normalfamilie") sehen. Abb. 2 c zeigt die Profile der restlichen Dyaden in der Familie ohne den Patienten. Abb. 2 d zeigt wie die Patienten von den anderen Familienmitgliedern wahrgenommen werden. In der Varianzanalyse für die drei Gruppen der Familien ergaben sich für alle Skalen signifikante Unterschiede ($p < 0{,}01$).

Die Profile der Mittelwerte aller Dyaden (Abb. 2 a) zeigen überraschend deutlich einen nahezu parallelen Verlauf für die Familien mit einem neurotischen und einem psychotischen Patienten, wobei sich diese beiden Kurven im oberen, schwächeren Bereich befinden. Das Profil für die sog. Normalfamilien liegt wesentlich niedriger, in der Nähe der Familienstärken (also T-Werte < 40). Die Standardabweichungen interessieren insofern, als sie eine Aussage über die Homogenität der Stichproben der jeweiligen Gruppe machen. Für die Familien mit einem schizophrenen Mitglied liegt die Standardabweichung beim Summenwert (einer Durchschnittsangabe über alle Skalen hinweg) bei 10,5, bei den Familien mit einem neurotischen Mitglied bei 10,3 und bei den Normalfamilien bei 8,0. Die Gruppe der Normalfamilien scheint also homogener zu sein als die beiden klinischen Gruppen, in denen sich deutlichere Unterschiede zwischen den Einschätzungen der Familienmitglieder finden müssen. Die Darstellung der Familien über die Mittelwerte aller Familienmitglieder ist deshalb sehr problematisch. Unterschiede werden verkleinert oder sogar aufgehoben.

In der Abb. 2 b kommt die Patienteneinschätzung der Dyaden zum Ausdruck. Deutliche Spitzen zeigen sich in den Dimensionen der Aufgabenerfüllung und der affektiven Beziehungsaufnahme für alle drei Gruppen. Hier dokumentiert sich, daß entwicklungsmäßig anstehende Aufgaben und affektives gegenseitiges Interesse als kritisch angesehen werden. Diese Befunde entsprechen unseren Vorannahmen, weil das affektive Engagement und die Diskussion um Aufgabenerfüllungen in den Phasen der Ablösung der Jugendlichen von zuhause problematischer ist.

Zum Vergleich zeigen wir das Mittelwertprofil für alle restlichen Dyaden der Familien (Abb. 2 c). Die Profile für die klinische und die nichtklinische Gruppe gleichen sich an. Auffallend ist, daß das Profil für die Familien mit den neurotischen Patienten das schwächste Niveau aufweist. Offenbar schätzen diese Familienmitglieder die Funktionalität ihrer Familien geringer ein.

In der Beurteilung des Patienten durch die anderen Familienmitglieder (Abb. 2 d) zeigen sich ebenfalls Unterschiede in den Gruppen. Diese Kurve weisen, im Gegensatz zu Abb. 2 a und 2 b, einen unterschiedlichen Verlauf auf. Die Familie drückt in ihrer Einschätzung der Beziehung zum Patienten vor allem aus, daß dessen Aufgabenerfüllung als mangelhaft angesehen wird. Sowohl für die neurotischen als auch für die psychotischen Patienten liegen die Mittelwerte im

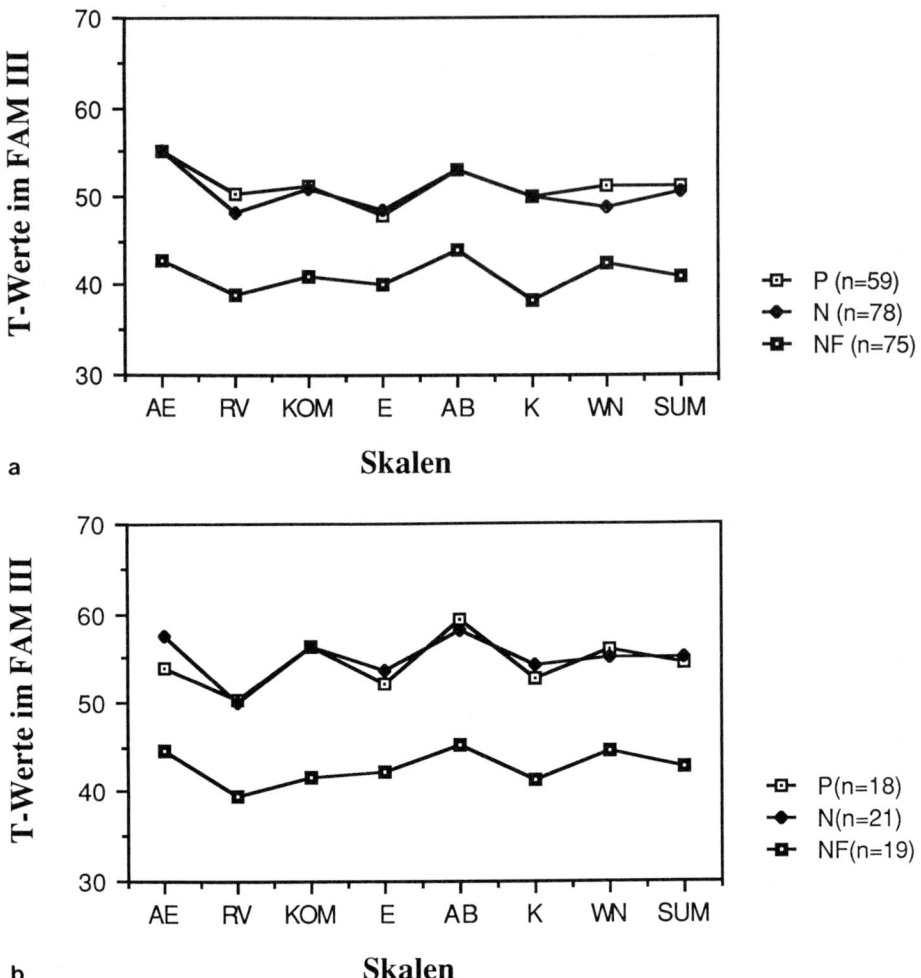

a

b

Abb. 2 a–d. Abkürzungen: *AE* Aufgabenerfüllung; *RV* Rollenverhalten; *KOM* Kommunikation; *E* Emotionalität; *AB* Affektive Beziehungsaufnahme; *K* Kontrolle; *WN* Werte und Normen; *SUM* Summenwert; *P* Familien mit einem psychotischen Familienmitglied; *N* Familien mit einem neurotischen Familienmitglied; *NF* Normalfamilien. **a** Mittelwerte aller Familienmitglieder. **b** Die Patienten beurteilen die Dyaden. **c** Die Dyaden der Familienmitglieder ohne den Patienten. **d** Der Patient wird beurteilt

Bereich der Familienschwächen (T-Werte > 60). Die Kurve für die Wahrnehmungen der Beziehungen zu den psychotischen Patienten liegt durchgehend auf einem schwächeren Niveau. Wie vorauszusehen, werden in allen Bereichen die Schwächen des psychotischen Patienten als gravierender wahrgenommen. Die Schwäche im Bereich der Werte und Normen drückt aus, daß der Patient die aktuellen familiären Pflichten und Ideale nicht auszufüllen vermag. Überraschenderweise werden die affektiven Beziehungen als nicht so problematisch wahrgenommen.

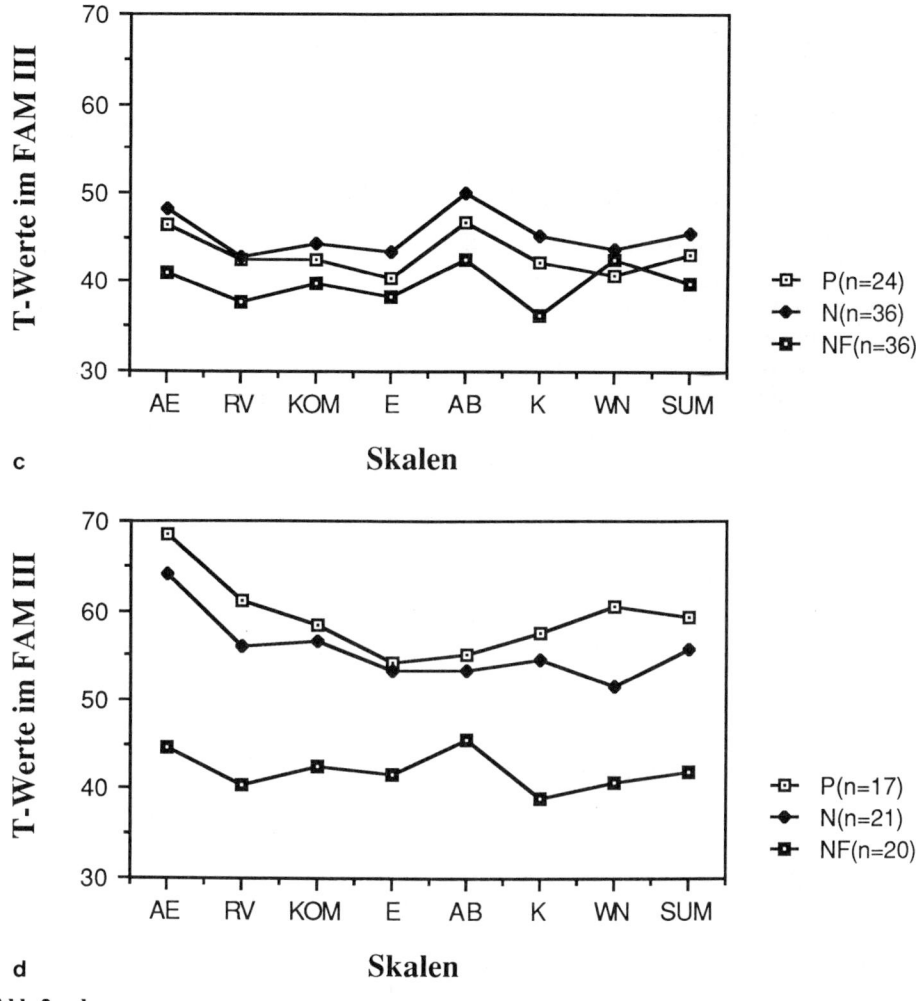

Abb. 2c–d

Zusammenfassend läßt sich feststellen, daß die höheren Werte in den Skalen für die klinischen Gruppen offensichtlich durch die Einstufungen der Patienten zustande kommen. Auch die größeren Standardabweichungen bei den Mittelwerten der Skalen in den beiden klinischen Gruppen deuten darauf hin. Die Einschätzungen der Beziehungen der Patienten zu den anderen in der Familie werden als problematisch gewertet. Dies trifft sowohl für die Wahrnehmungen der Patienten selbst als auch für die Beurteilungen durch die anderen zu. Wenn der Patient seine Beziehungen zu den anderen einstuft, berichtet er Schwächen in den affektiven Bereichen. Wenn die anderen die Beziehungen zum Patienten einschätzen, weisen diese jedoch auf Schwächen in den Bereichen Aufgabenerfüllung und Normen hin.

Unterschiede in den einzelnen Dimensionen für die zwei klinischen Gruppen lassen sich kaum ausmachen. Da das kleine Sample wenig sichere Rückschlüsse zuläßt, müssen wir mit Interpretationen vorsichtig sein. Als Trend kann man jedoch zur Kenntnis nehmen, daß weder stärkere Kommunikationsstörungen noch größere Schwächen in den affektiven Beziehungen in den Familien mit einem psychotischen Patienten gegenüber Familien mit einem neurotischen Patienten von den Familienmitgliedern selbst berichtet werden.

17.1.2 Die Fremdeinschätzung der Familien

Obwohl sich im „Allgemeinen Familienbogen" des FAM III keine erheblichen Verzerrungen in der sozialen Erwünschtheit fanden, müssen wir bei der Interpretation Abwehrvorgänge bei den einzelnen Familienmitgliedern in Rechnung stellen. In kasuistischen Beiträgen wird immer wieder darauf hingewiesen, daß nicht nur die Wahrnehmungen des Patienten, sondern auch die der anderen Familienmitglieder verzerrt sind. Die Hypothese der Wahrnehmungsverzerrung geht auf die klinische Beobachtung gehäufter Verleugnungen, Negieren, Bagatellisieren und Vermeiden bestimmter Themen zurück. Von Wynne u. Singer (1965) wurde ein fehlender gemeinsamer Aufmerksamkeitsfokus als Abwehrform diagnostiziert, der die Differenzierung der Familienmitglieder untereinander und die Autonomie der einzelnen verhindert. Die Beschreibungen der Familien als „undifferenzierte Familien-Ich-Masse" von Bowen (1960) oder von Reiss (1971 a, b) als „konsensus-sensitive" Familien zielen in die gleiche Richtung.

Begründet wird diese mangelnde interpersonale kognitive und emotionale Differenzierung durch die Aufrechterhaltung der symbiotischen Beziehung zwischen dem Patienten und einer für ihn wesentlichen Bezugsperson, in der Regel der Mutter. Der aus der Biologie stammende Begriff der Symbiose bezeichnet die gegenseitige Abhängigkeit von zwei Individuen. Rein auf der deskriptiven Ebene ist dieses Verhalten oftmals dadurch gekennzeichnet, daß zwei Personen trotzdem zusammenbleiben, obwohl sie sich immer wieder zurückstoßen. Man geht von einer Einheit zwischen einer Elternfigur und dem Kind aus, die über die entwicklungspsychologisch notwendige frühkindliche Mutter-Kind-Einheit hinweg andauert. Die symbiotische Bindung bringt die Notwendigkeit mit sich, die Unterschiedlichkeit von Wahrnehmungen, Gefühlen, Gedanken und Verhalten zu unterdrücken. Diese von Slipp (1973) als "symbiotic survival pattern" beschriebene Interaktion verhindert Verschiedenheiten in den Realitätswahrnehmungen in der Familie und das für den vulnerablen Patienten wesentliche kognitive Wachstum.

Die Ergebnisse der Fremdeinschätzung: Auch wenn wir zugrunde legen, daß sich die Selbstwahrnehmung von der Wahrnehmung durch andere, also der Fremdbeobachtung, immer unterscheidet, müssen wir bei einer Bestätigung dieser o. g. Überlegungen deutlichere Diskrepanzen zwischen Selbst- und Fremdwahrnehmung bei Mitgliedern in Familien mit einem schizophrenen Jugendlichen finden. Wir haben deshalb die Selbsteinschätzungen der Familienmitglieder mit unseren Fremdbeobachtungen in den Familiengesprächen verglichen. Als Beobachtungsinstrument verwendeten wir unser Instrument zum Einschätzen der Grenzenstörungen in den Familien. Wir konzentrierten uns auf den Vergleich von Nähe und

Distanz in den affektiven Beziehungen der einzelnen Dyaden. Für die Selbsteinschätzung zogen wir die Dimensionen „affektive Beziehungsaufnahme" und „Kontrolle" heran, da die intrapsychisch-psychoanalytisch ausgerichtete Operationalisierung dieser Dimensionen unserer Operationalisierung interpersonaler Nähe und Distanz auf der dyadischen Ebene im Beobachtungsinstrument für Grenzenstörungen weitgehend entspricht (Joraschky u. Cierpka 1984; Joraschky et al., in diesem Band, S. 173).

Die Matrizen der zweiten Ebene unseres Beobachtungsinstruments erfassen solche Kategorien, die Nähe und Distanz in Dyaden einer Familie charakterisieren. Die Items sind bipolar von $+3$ bis -3 skaliert. Wenn die Beträge der 8 Items addiert werden, ergibt sich ein Summenwert (zwischen 8 und 24), der das Ausmaß der interpersonalen Grenzenstörung hinsichtlich von Nähe und Distanz für jede Dyade angibt. Nach dem Familienerstgespräch wurden die Dyaden der oben beschriebenen Familien eingestuft. Tabelle 1 gibt einen Überblick über die Ergebnisse unseres Ratings.

Der Mittelwertsvergleich ergibt in der Varianzanalyse wiederum signifikante Unterschiede für die drei Gruppen (die klinischen Gruppen und die nichtklinische Gruppe). Lediglich beim Vergleich der Familienmitglieder ohne die Dyaden, an denen der Patient beteiligt ist, zeigen sich statistisch keine signifikanten Unterschiede.

Diese Ergebnisse ähneln den Einschätzungen, die die Familienmitglieder selbst vornahmen. Durch Korrelationsberechnungen konnten wir diesen Ein-

Tabelle 1. Varianzanalytischer Vergleich der Mittelwerte in der Fremdeinschätzung der Dyaden ($p < 0{,}01$). (*Alle Fm* Dyaden aller Familienmitglieder; *Patient → Fm* Grenzenstörungen der Patienten in Dyaden; *FM → Patient* Grenzenstörungen der Familienmitglieder gegenüber dem Patienten; *Fm ohne Patient*, die Beziehungen zum Patienten sind ausgenommen

	Alle Fm ($p < 0{,}01$)	Patient → Fm ($p < 0{,}01$)	Fm → Patient ($p < 0{,}01$)	Fm ohne Patient
Familien mit einem psychot. Familienmitglied	10,2	10,1	12,0	9,0
Familien mit einem neurot. Familienmitglied	10,6	11,2	12,5	9,1
Normalfamilien	8,7	8,4	8,8	8,8

Tabelle 2. Korrelationen zwischen Selbst- und Fremdeinschätzung der „Nähe und Distanz" in den Dyaden ($p < 0{,}05$ für alle Korrelationen)

Fremdeinschätzung	Selbsteinschätzung FAM III	
	Affektive Beziehung	Kontrolle
Familien mit einem psychot. Familienmitglied (n = 59)	0,32	0,30
Familien mit einem neurot. Familienmitglied (n = 78)	0,31	0,30
Normalfamilien (n = 75)	0,20	0,26

druck erhärten. Tabelle 2 weist aus, daß in den Pearson-Korrelationen die Selbst-
mit den Fremdeinschätzungen signifikant zusammenhängen. Dies gilt für alle Familien der drei Gruppen. Eine Untergliederung in Familiensubsysteme haben wir
für diese Berechnungen bislang nicht vorgenommen, weil uns die Fallzahl noch
zu gering erscheint.

17.2 Diskussion

In der Familientheorie zur Schizophrenie werden immer wieder schizophreniespe-
zifische familiendynamische Variablen diskutiert. In unserer Vergleichsuntersuchung zwischen drei Gruppen, 8 Familien mit einem schizophrenen, 8 Familien
mit einem neurotischen Familienmitglied und 8 sog. Normalfamilien, fanden sich
solche Anhaltspunkte nicht. Im Gegensatz zu vielen anderen Studien in diesem
Bereich sind unsere Gruppen parallelisiert, allerdings ist die Stichprobe noch viel
zu klein, um einigermaßen gesicherte Aussagen machen zu können. Dies ist auch
darin begründet, daß die Varianz im Datenmaterial durch die Komplexität der
Familie sehr groß ist. Eine zufriedenstellende Sicherheit über Unterschiede zwischen den klinischen Gruppen kann nur durch sehr große Stichproben erreicht
werden.

Immerhin fällt auf, daß sich weder in der Erhebung mit einem Fragebogeninstrument, dem FAM III, in dem die Familienmitglieder ihre Beziehungen zu den
anderen Mitgliedern selbst einschätzen, noch in unserer Fremdbeobachtung mit
dem Beobachtungsinstrument für Grenzenstörungen, spezifische Unterschiede
zwischen den Familien mit einem schizophrenen und einem neurotischen Familienmitglied ergeben. Insgesamt zeigen sich jedoch deutliche Unterschiede zu den
Normalfamilien. Alle Dimensionen im familiendynamischen Prozeßmodell von
Steinhauer et al. (1984) werden von den Mitgliedern der Familien mit einem klinisch unauffälligen Jugendlichen signifikant funktionaler angegeben. Hierbei ist
zumindest für die Selbsteinschätzung ein negativer Effekt bei den klinischen Familien in Rechnung zu stellen, da diese sich durch den Ausbruch einer Krankheit
eines ihrer Familienmitglieder problembelasteter beurteilen werden.

Da Mittelwertsvergleiche von allen Familienmitgliedern ohnehin wenig sinnvoll sind, sind die Ergebnisse der Untergruppen interessanter. Die Einschätzungen des Patienten prägen das Bild der Familie. Die größeren Standardabweichungen bei den klinischen Familien weisen auf deutlichere Unterschiede zwischen den
Familienmitgliedern hin als bei den sog. Normalfamilien. Die Gruppe der Normalfamilien ist homogener in ihren Beurteilungen. Es stellt sich die Frage, ob die
klinischen Gruppen durch die Variabilität in den Diagnosen von Neurosen und
von Schizophrenien inhomogener sind. Für Forschungsstudien in diesem Bereich
sollte deshalb eine weitere Aufteilung der klinischen Gruppen und eine differenzierte Diagnostik über mehrere familiäre Ebenen, zumindest über die individuelle, die dyadische und die familiär-systemische Ebene, angestrebt werden.

Überraschend ist die relativ hohe Übereinstimmung zwischen Selbst- und
Fremdeinschätzung in allen drei Gruppen. Aufgrund der Theorie der symbiotischen Beziehungen hätten wir eine stärkere Diskrepanz in den Einschätzungen bei
den Familien mit einem schizophrenen Jugendlichen erwartet. Da wir die Dyaden

des Patienten aufgrund unserer kleinen Fallzahl noch nicht von den anderen Dyaden in der Familie trennen konnten, muß sich noch zeigen, ob sich diese Aussage in weiteren Untersuchungen bestätigen läßt. Dies würde bedeuten, daß in diesen Familien weniger verleugnet wird als allgemein angenommen. Zumindest muß man sich die Frage stellen, ob die in den Familieninterviews festgestellte Verleugnung situativ durch die Krise, in der sich die Familie durch das akute Auftreten der Krankheit oder die Einweisung eines ihrer Mitglieder befindet, bedingt ist.

Wenn wir von einem zirkulären Prozeß zwischen individueller Psychopathologie und familiärer Dysfunktionalität ausgehen, ist bei Familien mit einem schizophrenen Mitglied der Faktor Familiendynamik hinsichtlich der Ätiopathogenese geringer zu veranschlagen als bei Familien mit einem neurotischen Mitglied. Die individuelle Vulnerabilität des psychotischen Patienten wird das System Familie mehr belasten und deshalb auch größere Bewältigungskapazitäten der Familie fordern. Dies könnte erklären, warum sich die Familienmitglieder der Familien mit einem neurotischen Mitglied dysfunktionaler erleben als die anderen (s. Abb. 2c). Die große Ähnlichkeit zwischen den Kurven der beiden klinischen Gruppen fordert jedoch auch zu Fragestellungen in eine ganz andere Richtung heraus. Möglicherweise gibt es keine spezifischen familiären Prozesse, die für bestimmte Krankheitsbilder diagnostiziert werden können, sondern bestimmte Familientypen und bestimmte Interaktionsmuster, die unabhängig von der klinisch-diagnostischen Klassifikation bestehen. In weiteren Untersuchungen, z. B. mit Clusteranalysen, wollen wir der Hypothese nachgehen, ob wir in beiden klinischen Gruppen ähnliche Typen finden, die durch unterschiedliche Muster von Familienstärken und -schwächen Einfluß auf den Verlauf der individuellen Erkrankung nehmen können.

Danksagung. Wir danken Frau Dipl.-Psych. G. Frevert für ihre kritischen Anregungen bei der Manuskriptbearbeitung und Frau I. Hößle für ihre Unterstützung bei der Datenauswertung.

Literatur

Bateson G, Jackson D, Haley J, Weakland J (1956) Toward a theory of schizophrenia. Behav Sci 1:251–264

Berger MM (ed) (1978) Beyond the double-bind. Brunner & Mazel, New York

Bown M (1960) A family concept of schizophrenia. In: Jackson SS (ed) The etiology of schizophrenia. Basic Books, New York

Brown G, Birley J, Wing J (1972) Influence of family life in the course of schizophrenic disorders: A replication. Br J Psychiatry 121:241–258

Cierpka M (1987a) Konzeption und Ziele im Familienerstgespräch. In: Cierpka M (Hrsg) Familiendiagnostik. Springer, Berlin Heidelberg New York Tokyo

Cierpka M (1987b) Überblick über familiendiagnostische Fragebogeninstrumente. In: Cierpka M (Hrsg) Familiendiagnostik. Springer, Berlin Heidelberg New York Tokyo

Cierpka M (1987c) Die Anwendung und der theoretische Hintergrund des "Family Assessment Measure". In: Cierpka M (Hrsg) Familiendiagnostik. Springer, Berlin Heidelberg New York Tokyo

Cierpka M, Thomas V (1987) FACES II and FAM III: A comparison of family assessment instruments. (Eingereicht bei Fam Proc)

Cierpka M, Rahm R, Schulz H (1987) Die Testgütekriterien des "Family Assessment Measure" (FAM Version III). In: Cierpka M, Nordmann F (Hrsg) Methoden in der Familienforschung. Springer, Berlin Heidelberg New York Tokyo

Cromwell RE, Peterson GW (1983) Multisystem-multimethod family assessment in clinical context. Fam Proc 22:147–163

Fleck S (1980) Yale Guide to Family Assessment. Yale-University, New Haven (unveröffentlichtes Manuskript)

Goldstein MJ (1981) New developments in interventions with families of schizophrenics. Jossey-Bass, San Francisco

Goldstein MJ (1983) Family interaction: Patterns predictive of the onset and course of schizophrenia. In: Stierlin H, Wynne LC, Wirsching M (eds) Psychosocial intervention in schizophrenia. Springer, Berlin Heidelberg New York Tokyo

Goldstein MJ, Strachan (1986) The impact of family intervention programs on family communication and the short-term course of schizophrenia. In: Goldstein MM, Hand I, Hahlweg K (eds) Treatment of schizophrenia. Springer, Berlin Heidelberg New York Tokyo

Gurman AS, Kniskern DP (1978) Research on marital and family therapy: Progress, perspective and prospect. In: Garfield S, Bergin A (eds) Handbook of psychotherapy and behavior change, 2nd edn. Wiley, New York

Gurman AS, Kniskern DP (1981) Family therapy outcome research: Knows and unknows. In: Gurman AS, Kniskern DP (eds) Handbook of family therapy. Brunner & Mazel, New York

Gurman AS, Kniskern DP, Pinsof WM (1986) Research on the process and outcome of marital and family therapy. In: Garfield S, Bergin A (eds) Handbook of psychotherapy and behavior change, 3rd edn. Wiley, New York

Hahlweg K (1986) Einfluß der Familieninteraktion auf Entstehung, Verlauf und Therapie schizophrener Störungen. In: Nordmann E, Cierpka M (Hrsg) Familienforschung in Psychiatrie und Psychotherapie. Springer, Berlin Heidelberg New York Tokyo

Joraschky P, Cierpka M (1984) Beobachtungsinstrument für Grenzenstörungen in Familien. (Unveröffentlichtes Manuskript, Ulm/Erlangen)

Kantor DH, Lehr W (1975) Inside the family. Jossey-Bass, San Francisco

Lidz T, Cornelison A, Fleck S, Terry D (1969) Spaltung und Strukturverschiebung in der Ehe. In: Bateson et al. (Hrsg) Schizophrenie und Familie. Suhrkamp, Frankfurt/M.

Miller IW, Epstein NB, Bishop DS, Keitner GI (1985) The Mc Master family assessment device: Reliability and validity. J Marr Fam Ther 11:345–356

Mosher LR, Pollin W, Stabenau JR (1971) Families with identical twins discordant for schizophrenia: Some relationships between identification, thinking styles, psychopathology and dominance-submission. Br J Psychiatry 118:29–42

Olson DH, Sprenkle DH, Russel CS (1979) Circumplex model of marital and family systems I: Cohesion and adaptability dimensions, family types and clinical applications. Fam Proc 18:3–28

Reiss D (1971 a) Varieties of consensual experience. I: A theory for relating family interaction to individual thinking. Fam Proc 10:1–27

Reiss D (1971 b) Varieties of consensual experience. III: Contrasts between families of normals, delinquents and schizophrenics. J Nerv Ment Dis 152:73–95

Scheflen AE (1981) Levels of schizophrenia. Brunner & Mazel, New York

Scheibe G, Buchheim P, Albus M, Braun P, Cierpka M (1987) Partner- und Familienbeziehung sowie Persönlichkeitsstruktur bei Patienten mit Angsterkrankungen im Vergleich zu normalen Versuchspersonen. Vortrag Winterseminar „Biologische Psychiatrie" in Oberlech

Skinner HA, Steinhauer PD, Santa-Barbara J (1983) The Family Assessment Measure. Can J Commun Ment Health 2:91–105

Slipp S (1973) The symbiotic survival pattern: A relational theory of schizophrenia. Fam Proc 12:377–398

Steinhauer PD, Tisdall GW (1984) The integrated use of individual and family psychotherapy. Can J Psychiatry 29:89–97

Steinhauer PD, Santa-Barbara J, Skinner HA (1984) The Process Model of Family Functioning. Can J Psychiatry 29:77–88

Tienari P, Sorri A, Naarala M, Lahti I, Pohjola J, Boström C, Wahlberg K-E (1983) The Finnish adoptive family study: Adopted-away offspring of schizophrenic mothers. In: Stierlin H, Wynne LC, Wirsching M (eds) Psychosocial interventions in schizophrenia. An international view. Springer, Berlin Heidelberg New York Tokyo, pp 21–34

Vaughn C, Leff JP (1976) The influence of family and social factors on the course of psychiatric illness. Br J Psychiatry 129:125–135

Wing JK, Cooper JE, Sartorius N (1982) Die Erfassung und Klassifikation psychiatrischer Symptome. Beltz, Weinheim

Wynne LC, Singer MT (1965) Denkstörung und Familienbeziehung bei Schizophrenen, Teil I–IV. Psyche 19:81–160

Wynne LC, Cole RE (1983) The Rochester risk research programm: A new look at parental diagnoses and family relationships. In: Stierlin H, Wynne LC, Wirsching M (eds) Psychosocial intervention in schizophrenia. Springer, Berlin Heidelberg New York Tokyo

Wynne LC, Ryckoff IM, Day J, Hirsch SJ (1969) Pseudo-Gemeinschaft in den Familienbeziehungen von Schizophrenen. In: Bateson et al. (Hrsg) Schizophrenie und Familie. Suhrkamp, Frankfurt/M.

18 Folgerungen aus der Expressed-Emotion-Forschung für die Rückfallprophylaxe Schizophrener *

K. HAHLWEG, E. FEINSTEIN, U. MÜLLER und M. DOSE

18.1 "Expressed Emotion" und Rückfall

Schizophrene Psychosen zählen zu den schweren, relativ häufigen psychiatrischen Erkrankungen. Die Lebenszeitprävalenz liegt bei 1%; die Rückfallgefährdung ist hoch, da auch unter neuroleptischer Depot-Dauermedikation ca. 40% der Patienten im ersten Jahr nach Entlassung aus stationärer Behandlung einen Rückfall erleiden; nach 2 Jahren steigt die Rückfallrate auf ca. 65% an. Die Entwicklung von effektiven Rehabilitationsmaßnahmen hat daher hohe Priorität.

Nach den Ergebnissen von Brown et al. (1972) und Vaughn u. Leff (1976) spielen familiäre Faktoren, insbesondere die emotionale Atmosphäre im Hause des Patienten (Expressed Emotion, EE), eine entscheidende Rolle, ob schizophrene Patienten innerhalb von 9 Monaten nach Entlassung einen Rückfall erleiden oder nicht.

18.1.1 Erfassung der "Expressed Emotion"

Die Autoren befragten die wichtigsten Bezugspersonen der Patienten mit Hilfe eines standardisierten Interviews (CFI = Camberwell Family Interview; Vaughn u. Leff 1976). Das CFI wird kurz nach stationärer Aufnahme des Patienten mit den Angehörigen durchgeführt, mit denen der Patient intensiven Kontakt hat, üblicherweise mit den Eltern oder dem Ehepartner. Jeder Angehörige wird einzeln befragt, und das Interview wird zur späteren Auswertung auf Tonband aufgenommen. Ziele des CFI sind zum einen, relevante Verhaltensweisen und Ereignisse im Leben des Patienten 3 Monate vor dessen stationärer Aufnahme zu erfassen, zum anderen sollen die Einstellungen und Gefühle des Angehörigen zum Patienten beobachtet und eingeschätzt werden.

Die Äußerungen des Angehörigen werden dabei vor allem hinsichtlich folgender drei Variablen beurteilt:

a) Anzahl kritischer Äußerungen über den Patienten (*Kritik*). Sowohl verbale Aspekte (Ausdruck von Mißbilligung, Abneigung, Ärger, Groll gegenüber dem Patienten) spielen eine Rolle, vor allem aber, ob der Tonfall abfällig oder wütend ist. Ausgewertet wird die Anzahl kritischer Äußerungen im Verlauf des Interviews.

---

* Eine verkürzte Fassung dieses Beitrags erscheint in: Hippius, H., Lauter, H., Ploog, D., Bieber, D., van Hout, L. (Hrsg.) Rehabilitation in der Psychiatrie. Springer Verlag, Berlin Heidelberg New York Tokyo (im Druck).

Tropon-Symposium, Bd. III
Die Schizophrenien
Hrsg. Kaschka/Joraschky/Lungershausen
© Springer-Verlag Berlin Heidelberg 1988

b) *Feindseligkeit.* Diese Variable wird mit Hilfe einer 4stufigen Ratingskala erfaßt. Bewertet wird das Ausmaß der Ablehnung der *Person* des Patienten
durch den Angehörigen.
c) *Emotionales Überengagement* (Emotional Overinvolvement, EOI). Mit Hilfe
einer 5stufigen Ratingskala wird das Ausmaß einer übermäßigen emotionalen
Beteiligung des Angehörigen am Leben oder an der Person des Patienten eingeschätzt. Bewertet werden Äußerungen, die extreme Sorge oder Fürsorglichkeit (Protektivität) widerspiegeln. Auch große emotionale Beteiligung während des Interviews, vor allem Weinen, wird als Zeichen für EOI gewertet.

Aufgrund der Variablen „Kritik", „Feindseligkeit" und „emotionales Überengagement" wird der Angehörige entweder als „niedrig" (NEE) oder „hoch"
(HEE) in bezug auf "Expressed Emotion (EE)" klassifiziert. Bei schizophrenen
Patienten müssen mindestens sechs kritische Äußerungen und/oder ein Wert 4
oder 5 auf der Skala „übermäßige emotionale Beteiligung" vorhanden sein, um
als HEE-Angehöriger klassifiziert zu werden (s. Hahlweg 1986).

18.1.2 Rückfallraten in Abhängigkeit vom familiären EE-Status

In acht prospektiven Studien wurde die prädiktive Validität des EE-Maßes untersucht (s. Hahlweg et al., im Druck). Faßt man die Ergebnisse dieser Studie mit
insgesamt 357 Patienten zusammen, so erlitten 54% der schizophrenen Patienten
mit einem HEE-Angehörigen innerhalb von 9 Monaten nach Entlassung aus stationärer Behandlung einen Rückfall, aber nur 16% der Patienten, die in eine
NEE-Familie zurückkehrten.

18.2 Vulnerabilitäts-Streß-Modell

Diese Ergebnisse betonen also die Bedeutung familiärer Interaktion für den Verlauf schizophrener Störungen und lassen sich gut in neuere Modellvorstellungen
zur Entstehung von schizophrenen Episoden einfügen. Nach dem interaktiven,
biopsychosozialen Vulnerabilitäts-Streß-Modell (Nuechterlein u. Dawson 1984)
wird nicht Schizophrenie per se, sondern eine besondere biologische Vulnerabilität, an Schizophrenic zu erkranken, genetisch vermittelt oder im Laufe der Entwicklung, z. B. durch Geburtstraumata, erworben. Indikatoren für diese biologische Vulnerabilität können Defizite in der Informationsverarbeitung und unan-
gepaßte autonome Reaktionen sein (Hypo- oder Hypererregung und mangelnde
Habituationsfähigkeit des autonomen Nervensystems). Diese biologischen Indikatoren interagieren mit Stressoren aus der Umwelt, z. B. ungünstige Lebensereignisse und – vor allem – einem negativen, streßreichen Familienklima. Tritt nun
durch ungünstige Umweltbedingungen Streß auf, so kann dies aufgrund mangelnder Bewältigungsstrategien zur autonomen Hypererregung führen, die bereits
vorhandenen kognitiven Defizite verstärken und damit auch den sozialen Streß.
Die schizophreniegefährdete Person wechselt in ein vorübergehendes Zwischen-
stadium über, in dem sich die Defizite noch einmal verstärken. Am Ende tritt

dann eine schizophrene Episode auf. Die EE-Befunde lassen sich also sehr gut in dieses Modell integrieren.

Aus dem Modell und der Familienforschung lassen sich darüber hinaus auch Folgerungen für die Rückfallprophylaxe bei schizophrenen Patienten ziehen: Zum einen erscheint eine Neuroleptikabehandlung indiziert, um die biologischen Anteile der Erkrankung zu beeinflussen, hier also vor allem die autonome Hypererregung. Zum anderen erscheint es für eine effektive Prophylaxe unerläßlich, auch psychosoziale Maßnahmen einzusetzen, um ungünstige familiäre Bedingungen zu verändern.

18.3 Familienbetreuung zur Rückfallprophylaxe

In den letzten Jahren sind fünf kontrollierte Studien veröffentlicht worden, in denen schizophrene Patienten mit einer Kombination von Neuroleptika- und Familientherapie behandelt wurden. Die einzelnen Ansätze folgen alle dem Vulnerabilitäts-Streß-Modell (Goldstein et al. 1978; Falloon et al. 1984; Anderson et al. 1986; Leff et al. 1986; Tarrier et al., in press). In diesen kontrollierten Studien konnten durchaus vergleichbare Ergebnisse erzielt werden: Die Rückfallraten nach 6 oder 9 Monaten liegen bei den Kontrollgruppen (d. h. die Patienten wurden neuroleptisch behandelt und intensiv individuell betreut) zwischen 33 und 50%, bei den familientherapeutisch behandelten Gruppen zwischen 6 und 11%. Nach 2 Jahren liegen die Rückfallraten in den Kontrollgruppen bei 70%, in den Experimentalgruppen bei ca. 20%. Die rückfallprophylaktische Wirkung der Familienbetreuung ist also überzeugend nachgewiesen.

18.3.1 Gemeinsamkeiten und Unterschiede der Programme

Die einzelnen Ansätze unterscheiden sich zwar in ihrem Vorgehen, haben aber eine Reihe von gemeinsamen Komponenten (s. auch Goldstein et al. 1986):
a) Die Patienten werden neuroleptisch behandelt.
b) Die Interventionen sind relativ kurz (meistens zwischen 6 und 24 Sitzungen im ersten Jahr) und beginnen mit einer Phase, in der *Informationen* über Psychose und Neuroleptikabehandlung gegeben werden.
c) Der Schwerpunkt des Vorgehens liegt auf dem Abbau von Kritik und emotionalem Überengagement der Familienmitglieder durch Vermittlung von entsprechenden Kommunikationsfertigkeiten und -regeln.
d) Diese bilden die Grundlage für den Einsatz von effektiven Problemlösestrategien, mit deren Hilfe sich familiäre Konflikte vermeiden oder lösen lassen. Ziel ist der Abbau von sozialem Streß.
e) Die Therapie ist nicht nur auf die Probleme des Patienten ausgerichtet, sondern versucht, die Lebensumstände aller Familienmitglieder zu verbessern.

Die Unterschiede liegen vor allem in der Behandlungsform: in der Untersuchung von Leff et al. (1986) wurden nur die Familienangehörigen in die Therapie einbezogen und in Gruppen behandelt, während in den anderen drei Studien die

Familien unter Einschluß des Patienten einzeln behandelt wurden. Darüber hinaus war die Dauer der Behandlung unterschiedlich: bei Goldstein et al. (1986) und Leff et al. (1986) kurzfristig (6–11 Sitzungen), bei Anderson et al. (1986) und Falloon et al. (1984) längerfristig (ca. 24 Sitzungen).

18.3.2 Ergebnisse der Falloon-et-al.-Studie

In der Studie von Falloon et al. (1984) zeigte sich weiterhin, daß Patienten mit Familienbetreuung signifikant seltener schizophrene Symptome zeigten, weniger Neuroleptika verbrauchten und sozial deutlich besser angepaßt waren als Patienten mit reiner Neuroleptikabehandlung. Darüber hinaus erwies sich die Familienbetreuung als deutlich kostengünstiger. Pro Patient konnten im Vergleich zur Kontrollgruppe 2000 US$ eingespart werden. In der Studie von Falloon et al. (1984) wurde weiterhin untersucht, ob sich auch Familienvariablen, besonders Kritik am Patienten, aufgrund der Therapie ändern. Je 18 schizophrene Patienten mit HEE-Angehörigen wurden nach Zufall entweder familientherapeutisch oder individuell behandelt, d. h. von einem Therapeuten ohne Einschluß der Familienmitglieder mit gleicher therapeutischer Intensität betreut. Alle erhielten Neuroleptika. Vor der Therapie, nach 3 und 24 Monaten wurden die Familien gebeten, familiäre Probleme zu diskutieren. Die auf Tonband aufgenommenen Gespräche wurden dann anschließend mit einem Beobachtungssystem zur Erfassung familiärer Kommunikation (Hahlweg et al. 1984) ausgewertet. Familien in Familienbetreuung steigerten die Rate problemlösebezogener Äußerungen deutlich und reduzierten die Häufigkeit kritischer und ablehnender Äußerungen signifikant über einen 2-Jahres-Zeitraum im Vergleich zur Kontrollgruppe.

Die Ergebnisse machen deutlich, daß mit einer Familientherapie in Kombination mit Neuroleptikatherapie nicht nur Rückfälle verhindert werden können und die Belastung der Familie verringert werden kann, sondern daß sich auch die „kritischen" Familienvariablen langfristig verändern lassen.

18.4 Familienbetreuung: praktisches Vorgehen

Familienbetreuungsprogramme sollten explizit auf die Veränderung von Variablen abzielen, die zum Rückfallprozeß beitragen. Dabei sind zwei übergeordnete Bereiche im Auge zu behalten:
– die Erhaltung und Förderung der Einnahme von neuroleptischer Medikation ("Compliance") und
– effektives familiäres Streßmanagement.

Auf den Patienten können täglich eine Reihe von Stressoren einwirken. Diese können unabhängig von der Familie sein, etwa negative Lebensereignisse, z. B. Arbeitslosigkeit oder zu hohe Belastung im Beruf. Zusätzlich können Spannungen in der Familie, z. B. Kritik und Überfürsorglichkeit, vorliegen. Hieraus wird deutlich, daß effektives Streßmanagement auf eine Reihe verschiedenartiger Streßeinflüsse außerhalb und innerhalb der Familie zugeschnitten sein muß. Allgemein wird es darum gehen, Techniken zur Hand zu haben, die helfen: Spannungen in der Familie abzubauen, Bewältigungsmechanismen für den Umgang mit äußeren Stressoren auszubilden und Hoch-EE-Interaktionsmuster in der Familie zu modifizieren, dies sowohl in Hinblick auf die Veränderung ungünstiger Einstellungen als auch interaktioneller Verhaltensweisen. Im folgenden soll das praktische Vorgehen im Rahmen einer verhaltenstherapeutisch orientierten Familienbetreuung (Falloon et al. 1984) ausführlicher dargestellt werden.

18.4.1 Diagnostikphase

Wie bei der Verhaltenstherapie üblich, geht der Betreuung eine diagnostische Phase voraus. Ziele dieser Phase sind vor allem:
a) abzuklären, inwieweit im jeweils vorliegenden Fall eine Betreuung notwendig und durchführbar ist;
b) Kontakt zur Familie herzustellen und die nötige Motivation zur Betreuung aufzubauen;
c) spezifische Therapieziele zu formulieren.

In Einzelsitzungen mit den Angehörigen und dem Patienten und in einer gemeinsamen Diskussion werden Stärken und Schwächen der familiären Kommunikation erhoben. Weiterhin sollen persönliche Veränderungswünsche formuliert werden, um die Motivation zur Teilnahme an der Behandlung zu stärken.

18.4.2 Informationsphase

Als nächstes werden Informationssitzungen mit den Angehörigen im Beisein des Patienten abgehalten. Die erste ist dem Themenbereich „Psychose" gewidmet. Hier wird versucht, Fehleinstellungen der Familie abzubauen, die zu Hoch-EE-Verhalten führen können.
Inhaltlich werden folgende Themen angesprochen:
a) diagnostische Kriterien für die Psychose;
b) Symptomatologie, unterschiedliche Verlaufsformen, Prognose;
c) bislang bekannte biologische Grundlagen, die der Erkrankung mit hoher Wahrscheinlichkeit zugrundeliegen;
d) Streßfaktoren, die den weiteren Verlauf der Erkrankung beeinflussen können.

Die Angehörigen und der Patient sollen lernen, die Erkrankung als ernstzunehmende, diagnostisch abgrenzbare psychiatrische Störung auf biologischer Grundlage zu verstehen, um Schuldzuweisungen für Symptome an den Patienten wie auch der Angehörigen sich selbst gegenüber abzubauen.
Die zweite Informationssitzung beschäftigt sich mit der Neuroleptikamedikation. Hauptziel dieser Sitzung besteht darin, die Bereitschaft des Patienten und der Familie zur regelmäßigen Einnahme ("Compliance") der verordneten Medikation zu motivieren. Es werden folgende Themen angesprochen:
a) Begründung der Gabe von Neuroleptika;
b) Namen der gängigsten Präparate;

c) Bedeutung der Neuroleptika für die Behandlung in der akuten Phase wie auch zur Rückfallprophylaxe;
d) Rückfallraten ohne Medikation und Halbierung des Risikos durch Neuroleptika;
e) Symptome, die sich gut oder weniger gut durch Neuroleptika beeinflussen lassen;
f) Nebenwirkungen und Bewältigungsmöglichkeiten;
g) Zusammenstellung einer Liste von Prodromalzeichen („Frühwarnzeichen").

Nach jeder Informationssitzung werden den Familien Informationsbroschüren, die in ausführlicher Form den Inhalt der Sitzungen enthalten, mit nach Hause gegeben.

18.4.3 Kommunikationstraining

Trainings von Kommunikationsfertigkeiten wurden in der Verhaltenstherapie schon in verschiedensten Anwendungsbereichen eingesetzt. Im Zusammenhang mit der Familienbetreuung zur Rückfallprophylaxe wird die Anwendung von angemessener Kommunikation zum Zwecke eines leichteren Abbaus von Konflikten und Spannungen in der Familie angestrebt, mithin also zur Reduktion von Streß. Speziell wird hier auf die Veränderung von Kommunikationsmustern hingewirkt, die als Ausdruck von Hoch-EE-Variablen auf der Verhaltensebene anzusehen sind.

Dies ist deshalb wichtig, da Hoch-EE-Angehörige zwar relativ leicht einsehen, daß es ungünstig ist den Patienten zu kritisieren, sich dann aber in der Realsituation nicht beherrschen können und sich in streßreiche Auseinandersetzungen verstricken.

Ziel des Kommunikationstrainings ist die Umwandlung von „indirekter" in angemessene, „direkte" Kommunikation. Folgende Komponenten *direkter Kommunikation* werden trainiert:
a) Aussagen in der *„Ich-Form"* zu formulieren;
b) der Sprecher soll die Gefühle mitteilen, die er in der Situation empfindet;
c) der Sprecher soll sich bei negativen Gefühlen auf die anstehende Problemsituation beschränken, so daß Verallgemeinerungen vermieden werden;
d) der Sprecher verhält sich nonverbal kongruent.

Das Kommunikationstraining dauert ca. 4–5 Sitzungen, in denen folgende Fertigkeiten trainiert werden:
1) positive Gefühle äußern;
2) um etwas bitten (Wunsch um Verhaltensänderung);
3) negative Gefühle äußern,
4) aktives Zuhören.

zu 1) *Positive Gefühle äußern:* Mit dieser Übung wird begonnen, um der z. T. ausgeprägten Tendenz entgegenzuwirken, sich überwiegend mit negativen Gesprächsinhalten und Interaktionsmustern zu beschäftigen.
Da diese Fertigkeit wenig konfliktprovozierend und aufgrund der angenehmen Stimmung in der Sitzung motivierend wirkt, eignet sie sich zum Einstieg in das

Kommunikationstraining. Im einzelnen werden folgende Komponenten trainiert: (a) den Gesprächspartner anschauen; (b) ihm genau beschreiben, was mir gefallen hat (sein Verhalten beschreiben); (c) ihm genau sagen, was ich dabei gefühlt habe.

zu 2) *Um etwas bitten:* Im alltäglichen Zusammenleben ist es unumgänglich, daß ein Familienmitglied manchmal entgegen den Wünschen eines anderen Mitgliedes handelt. Oft werden dann die abweichenden Wünsche nicht direkt angesprochen, sondern man versucht, sie mit Hilfe von Drohungen oder Nörgeln durchzusetzen. Dies führt leicht zu Auseinandersetzungen. Es ist wichtig, der Familie klar zu machen, daß man mit der Fertigkeit „Um etwas bitten" nicht alles erfüllt bekommen wird, daß jedoch ohne Ausübung von Druck eine höhere Wahrscheinlichkeit besteht, daß die eigenen Wünsche erfüllt werden. Folgende Komponenten werden trainiert: (a) den Gesprächspartner anschauen; (b) genau beschreiben, worum ich ihn bitte; (c) ihm sagen, wie ich mich dann fühlen würde.

zu 3) *Negative Gefühle äußern:* In vielen Fällen lassen sich negative Gefühle durch sachgemäßen Einsatz der Fertigkeit „Um etwas bitten" vermeiden. Dies wird jedoch nicht immer möglich sein, so daß der Familie die Komponenten des direkten Ausdruckes negativer Gefühle vermittelt werden, um eine Eskalation schwieriger Situationen zu verhindern: (a) den Gesprächspartner anschauen: fest und bestimmt sprechen; (b) ihm genau beschreiben, was mir mißfallen hat (sein Verhalten konkret beschreiben); (c) ihm sagen, was ich dabei gefühlt habe; (d) einen Vorschlag machen, wie er dies in Zukunft vermeiden könnte. Die letzte Komponente besteht darin, an das Äußern eines negativen Gefühles die Fertigkeit des „Um etwas bitten" anzuschließen, um im Gespräch eine Bewältigung des Problems einzuleiten.

zu 4) *Aktives Zuhören:* Gute Kommunikation setzt nicht nur voraus, daß wichtige Sachverhalte und Gefühle geäußert werden, sondern diese müssen beim Empfänger auch ankommen und verstanden werden. Gerade Hoch-EE-Angehörige haben oft die Neigung, lange Reden zu führen, aber wenig auf den anderen einzugehen. Deshalb müssen Fertigkeiten des „aktiven Zuhörens" besonders trainiert werden: (a) den Sprecher anschauen; (b) ihm aufnehmend zuhören (Kopfnicken, „ja", „mhm"); (c) bei Unklarheiten nachfragen; (d) das Gehörte rückmelden.

Sehr wichtig ist dabei, daß der aktiv Zuhörende den Sprecher von indirekter zu direkter Kommunikation führt. Mit Hilfe dieser Fertigkeit können oft schon Themen mit leichtem bis mittlerem Konfliktpotential in angemessener Weise besprochen und z. T. gelöst werden.

18.4.4 Problemlösetraining

Oft können problematische Situationen durch geeignete Kommunikationsfertigkeiten entschärft und gelöst werden. Viele Situationen sind jedoch derart komplex und tauchen immer wieder auf, daß direkte Kommunikation zur Lösung alleine nicht ausreicht. Das Problemlöseverfahren besteht aus 6 Phasen:

a) *Um welches Problem geht es?* In dieser Phase soll das Problem in seinen wesentlichen Komponenten aus der Sicht aller Familienmitglieder definiert werden. Wesentliche Bedingungen für das Problem sollten herausgearbeitet werden, damit Problemlösungsvorschläge in der nächsten Phase nicht am Problem vorbeizielen. Am Ende dieser Phase sollte gemeinsam eine Problemdefinition festgelegt werden.

b) *Lösungsmöglichkeiten aufschreiben:* Alle Vorschläge zur Lösung des Problems werden sofort und ohne Diskussion ("Brainstorming") aufgeschrieben. Durch dieses Vorgehen kommen oft neue und kreative Lösungsvorschläge zustande. Dabei sollte jedes Familienmitglied mindestens einen eigenen Vorschlag machen, damit er sich bei dem Lösungsvorgang nicht übergangen fühlt.

c) *Lösungsmöglichkeiten diskutieren:* Jeder Vorschlag wird hinsichtlich seiner Vor- und Nachteile diskutiert. Wichtig hierbei ist es, die Meinung aller einzuholen, da sonst einseitige Lösungen zustandekommen, die später häufig sabotiert werden.

d) *Beste Lösungsmöglichkeit(en) auswählen:* Aus den bewerteten Vorschlägen sollte einer oder mehrere ausgewählt werden.

e) *Überlegen, wie die Beste(n) Lösungsmöglichkeit(en) in die Tat umgesetzt werden können:* Zur Umsetzung sollten konkrete Schritte und die Aufgabenverteilung an die Familienmitglieder festgelegt werden.

f) *Überprüfen, ob die Schritte eingehalten wurden. Lobe jeden Versuch!* Der Familie wird vorher erklärt, daß ideale Lösungen selten möglich sind, und daß in vielen Fällen eine „Nachbesserung" nötig sein wird. Auch kleine, unvollständige Schritte in Richtung auf eine Lösung sollten beachtet und entsprechend verstärkt werden. Wenn trotz Korrektur solcher Pläne eine gefundene Lösung nicht funktioniert, muß der Problemlösevorgang wiederholt werden.

Mit Hilfe des Kommunikations- und Problemlösetrainings soll die Familie in die Lage versetzt werden, zu Hause ohne Anleitung schwierige Probleme zu besprechen und zu lösen. Die Familienbetreuung versteht sich somit als Hilfe zur Selbsthilfe.

18.4.5 Weitere Maßnahmen

Aufgrund der vielfältigen Probleme, die mit einer Psychose einhergehen, müssen in vielen Fällen zusätzliche Maßnahmen ergriffen werden. Für viele dieser Probleme ist eine enge Zusammenarbeit mit dem behandelnden Nervenarzt nötig.

Zusätzliche Maßnahmen sind u. a.:

a) Aktivitätenplanung und kognitive Umstrukturierung bei depressiver Begleitsymptomatik oder der häufig auftretenden postremissiven Depression. Hierbei ist die Zusammenarbeit mit dem betreuenden Nervenarzt erforderlich, da manchmal die zusätzliche Gabe von Antidepressiva nötig wird. Zusätzlich muß bei diesen Patienten auf mögliche Suizidgefährdung geachtet werden.

b) Sozialtrainings bei zurückgezogenen, selbstunsicheren oder kontaktgehemmten Patienten.

c) Gedankenstop-Training bei Patienten mit zwanghafter Begleitsymptomatik.
d) Aufstellung von Listen von zu vermeidenden Streßsituationen und Überforderungen; dies vor allem bei Patienten mit stark herabgesetzter Belastbarkeit und chronischem Verlaufstypus.

18.4.6 Allgemeine Hinweise zur Durchführung

Die Familienbetreuung ist ein umfassender Ansatz und beschränkt sich nicht nur auf die Bearbeitung familiärer Probleme. Je nach Problemlage können zusätzlich zu den gemeinsamen Familiensitzungen noch Einzelsitzungen mit dem Patienten abgehalten werden, wenn es um individuelle Probleme geht. Bewährt hat sich außerdem, etwa jede 4. Sitzung im Haushalt der Familie durchzuführen. Die Kenntnis der häuslichen Umgebung erleichtert häufig die Lösungsfindung, außerdem werden die neuen Fertigkeiten von den Familienmitgliedern schneller in der gewohnten Umgebung angewendet. Der durchschnittliche Betreuungsaufwand liegt im ersten Jahr bei etwa 15–20 Sitzungen, die erst wöchentlich, später 2wöchentlich und nach ca. 6 Monaten monatlich abgehalten werden. Im zweiten Jahr wird die Familie nach Bedarf, z. B. zur Krisenintervention, gesehen. Die Behandlung kann durch einen Therapeuten erfolgen, der Einsatz eines Co-Therapeuten erscheint nicht notwendig.

18.5 Zusammenfassung

Insgesamt hat sich die Familieninteraktionsforschung als sehr fruchtbar erwiesen, vor allem was die Prädiktion des Verlaufes schizophrener Störungen angeht.

Ganz besonders erfolgversprechend erscheint der Einsatz von Familienbetreuung im Rahmen der Rückfallprophylaxe. Nach den vorliegenden Ergebnissen sollten diese Programme zwingend in Kombination mit medikamentöser Behandlung eingesetzt werden. Sicherlich sind in diesem Bereich noch Fragen offen, so z. B. nach Form und Dauer der Programme, wie eine effektive Therapeutenschulung gestaltet werden muß oder welche Patienten/Familien sich für solche Programme am besten eignen.

Insgesamt ist aber schon jetzt zu fordern, daß familiären Variablen bei der Untersuchung psychischer Erkrankungen wesentlich mehr Beachtung als bisher geschenkt werden sollte. Darüber hinaus müssen Maßnahmen der Familienbetreuung integrativer Bestandteil der Behandlung schizophrener Patienten werden.

Literatur

Anderson CM, Reiss DJ, Hogarty G (1986) Schizophrenia and the family. Guilford Press, New York
Brown GW, Birley JLT, Wing JK (1972) Influence of family life on the course or schizophrenic disorders: A replication. Br J Psychiatry 121:241–258

Falloon IRH, McGill CW, Boyd JL (1984) Family care of schizophrenia. Guilford Press, New York

Goldstein MJ, Rodnick EH, Evans JR, May PRA, Steinberg MR (1978) Drug and family therapy in the aftercare of acute schizophrenics. Arch Gen Psychiatry 35:1169–1177

Goldstein MJ, Hand I, Hahlweg K (eds) (1986) Treatment of schizophrenia: Family assessment and intervention. Springer, Berlin Heidelberg New York Tokyo

Hahlweg K (1986) Einfluß der Familieninteraktion auf Entstehung, Verlauf und Therapie schizophrener Störungen. In: Nordmann E, Cierpka M (Hrsg) Familienforschung in Psychiatrie und Psychotherapie. Springer, Berlin Heidelberg New York Tokyo, S 1–29

Hahlweg K, Reisner L, Kohli G, Vollmer M, Schindler L, Revenstorf D (1984) Development and validity of a new system to analyze interpersonal communication: Kategoriensystem für partnerschaftliche Interaktion. In: Hahlweg K, Jacobson NS (eds) Marital interaction: Analysis and modification. Guilford Press, New York

Hahlweg K, Dose M, Feinstein E, Müller U, Römer M (1987) Familienklima und Verlauf psychischer Störungen. In: Hahlweg K, Brengelmann JC (Hrsg) Neuere Entwicklungen der verhaltenstherapeutischen Kinder-, Ehe- und Familientherapie. Röttger, München

Hahlweg K, Müller U, Feinstein E, Dose M (im Druck) Familienbetreuung schizophrener Patienten: Rückfallprophylaxe und Änderung der familiären Kommunikationsmuster. In: Brenner H, Böker W (Hrsg) Die Rolle intermediärer Prozesse für Verständnis und Therapie der Schizophrenie. Huber, Bern

Leff JP, Kuipers L, Berkowitz R, Eberlein-Vries R, Sturgeon DA (1986) A controlled trial of social intervention in the families of schizophrenic patients. In: Goldstein MJ, Hand I, Hahlweg K (eds) Treatment of schizophrenia: Family assessment and intervention. Springer, Berlin Heidelberg New York Tokyo, pp 153–170

Nuechterlein KH, Dawson ME (1984) A heuristic vulnerability/stress model of schizophrenic episodes. Schizophr Bull 10:300–312

Tarrier N, Barrowlough C, Vaughn C, Bamrah JS, Porceddu K, Watt S, Freeman H (in press) The community management of schizophrenia: A controlled trial of a behavioural intervention with families to reduce relapse. Br J Psychiatry

Vaughn CE, Leff JP (1976) The influence of family social factors on the course of psychiatric illness. Br J Psychiatry 129:125–137

19 Bifokale therapeutische Gruppenarbeit mit schizophrenen Patienten und ihren Angehörigen – Ergebnisse einer 5jährigen Katamnese

L. Lewandowski und G. Buchkremer

19.1 Einleitung

Im letzten Jahrzehnt ist das Interesse an den Angehörigen schizophrener Patienten aus unterschiedlichen Gründen gestiegen. Einerseits erfahren die Angehörigen durch die Einbeziehung in die Behandlung Unterstützung und Beratung, andererseits sind hierdurch günstige Auswirkungen auf die psychische und soziale Situation der Patienten, insbesondere ihr Rezidivrisiko zu erwarten. Einzelberatung, professionell geleitete Angehörigengruppen und Selbsthilfegruppen sind die gebräuchlichsten Interventionsformen für die Angehörigen; familientherapeutische Konzepte sind in der psychiatrischen Versorgung noch wenig verbreitet. Im nachfolgenden Beitrag sollen zunächst empirische und klinische Gründe für die therapeutische Angehörigenarbeit genannt, sowie verschiedene Konzepte der Angehörigenarbeit skizziert werden. Danach werden die Ergebnisse einer eigenen klinischen Interventionsstudie zur Effektivität bifokaler Gruppenarbeit zur Rezidivprophylaxe vorgestellt.

19.1.1 Empirische und klinische Gründe für die therapeutische Angehörigenarbeit

Die "Expressed-emotions"-Forschung konnte die Interaktion von Umwelteinflüssen und Schizophrenie belegen und auf die therapeutischen Möglichkeiten verweisen, das Rezidivrisiko durch Modifikation des emotionalen Engagements der Angehörigen zu senken. Brown u. Rutter (1966) sowie Vaughn u. Leff (1976) erbrachten den inzwischen mehrfach replizierten Nachweis (vgl. Brown et al. 1968, 1972; Leff 1976; Sturgeon et al. 1981; Leff et al. 1982; Vaughn et al. 1984; Buchkremer et al. 1986), daß kritisch-feindselige und überprotektiv-selbstaufopfernde Haltungen der Hauptbezugspersonen ("keyrelatives") gegenüber dem Patienten zu einer 3- bis 4mal höheren Rückfallhäufigkeit führen. Nicht sicher geklärt ist allerdings, ob das emotionale Ausdrucksverhalten Ursache oder Folge der Erkrankung ist. Die mit dem Rezidivrisiko signifikant korrelierenden emotionalen Einstellungen und Haltungen der Familienangehörigen können einerseits als Reaktionen auf das krankheitsbedingte Verhalten der Patienten aufgefaßt werden.

So fand Buchkremer (1986), daß Angehörige sich gegenüber ihren Patienten eher überengagiert und kritisch äußerten, wenn diese vermehrte Hostilität bzw. Denk- und Antriebsstörungen zeigten. Gegenüber psychisch gestörtem Verhalten reagierten die Mütter eher emotional überengagiert, die Väter hingegen kritisch.

Tropon-Symposium, Bd. III
Die Schizophrenien
Hrsg. Kaschka/Joraschky/Lungershausen
© Springer-Verlag Berlin Heidelberg 1988

Andererseits kann ein kritisch-überengagiertes Familienklima als sozialer Stressor aufgefaßt werden, der zur Überschreitung der Vulnerabilitätsschwelle führt und eine psychotische Dekompensation begünstigt. Eine solche Erklärung wäre mit dem Vulnerabilitätskonzept (Zubin u. Spring 1977) konsistent. Auf die Wechselwirkung von hereditärer Belastung und familiärem Umfeld weist Mednick (1978) hin: Die psychovegetative Erregung von Kindern schizophrener Mütter war im Vergleich zu Kindern gesunder Mütter signifikant höher, wenn die Familie nicht intakt war. Bei den Kindern der Nicht-Risikogruppe führte die nicht-intakte familiäre Situation zu keiner Erhöhung der psychovegetativen Erregung. Die therapeutische Arbeit mit den Angehörigen sollte deshalb zu einem klar strukturierten, überschaubaren und mäßig emotional involvierten Familienklima führen.

Die Notwendigkeit zur Angehörigenarbeit ergibt sich aber auch aus der *klinischen* Situation:

Die aus der Klinik entlassenen Patienten benötigen konkrete Hilfe bei der Erkrankungsbewältigung und Rezidivprophylaxe. Hierbei können die Angehörigen hilfreich sein. Andererseits bedürfen die Angehörigen selbst einer Unterstützung, da sie sich häufig angesichts der psychotischen Erkrankung überfordert, ohnmächtig, schuldig und beschämt fühlen. Analog zu der sich nach einer akuten Psychose entwickelnden Minussymptomatik ziehen sich auch viele Angehörige zurück und isolieren sich sozial. Außerdem besteht häufig ein großes Informationsdefizit über die Krankheit und ihre Behandlung. Dies führt zu Verunsicherungen und Fehleinschätzungen erkrankungsbedingten Verhaltens. Über- bzw. Unterforderung, Bagatellisierung oder Katastrophisierung, Resignation, Verbitterung und Gleichgültigkeit resultieren häufig daraus. Die Frage nach der Ätiologie der Erkrankung ist für die Angehörigen häufig die Frage nach der Schuld. „Schuld sein" bedeutet dann in einem neutralen Sinn „Ursache sein" bzw. „sich verfehlt haben". Überprotektives, selbstaufopferndes oder auch kritisches Verhalten der Eltern hat daher häufig seine Wurzeln in latenten Schuldgefühlen, aus denen eine Verpflichtung zur Wiedergutmachung resultiert.

19.1.2 Konzepte therapeutischer Arbeit mit Angehörigen schizophrener Patienten

Es gibt verschiedene Organisationsformen der Angehörigenarbeit mit unterschiedlichen Zielsetzungen (vgl. auch Buchkremer u. Lewandowski 1984; Katschnig u. Konieczna 1984; Fiedler et al. 1986).

19.1.2.1 Familienberatung und themenoffene Gesprächsgruppen

Diese Ansätze versuchen das Wissens- und Kompetenzdefizit über Entstehung, Verlauf und Prognose der Erkrankung durch Beratung der Angehörigen auszugleichen (Thornton et al. 1981; Berkowitz et al. 1984; Barrowclugh u. Tarrier 1984). Dabei ist das Vulnerabilitätskonzept von Zubin u. Spring (1977) (zusammenfassend Olbrich 1987) für Angehörige und Patienten geeignet, Prinzipien der

Behandlung, Rehabilitation und Rezidivprophylaxe zu verdeutlichen. eine so durchgeführte Aufklärung wirkt entängstigend und fördert die Kooperation und Compliance im Rahmen der Behandlung. Von themenoffenen Angehörigengruppen stammen Projektberichte (Schneider u. Heinrich 1979; Reif 1981; Siedow u. Bombosch 1982; Ahrbeck 1983; Heltzel 1984; Katschnig u. Konieczna 1984; Plessen et al. 1985; Fiedler et al. 1986).

19.1.2.2 Bifokale Krisenbegleitung

Bei diesem Ansatz werden Angehörigengruppen im Sinne einer bifokalen Krisenbegleitung parallel zur stationären oder tagesklinischen Behandlung der Patienten durchgeführt (Bertram 1982; Dörner et al. 1982). Es handelt sich dabei um offene Gruppen für die Vertrauenspersonen des Patienten. Allgemein werden das Sprechen über Schuldgefühle sowie das „Freisprechen von Schuldgefühlen" als Themenbereiche besonderer Wichtigkeit angesehen.

19.1.2.3 Angehörigen-Selbsthilfegruppen

In den letzten Jahren findet der Wunsch der Angehörigen nach Aussprache und Unterstützung auch in der Gründung von Selbsthilfegruppen und -vereinen Ausdruck (Angermeyer u. Finzen 1984; Dörner et al. 1982; Katschnig u. Konieczna 1984). Selbsthilfegruppen entstehen häufig aus professionell geleiteten Angehörigengruppen (Buchkremer u. Schulze-Mönking 1986, 1987); sie stellen eine Ergänzung und keinen Widerspruch zu psychiatrischen Therapieangeboten dar.

19.1.2.4 Psychoedukative Familientherapie

Unter diesem Begriff lassen sich verschiedene Ansätze einordnen, die verhaltenstherapeutisch sowie an den Ergebnissen der "Expressed-emotions"-Forschung orientiert zumeist im angloamerikanischen Raum entwickelt und evaluiert wurden (vgl. hierzu auch den Beitrag von Hahlweg et al. in diesem Band, S. 201). Anderson et al. (1981) sowie Anderson (1986) beginnen ihre Interventionen während der akuten Erkrankung des Patienten im stationären Rahmen und führen sie über einen Zeitraum von mindestens 2 Jahren im ambulanten Setting weiter.
    Sie unterscheiden vier Therapiephasen:
- Die Herstellung einer therapeutischen Arbeitsbeziehung zur Familie während der stationären Behandlung.
- Eine eintägige Informationsveranstaltung für die Angehörigen von 4–5 Patienten mit dem Ziel, die Angehörigen über Symptomatik, Ätiologie und Behandlungsmöglichkeiten sowie über den alltäglichen Umgang mit der Krankheit aufzuklären.
- In einer dritten Phase wird mit den einzelnen Familien getrennt gearbeitet. Alle 2–3 Wochen finden Familiengespräche statt, die im wesentlichen dazu dienen, die Abgrenzung in der Familie und die schrittweise Übernahme von Verantwortung durch den Patienten selbst zu fördern.
- Schließlich werden je nach Schwere der Erkrankung konfliktorientierte Familientherapie oder unterstützende Gespräche mit abnehmender Frequenz durchgeführt.

Ein ebenfalls psychoedukatives Modell der Familienbetreuung mit einer unmittelbar nach der Entlassung aus der Klinik beginnenden 6wöchigen Interventionsdauer wurde von Goldstein (1985), Goldstein u. Kopeikin (1981) sowie Goldstein et al. (1978) erprobt.

Falloon et al. (1981, 1983) sowie Falloon u. Pederson (1985) vertreten ein verhaltenstherapeutisches auf die Verbesserung interaktionell-kommunikativer Fertigkeiten und kognitive Problemlösekompetenz ausgerichtetes Konzept. Dabei wird die Therapie in der Wohnung der Patienten durchgeführt. Durch eine Kombinationsbehandlung von Neuroleptikatherapie und verhaltenstherapeutischer Familientherapie konnte im Vergleich zur psychiatrischen Standardversorgung eine empirisch gesicherte Verbesserung der Rezidivprophylaxe erreicht werden.

19.1.2.5 Systemische Familientherapie

Systemische Familientherapien (Selvini-Palazzoli et al. 1977; Selvini-Palazzoli u. Prata 1985; Stierlin et al. 1980; Stierlin 1985) werden in der Praxis nur selten durchgeführt (Alanen et al. 1985). Diese Form der Familientherapie versucht, das pathologische System durch Veränderung der Familienhomöostase zu beeinflussen. Für die systemischen Therapieansätze, die für das Verständnis der familiären Binnenstruktur einen hohen Erklärungswert haben, stehen empirische Effizienzüberprüfungen noch aus.

19.1.2.6 Therapeutische Gruppenarbeit mit Angehörigen

Das in Münster erprobte Konzept „therapeutischer Gruppenarbeit mit Angehörigen rückfallgefährdeter schizophrener Patienten" hat folgende Zielsetzungen: Die therapeutische Gruppenarbeit will die Angehörigen unterstützen und entlasten. Außerdem strebt sie eine Veränderung emotional belastender Familieninteraktionen an. Schließlich will sie die Angehörigen an der Rezidivprophylaxe beteiligen, um akut psychotische Exazerbationen und wiederholte stationäre Behandlungen („Drehtürpsychiatrie") sowie die resultierenden psychosozialen Folgen zu vermeiden.

In den nachfolgenden Ausführungen soll dargelegt werden, ob es gelang, diese Zielsetzungen zu realisieren. Im Rahmen einer klinischen Interventionsstudie wurde gefragt, ob ein zusätzlich zur Neuroleptikatherapie durchgeführtes bifokales Gruppenangebot für Patienten und Angehörige einer unifokalen Gruppentherapie (nur für Patienten) überlegen ist.

19.2 Methodik

Im Rahmen eines Forschungsprojektes zur Psychotherapie und Rezidivprophylaxe wurde in der Klinik für Psychiatrie der Universität Münster eine bifokale Gruppentherapie durchgeführt (Buchkremer u. Fiedler 1982; Fiedler et al. 1982; Buchkremer u. Fiedler 1987; Lewandowski u. Buchkremer 1988).

Von ursprünglich 42 Patienten nahmen 37 regelmäßig in Kleingruppen an einem zusätzlich zur psychiatrischen Standardbehandlung durchgeführten 10wöchigen Therapieprogramm teil. In diesem Zeitraum nahmen 17 Angehörige von 14 Patienten (bei 3 Patienten nahmen 2 Angehörige teil) ebenfalls in Kleingruppen an der therapeutischen Angehörigenarbeit teil. Alle Patienten befanden sich in ambulanter Behandlung, die letzte stationäre Behandlung lag mindestens 6 Monate zurück. Die remittierten bzw. teilremittierten Patienten erhielten zusätzlich zur neuroleptischen Rezidivprophylaxe und psychiatrischen Standardtherapie folgendes Therapieangebot:

– Gruppentherapie *mit* therapeutischer Angehörigenarbeit = *bifokale* Therapie (im folgenden kurz *AT-Gruppe* genannt)
– Gruppentherapie *ohne* therapeutische Angehörigenarbeit = *unifokale* Therapie (im folgenden kurz *NAT-Gruppe* genannt).

Die *Gruppentherapie der Patienten* (ausführlicher Buchkremer u. Fiedler 1987) hatte das Ziel, die Medikamenten-Compliance sowie die Möglichkeiten der Bewältigung eines sich anbahnenden Rückfalls und der damit in Zusammenhang stehenden intrapsychischen und interpersonellen Probleme zu verbessern. Information, Medikamentenmitbestimmung, Krisenplanung und Früherkennung eines nahenden Rezidivs stellten wesentliche Elemente des Therapiekonzeptes dar.

Das *therapeutische Gruppenangebot für die Angehörigen* war in folgender Weise gegliedert:

– *Hausbesuche* wurden zu Beginn der Behandlung zur genauen Abklärung behandlungsrelevanter Probleme und zur Einschätzung des emotionalen Klimas im Sinne der EE-Forschung durchgeführt.
– Eine *Unterrichtung der Angehörigen* wurde in didaktisch günstiger Form über wesentliche Erkenntnisse zu Fragen der Ätiologie, Psychopathologie, Prognose- und Behandlungsmöglichkeiten vorgenommen.
– Die *Erhöhung der Compliance* wurde dadurch angestrebt, daß die Angehörigen über Wirkungen und Nebenwirkungen der Neuroleptika so ausführlich aufgeklärt wurden, daß sie in bestimmten Grenzen die akutelle Angemessenheit einer Medikation mitbewerten konnten.
– Zur *Früherkennung eines nahenden Rezidivs* wurden anhand der Erfahrung der Angehörigen mit Beginn und Verlauf früherer psychotischer Episoden Frühsymptome eines psychotischen Rezidivs („Frühwarnzeichen") bestimmt und Bewältigungsstrategien vorbereitet.
– Zur *Vorbereitung auf Krisensituationen* wurden Bewältigungsmöglichkeiten erarbeitet und konkrete Verhaltensmaßnahmen in einem sog. Krisenplan festgelegt.
– Bei der Erstellung der Krisenpläne wurden zahlreiche familiäre Probleme erfaßt, im Gruppenverlauf bearbeitet und einer Lösung nähergebracht. Die *Aufarbeitung familiärer Probleme* stellt damit ein weiteres Therapieelement dar.

Katamnesen wurden in Abständen von ½, 1, 2 und 5 Jahren durchgeführt. Bei der 5-Jahres-Katamnese konnten noch 10 von 14 Patienten aus der AT-Gruppe und 19 von ursprünglich 23 Patienten der NAT-Gruppe untersucht werden.

Die *Auswahlkriterien* sind näher bei Lewandowski u. Buchkremer (1988) beschrieben. Nachträgliche Überprüfungen ergaben, daß die nach ICD diagnostizierten Patienten auch die DSM-III-Diagnosekriterien erfüllten. Für diejenigen Patienten, die auch noch 5 Jahre nach Beendigung der Therapie untersucht werden konnten, ergaben sich keine signifikanten Unterschiede hinsichtlich Geschlecht, Schulbildung, beruflicher Integration, prämorbider Anpassung sowie verlaufcharakteristischer und prognostischer Merkmale (Tabelle 1).

Allerdings waren die Patienten, deren Angehörige an der Therapie teilnahmen, jünger. Bezüglich der neuroleptischen Medikation ergaben sich keine signifikanten Gruppenunterschiede. Von den Patienten, deren Angehörige nicht an der Therapie teilnahmen, lebten mehr als Dreiviertel allein, von den Patienten der AT-Gruppe wohnte die Hälfte allein. Die Bewertung der familiären Situation vor der Therapie ergab, daß bei keiner der Gruppen gestörte Familienverhältnisse oder überfürsorgliche bzw. kritische Einstellungen signifikant häufiger zu beobachten wa-

Tabelle 1. Soziodemographische und klinische Merkmale vor der Therapie

| | Therapiegruppe | | | | | | U-Test | |
| | Mit Angehörigengruppe (n = 10) | | | Ohne Angehörigengruppe (n = 10) | | | | |
	X	SD	MD	X	SD	MD	z	p
Alter	28,6	7,0	27,8	35,0	7,9	34,0	2,14	0,032
Erkrankungsdauer (J.)	5,7	3,3	4,5	9,1	6,3	6,4	1,61	0,110
Erstmanifestation	20,3	8,5	19,5	25,1	9,1	22,3	1,24	0,214
Stat. Behandlungen	2,4	1,3	2,5	2,8	2,1	2,0	0,28	0,779
St. Carpenter-Skala	53,1	8,7	52,0	51,7	8,5	52,7	0,39	0,695
Philipps-Skala	5,7	3,7	5,5	5,1	3,3	4,33	0,39	0,695

| | | Therapiegruppe | | | | Chi^2-Test | |
| | | Mit Angehörigengruppe (n = 10) | | Ohne Angehörigengruppe (n = 19) | | | |
		n	%	n	%		
Geschlecht	(w)	3	30	7	37	Chi^2	p
	(m)	7	70	12	63	0,00	1,000
Schulabschluß:	Hauptschule	5	50	5	26		
	Realschule:	3	30	8	42		
	Gymnasium	2	20	6	31	1,63	0,441
Berufstätigkeit:	Ja	6	60	10	53		
	Nein	4	40	9	47	0,14	0,704
Wohnen:	Allein	5	50	15	79		
	Mit Angehörigen	5	50	4	21	2,57	0,109
	Broken-Home	2	20	6	32	0,44	0,507
Familiensituation:	Überfürsorglich	5	50	6	31	0,02	0,893
	Kritisch	5	50	9	47	0,94	0,331
	Andere psychotisch	6	60	6	32	2,18	0,139
Neuroleptika:	< Maximum	–	–	3	16		
	> Maximum	10	100	16	84	1,76	0,184

ren. In den Familien der AT-Gruppe waren fast doppelt so häufig wie in der NAT-Gruppe noch weitere psychotisch erkrankte Verwandte zu finden.

Von den 12 Angehörigen (bei 2 Patienten nahmen 2 Angehörige teil) waren 10 Frauen. Der jüngste Teilnehmer war 24, der älteste 67 Jahre alt. 7 Mütter, 1 Ehefrau, 1 Ehemann, 1 Schwester sowie 2 enge Freunde aus einer Wohngemeinschaft nahmen an der Angehörigenarbeit teil. 2 waren Angestellte, 7 Hausfrauen, 1 Lehrer, 2 Studenten.

19.3 Ergebnisse

19.3.1 Auswirkungen auf die Angehörigen

Unmittelbar nach Beendigung der Angehörigengruppe gaben alle Teilnehmer an, wichtige Informationen zur Rückfallverhütung und über den Umgang mit der Erkrankung bekommen zu haben. Mehr als die Hälfte der Angehörigen glaubten nach der Gruppenarbeit die Verhaltensweisen ihres erkrankten Angehörigen besser verstehen und besser akzeptieren zu können. Sie können besser unterscheiden, was am Verhalten des Patienten krankheitsbedingt ist und was nicht. Mehr als zwei Drittel wußten am Ende genauer, was im Fall eines sich anbahnenden Rückfalls zu tun ist.

19.3.2 Auswirkungen auf die Interaktion zwischen Angehörigen und Patienten

Durch die Angehörigenarbeit vervierfachte sich auch der Anteil derjenigen (von 10 auf 45%), die gern mehr für ihr schizophren erkranktes Familienmitglied tun würden, aber dies nicht können, weil der Patient es nicht zuläßt. Bei den nichtteilnehmenden Angehörigen halbierte sich diese Zahl, was als Beleg dafür gelten kann, daß durch die Angehörigenarbeit die Bereitschaft zur Fürsorge möglicherweise auch zur Überfürsorglichkeit keineswegs abnahm. Ebenso verdoppelte sich (von 20 auf 40%) im Verlauf der Angehörigenarbeit der Anteil derjenigen, die sich nicht mehr vorstellen konnten, getrennt von dem Patienten zu leben, während diese Ansicht bei den nichtteilnehmenden Angehörigen um mehr als die Hälfte (von 50 auf 20%) zurückging. Ein Jahr nach Beendigung der Therapie berichteten 70% der Patienten der AT-Gruppe und 37% der NAT-Gruppe ($p = 0,09$), mehr Unterstützung in Krisensituationen von ihren Angehörigen entgegengebracht zu bekommen. 40% der AT-Gruppe und nur 11% der NAT-Gruppe gaben an, sich von ihren Angehörigen verstanden zu fühlen ($p = 0,06$). Der bedeutsamste Unterschied betraf die Unterstützung durch die Angehörigen bei der neuroleptischen Medikation. 70% der AT-Gruppe und nur 16% der NAT-Gruppe gaben an, von ihren Angehörigen Hilfe bei der Neuroleptikaeinnahme zu bekommen ($p = 0,01$). 50% der Patienten der AT-Gruppe und nur 16% der NAT-Gruppe führten die Unterstützung in Krisensituationen und bei der neuroleptischen Rezidivprophylaxe ausdrücklich auf das bifokale Gruppenangebot zurück ($p = 0,05$).

Bei der 5-Jahreskatamnese zeigte sich, daß sich die Patienten, die das bifokale Therapieangebot erhielten, deutlicher als die allein behandelten Patienten von ihren Angehörigen distanziert hatten. 30% der Patienten der AT-Gruppe und 64% der Patienten der NAT-Gruppe sahen ihre Angehörigen fast jeden Tag ($p = 0,09$). Aus der NAT-Gruppe waren 5 Patienten wieder zu ihren Angehörigen gezogen, während 2 Patienten der AT-Gruppe nicht mehr bei ihren Eltern wohnten. Das Ausmaß der erlebten familiären Spannungen (die Patienten schätzten diese auf einer Analogskala ein), war bei der AT-Gruppe signifikant geringer als bei der NAT-Gruppe ($p = 0,05$).

19.3.3 Auswirkungen auf den Erkrankungsverlauf und die soziale Adaptation

Fünf Jahre nach Beendigung des Therapieangebotes war bei 30% der Patienten mit Angehörigenarbeit und bei 74% der Patienten ohne Angehörigenarbeit mindestens eine stationäre Behandlung weiterhin wegen wiederaufgetretener akut psychotischer Erkrankungsanzeichen notwendig geworden. Mittels der sog. „Spiegelmethode" wurde überprüft, ob die stationären Behandlungen nach den therapeutischen Maßnahmen abnahmen und ob die bifokale Gruppenarbeit der Gruppentherapie ohne Angehörigenarbeit überlegen war (Abb. 1).

Für jeden Patienten wurde die durchschnittliche Rate stationärer Behandlungen pro Erkrankungsjahr vor der Gruppentherapie und die durchschnittliche Behandlungsrate für jedes Katamnesejahr berechnet. Daraus wurde der Differenzwert berechnet. (Beispiel: Ein Patient der vor der Therapie 5 Jahre erkrankt war und 5mal vorher und 1mal nachher stationär behandelt wurde, erhielt einen Prä-Wert von 1 und einen Post-Wert von 0,20. Die durchschnittliche Abnahme stationärer Behandlungen beträgt −0,80).

Gegenüber der NAT-Gruppe reduzierten sich die durchschnittlich jährlichen stationären Behandlungen der AT-Gruppe signifikant. Die unifokal behandelte

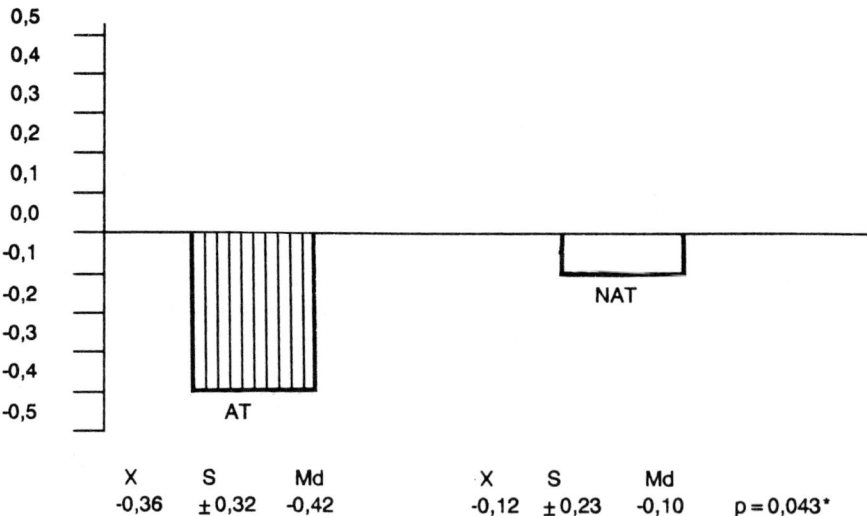

Abb. 1. Veränderung der stationären Behandlungsbedürftigkeit bei der Therapiegruppe mit (*AT*) und ohne (*NAT*) Angehörigenarbeit. (Spiegelmethode: mittlere jährliche Rückfallrate vor der Therapie minus mittlere jährliche Rückfallrate nach der Therapie)

Patientengruppe zeigte in den 5 Jahren nach der Intervention kaum eine Abnahme der stationären Behandlungen. Die bifokal behandelte Patientengruppe zeigte hingegen eine deutliche Reduktion der stationären Behandlungsbedürftigkeit. In den ersten 2 Jahren nach der Therapie, die aufgrund der 6-, 12- und 24-Monatskatamnesen gut überschaubar waren, traten ambulant und stationär behandelte akut-psychotische Rezidive bei 20% der Patienten der AT-Gruppe und bei 58% der Patienten der NAT-Gruppe auf ($p = 0,05$). Die gleichen signifikanten Unterschiede ergaben sich auch für das 5. Katamnesejahr. Bei jeweils mehr als zwei Drittel der Patienten beider Therapiegruppen wurde die neuroleptische Medikation in den 5 Jahren seit der Gruppentherapie nie abgesetzt. Während zu Therapiebeginn die Neuroleptikadosis (unter Berücksichtigung der Minimum-Maximum-Spanne für die Dosierung; Tölle 1982) bei allen Patienten der AT-Gruppe und bei 84% der NAT-Gruppe über dem Maximum lagen, erhielten die Patienten der AT-Gruppe zur 5-Jahreskatamnese signifikant weniger Neuroleptika als die Patienten der NAT-Gruppe. Bei keinem Patienten der AT-Gruppe und 32% der NAT-Gruppe lag die Neuroleptikadosis über dem Maximum ($p = 0,05$).

70% der Patienten der AT-Gruppe und 37% der NAT-Gruppe waren bei der 5-Jahreskatamnese beruflich integriert ($p = 0,09$), d. h. sie gingen mindestens einer bezahlten Teilzeitbeschäftigung nach bzw. versorgten als Hausfrauen einen Haushalt. Nach der Intentionalitätsskala von Mundt et al. (1985) zeigten die Patienten der AT-Gruppe signifikant mehr soziale Initiative und Interesse als die Patienten der NAT-Gruppe ($p = 0,05$).

19.4 Diskussion

Das bifokale therapeutische Vorgehen hatte einen größeren rezidivprophylaktischen Effekt als die zusätzlich zur Neuroleptikatherapie durchgeführte Gruppentherapie ohne Angehörigenarbeit. Diese Interpretation erscheint gerechtfertigt, da für beide Patientengruppen vor der Therapie hinsichtlich soziodemographischer und verlaufscharakteristischer Merkmale keine signifikanten Unterschiede ermittelt werden konnten. Wie an anderer Stelle verdeutlicht wurde (Lewandowski u. Buchkremer 1988), sind begünstigende Auswirkungen auf die Minussymptomatik und das Rezidivrisiko durch die therapeutische Angehörigenarbeit erst mit einer zeitlichen Verzögerung von etwa einem Jahr nachweisbar; was u. a. damit in Zusammenhang gebracht werden kann, daß die relativ kurzfristige Interventionsphase (etwa 3 Monate) noch zu keinen Verhaltensänderungen führte.

Am Ende der Gruppenarbeit fühlten sich die Angehörigen zwar ausreichend informiert und angesichts weiterer Krisen gut vorbereitet. Es zeichnete sich aber folgender Konflikt ab: Obwohl die Patienten es nicht zuließen, wollten die an der Gruppenarbeit teilnehmenden Angehörigen gern mehr für die Patienten tun. Diese als Überfürsorglichkeit zu interpretierende Einstellung der Angehörigen scheint sich allerdings nicht nachteilig ausgewirkt zu haben, denn die Patienten der AT-Gruppe äußerten sich bei der 1-Jahreskatamnese anerkennend, von ihren Angehörigen bei der Medikamenteneinnahme und Krisenbewältigung unterstützt zu werden und (mehr als die Patienten der NAT-Gruppe) Verständnis entgegengebracht zu bekommen.

Am Ende der Gruppenarbeit konnten sich die Mehrzahl der teilnehmenden Angehörigen nicht vorstellen, getrennt von ihren erkrankten Familienmitgliedern zu leben. Genau das war aber nach 5 Jahren eingetreten: Die Patienten der AT-Gruppe verbrachten den Tag mit mehr Distanz zu ihren Angehörigen, während die Patienten der NAT-Gruppe z. T. wieder bei ihren Angehörigen lebten und weniger Interesse an außerfamiliären Kontakten bzw. Freizeitinitiativen zeigten. Die höhere Neuroleptikadosis der Patienten der NAT-Gruppe könnte z. B. mit der höheren Kontaktdichte zusammenhängen. Der geringere Neuroleptikabedarf sowie die günstigere berufliche und soziale Adaptation der AT-Gruppe könnte eine Auswirkung der gegenüber der NAT-Gruppe verminderten Rezidivhäufigkeit sein. Da stationäre Behandlungen auch für die Familien der Patienten eine Krise darstellen, dürften die gegenüber der NAT-Gruppe geringeren familiären Spannungen der AT-Gruppe ebenfalls mit dem geringeren Rezidivrisiko dieser Patientengruppe zusammenhängen.

Die Medikamentencompliance kann den günstigeren Erkrankungsverlauf der AT-Gruppe nicht erklären, da sich keine signifikanten Unterschiede ergaben. Das jüngere Alter der Patienten der AT-Gruppe läßt sich dadurch erklären, daß vor allem jüngere Patienten noch bei ihren Eltern wohnen.

Das bifokale therapeutische Gruppenangebot wirkte sich eher lang- als kurzfristig begünstigend auf den Erkrankungsverlauf aus. Für die unifokale Therapie ergaben sich im 2-Jahreskatamnesezeitraum (Lewandowski u. Buchkremer 1988) gegenüber einer Standardtherapiegruppe keine nachweisbaren Effekte. Buchkremer u. Fiedler (1987) konnten für eine unifokale Gruppentherapie nur dann günstige Effekte nachweisen, wenn diese Therapie selbst nicht belastend war. Ein kognitiv-problemorientiertes Vorgehen war der Standardbehandlung überlegen, während ein soziales Kompetenztraining keine nachweisbaren Effekte erbrachte.

Die Gruppentherapie für die Patienten führt besonders dann zu günstigen Auswirkungen auf den Erkrankungsverlauf, wenn die Angehörigen in die Therapie einbezogen werden. Die therapeutische Angehörigenarbeit hat daher die Funktion eines supportiven Wirkfaktors. Durch die Kombination von Angehörigen- und Patientengruppen werden Anstöße, Erkenntnisse und Erfahrungen vermittelt, die langfristig zur Rezidivprophylaxe führen. Vermutlich haben die Angehörigen dabei eine Mediatorenfunktion.

In weiteren Untersuchungen sollte einerseits eine Replikation dieser Befunde versucht werden, andererseits ist noch ungeklärt, welche Auswirkungen ein ausschließlich für Angehörige konzipiertes Gruppenangebot hat (vgl. hierzu Leff et al. 1982; Buchkremer u. Schulze-Mönking 1987). Zum gegenwärtigen Zeitpunkt wissen wir noch wenig über die Veränderungsprozesse bei Patienten und Angehörigen, die letztlich zu einem günstigen Therapieausgang bzw. zur Rezidivprophylaxe führten. Hier sind von einer mehr prozeßorientierten Forschung weitere Erkenntnisse zu erwarten.

Literatur

Ahrbeck B (1983) Familie und Rehabilitation psychisch Kranker. Psychiatrie-Verlag, Rehburg-Loccum

Alanen YO, Räkkölainen V, Laasko J, Rasimos R, Järvi R (1985) Psychotherapie im Rahmen der Gemeindepsychiatrie. Ergebnisse einer 2-Jahres-Nachuntersuchung. Der Einfluß von Selektionsprozessen auf die psychotherapeutische Behandlung. In: Stierlin H, Wynne LC, Wirsching M (Hrsg) Psychotherapie und Sozialtherapie der Schizophrenie. Ein internationaler Überblick. Springer, Berlin Heidelberg New York Tokyo, S 73–90

Anderson M (1986) Psychoeducational family therapy. In: Goldstein MJ, Hand I, Hahlweg K (eds) Treatment of schizophrenia: Family-assessment and interventions. Springer, Berlin Heidelberg New York Tokyo, pp 79–84

Anderson M, Hogarty G, Reiss J (1981) The psychoeducational family treatment of schizophrenia. In: Goldstein MJ (ed) New developments in interventions with families of schizophrenics. Jossey Bass, San Francisco, pp 79–94

Angermeyer MC, Finzen A (Hrsg) (1984) Die Angehörigengruppe. Familien mit psychisch Kranken auf dem Weg zur Selbsthilfe. Enke, Stuttgart

Barrowclugh C, Tarrier N (1984) "Psychosocial" interventions with families and their effects on the course of schizophrenia: A review. Psychol Med 14:629–642

Berkowitz R, Kuipers L, Eberlein-Fries R, Leff J (1984) Intervention bei Angehörigen von rückfallgefährdeten Schizophrenen. In: Angermeyer MC, Finzen A (Hrsg) Die Angehörigengruppe. Familien mit psychisch Kranken auf dem Weg zur Selbsthilfe. Enke, Stuttgart, S 146–165

Bertram W (1982) Die Angehörigengruppe – Familientherapie für die psychiatrische Alltagspraxis. Werkstattschriften zur Sozialpsychiatrie, Bd 34. Psychiatrie-Verlag, Rehburg-Loccum

Brown GW, Rutter M (1966) The measurement of family activities and relationships: A methodological study. Hum Rel 19:241–263

Brown GW, Birley JLT (1968) Crises and life changes and the onset of schizophrenia. J Health Soc Behav 9:203–214

Brown GW, Birley JLT, Wing JK (1972) Influence of family life on the course of schizophrenic disorders: A replication. Br J Psychiatry 121:241–258

Buchkremer G (1986) Über den ätiologischen Zusammenhang zwischen emotionaler Familienatmosphäre und Rezidivraten bei schizophrenen Patienten. Vortrag anläßlich des Kongresses der Deutschen Gesellschaft für Psychiatrie und Nervenheilkunde 1986 in Bayreuth

Buchkremer G, Fiedler P (1982) Angehörigentherapie bei schizophrenen Patienten. In: Helmchen H, Linden M, Rüger U (Hrsg) Psychotherapie in der Psychiatrie. Springer, Berlin Heidelberg New York

Buchkremer G, Fiedler P (1987) Kognitive versus handlungsorientierte Therapie. Vergleich zweier psychotherapeutischer Methoden zur Rezidivprophylaxe bei schizophrenen Patienten. Nervenarzt 54:481–488

Buchkremer G, Lewandowski L (1984) Therapeutische Gruppenarbeit mit Angehörigen schizophrener Patienten. In: Angermeyer MC, Finzen A (Hrsg) Die Angehörigengruppe. Familien mit psychisch Kranken auf dem Weg zur Selbsthilfe. Enke, Stuttgart, S 125–133

Buchkremer G, Lewandowski L (1987) Therapeutische Angehörigenarbeit bei schizophrenen Patienten: Rationale, Konzept und praktische Anleitung. Psychiatr Prax 14:73–77

Buchkremer G, Schulze-Mönking H (1986) Die Effizienz von Angehörigengruppen und Selbsthilfegruppen bei der Rezidivprophylaxe schizophrener Patienten. In: Böker W, Brenner HD (Hrsg) Bewältigung der Schizophrenie. Huber, Bern, S 113–120

Buchkremer G, Schulze-Mönking H (1987) Therapeutische Angehörigenarbeit bei rückfallgefährdeten schizophrenen Patienten. In: Heimann H, Zimmer T (Hrsg) Chronisch psychisch Kranke. Problemlage und Stand der Behandlungs- und Forschungssituation in der Bundesrepublik Deutschland. G. Fischer, Stuttgart, S 36–41

Buchkremer G, Schulze-Mönking H, Lewandowski L, Wittgen C (1986) Emotional atmosphere in families of schizophrenic outpatients. Relevance of a practice-oriented assessment instrument. In: Goldstein MJ, Hand I, Hahlweg K (eds) Treatment of schizophrenia: Family-assessment and intervention. Springer, Berlin Heidelberg New York Tokyo, pp 79–84

Cozolino LJ, Goldstein MJ (1986) Family education as a component of extended family-oriented treatment programms for schizophrenia. In: Goldstein MJ, Hand I, Hahlweg K (eds) Treatment of schizophrenia: Family-assessment and intervention. Springer, Berlin Heidelberg New York Tokyo, pp 117–128

Dörner K, Egetmeyer A, Koenning K (1982) Freispruch der Familie. Psychiatrie Verlag, Rehburg-Loccum

Falloon IRH, Pederson J (1985) Family management in the prevention of schizophrenia: The adjustment of the family unit. Br J Psychiatry 147:156–163

Falloon IRH, Boyd JL, McGill CW, Strang JS, Moss HB (1981) Family management training in the community care of schizophrenia. In: Goldstein MJ (ed) New developments in interventions with families of schizophrenics. Jossey Bass, San Francisco, pp 61–78

Falloon IRH, Razani J, Moss HB, Boyd JL, McGill CW, Pederson J (1983) Gemeindenahe Versorgung von Schizophrenen. Eine einjährige Kontrolluntersuchung bei Familien- und Einzeltherapie. Partnerberatung 9:73–79

Fiedler PA, Buchkremer G, Lewandowski L, Wilken M, Wittgen C (1982) Differentielle Effekte einer sozial-kognitiven Psychotherapie zur Rückfallprophylaxe bei chronisch schizophrenen Patienten. In: Lüer G (Hrsg) Bericht über den 33. Kongreß der Deutschen Gesellschaft für Psychologie in Mainz 1982, Bd 2. Hogrefe, Göttingen, S 813–817

Fiedler P, Niedermeier T, Mundt C (1986) Gruppenarbeit mit Angehörigen schizophrener Patienten. Psychologie Verlags Union, München Weinheim

Goldstein MJ (1985) Familieninteraktionen: Muster, die Entstehung und Verlauf einer Schizophrenie vorhersagen lassen. In: Stierlin H, Wynne LC, Wirsching M (Hrsg) Psychotherapie und Sozialtherapie der Schizohrenie. Springer, Berlin Heidelberg New York Tokyo, S 7–23

Goldstein MJ, Kopeikin HS (1985) Short- and long-term effects of combining drug and family therapy. In: Goldstein MJ (ed) New developments in interventions with families of schizophrenics. Jossey-Bass, San Francisco, pp 5–26

Goldstein MJ, Rodnick EH, Evans JR, May PRA, Steinberg MR (1978) Drug and family therapy in the aftercare of acute schizophrenic. Arch Gen Psychiatry 35:1169–1177

Heltzel R (1984) Überlegungen zur familienorientierten Arbeit auf einer psychiatrischen Akutstation. Psychiatrische Praxis 11:144–150

Hogarty GE, Anderson CM, Reiss DJ (1986) Family psychoeducation chemotherapy in the aftercare treatment of schizophrenia. I. One-year effects of a controlled study on relapse and expressed emotion. Arch Gen Psychiatry 43:633–642

Katschnig H, Konieczna T (1984) Typen der Angehörigenarbeit in der Psychiatrie. Psychiatr Prax 11:137–142

Leff J (1976) Schizophrenia and sensitivity of the family environment. Schizophr Bull 2:566–574

Leff J (1984) Die Angehörigen und die Verhütung des Rückfalls. In: Katschnig H (Hrsg) Die andere Seite der Schizophrenie. Patienten zu Hause. Urban & Schwarzenberg, München, S 167–180

Leff J, Kuipers L, Berkowitz R, Eberlein-Fries R, Sturgeon D (1982) A controlled trial of social interventions in families of schizophrenic patients. Br J Psychiatry 141:121–134

Leff J, Kuipers L, Berkowitz R, Eberlein-Fries R, Sturgeon D (1986) A controlled trial of social interventions in families of schizohrenic patients. In: Goldstein MJ, Hand I, Hahlweg K (eds) Treatment of schizophrenia: Family-assessment and intervention. Springer, Berlin Heidelberg New York Tokyo, pp 153–170

Lewandowski L, Buchkremer G (1988) Therapeutische Gruppenarbeit mit Angehörigen schizophrener Patienten. Ergebnisse zweijähriger Verlaufsuntersuchungen. Z Klin Psychol 17:210–224

Mednick SA (1978) Berksons fallacy and high-risk research. In: Wynne L, Cromwell R, Matthysse S (eds) The nature of schizophrenia. Wiley, New York

Mundt CH, Fiedler P, Pracht B, Rettig R (1985) INSKA (Intentionalitätsskala) – ein neues psychometrisches Instrument zur qualitativen Erfassung der schizophrenen Residualsymptomatik. Nervenarzt 56:146–149

Olbrich R (1987) Die Verletzbarkeit des Schizophrenen: J. Zubins Konzept der Vulnerabilität. Nervenarzt 58:65–71

Plessen U, Postzich M, Wilkmann M (1985) Zur Bedeutung expertengeleiteter Angehörigen-gruppen in der Psychiatrie. Psychiatr Prax 12:43–47

Reiff H (1981) Gruppenarbeit mit Angehörigen Schizophrener. In: Angermeyer MC, Döhner O (Hrsg) Chronisch kranke Kinder in der Familie. Enke, Stuttgart, S 107–111

Schneider D, Heinrich U (1979) Angehörigenarbeit – ein Beispiel. Sozialpsychiatr Inform 6/7:133–136

Selvini-Palazzoli M, Prata G (1985) Eine neue Methode zur Erforschung und Behandlung schi-zophrener Familien. In: Stierlin H, Wynne LC, Wirsching M (Hrsg) Psychotherapie und So-zialtherapie der Schizophrenie. Ein internationaler Überblick. Springer, Berlin Heidelberg New York Tokyo, S 275–282

Selvini-Palazzoli M, Boscolo L, Cecchin G, Prata G (1977) Paradoxon und Gegenparadoxon. Klett-Cotta, Stuttgart

Siedow R, Bombosch J (1982) Erste Erfahrungen mit einer Angehörigengruppe – Zur Wechsel-wirkung zwischen Kommunikationsstilen der Teilnehmner und der Person und Interaktion der Gruppenleiter. Psychiatr Prax 9:145–150

Stierlin H (1985) Überlegungen zur Familientherapie bei schizophrenen Störungen. In: Stierlin H, Wynne LC, Wirsching M (Hrsg) Psychotherapie und Sozialtherapie der Schizophrenie. Ein internationaler Überblick. Springer, Berlin Heidelberg New York Tokyo, S 223–230

Stierlin H, Rücker-Embden J, Wetzel N, Wirsching M (1980) Das erste Familiengespräch, 2. Aufl. Klett-Cotta, Stuttgart

Stierlin H, Wynne LC, Wirsching M (Hrsg) (1985) Psychotherapie und Sozialtherapie der Schi-zophrenie. Ein internationaler Überblick. Springer, Berlin Heidelberg New York Tokyo

Strachan AM (1986) Family intervention for the rehabilitation of schizophrenia: Toward protec-tion and coping. Schizophr Bull 12:678–698

Sturgeon D, Kuipers C, Berkowitz R, Turpin G, Leff J (1981) Psychophysiological responses of schizophrenic patients to high and low expressed emotion relatives. Br J Psychiatry 138:40–45

Snyder K, Liberman R (1981) Family assesment and intervention with schizophrenics at risk for relapse. In: Goldstein MJ (ed) New developments in interventions with families of schizo-phrenics. Jossey-Bass, San Francisco, pp 49–60

Thornton JE, Plummer E, Seeman MV, Littman SK (1981) Schizophrenia: Group support for relatives. Can J Psychiatry 26:341–344

Tölle R (1982) Psychiatrie, 6. Aufl. Kinderpsychiatrische Bearbeitung von R. Lempp. Springer, Berlin Heidelberg New York

Vaughn CE, Leff JP (1976) The influence of family and social factors on the course of psychiatric illness. A comparison of schizophrenic and depressed neurotic patients. Br J Psychiatry 129:125–137

Vaughn CE, Jones S, Freedman WE, Falloon IRH (1984) Family factors in schizophrenia re-lapse: A california replication on expressed emotion. Arch Gen Psychiatry 41:1169–1177

Zubin J, Spring B (1977) Vulnerability – A new view of schizophrenia. J Abnor Psychol 86:103–126

20 Schlußbemerkung

E. LUNGERSHAUSEN

Bei der Zusammenstellung der Beiträge, wie sie auf dem Tropon-Symposium 1987 vorgetragen wurden und in diesem Buch publiziert werden, ging es uns nicht darum, sehr differente Forschungsansätze und deren Ergebnisse einander gegenüberzustellen, sondern diese sollten vielmehr nebeneinandergesehen und womöglich miteinander in Beziehung gebracht werden.

Die ersten Beiträge zeigen, daß es heute möglich ist, mit verschiedenen und technisch diffizilen Methoden bestimmte Hirnareale einzugrenzen, die in einer Beziehung zu schizophrenen Erkrankungen stehen. Die Fortführung dieser Untersuchungen läßt die Hoffnung zu, daß auf diesem Gebiet, vor allem unter Berücksichtigung der ständigen Weiterentwicklung der zur Verfügung stehenden technischen Methoden, noch wesentliche, vielleicht sogar grundlegende Ergebnisse zu erwarten sein werden.

Auch die von biochemischen Ansätzen ausgehenden Untersuchungen deuten darauf hin, daß es bestimmte Stoffwechselsignale gibt, die vielleicht eines Tages als „Marker" in der Lage sind, nicht nur eine besondere Vulnerabilität erfassen zu lassen, sondern darüber hinaus auch einmal zu differentialdiagnostischen und differentialtherapeutischen Zwecken genutzt werden können.

Langzeituntersuchungen beweisen wie wichtig es ist, den Patienten in seiner Umwelt und in der Zeit zu beobachten und durch Verlaufsuntersuchungen neue diagnostische und therapeutische Zugangswege zum schizophrenen Kranken zu entdecken, darüber hinaus aber auch die so schwerwiegende Frage nach der Prognose exakter als bisher zu beantworten.

Unstreitig ist die Tatsache der Belastung der Familie durch schizophren erkrankte Angehörige. Frühere Einzelbefunde, nicht immer kritisch genug gewürdigt, haben nicht selten zu heute obsoleten pathogenetischen Hypothesen und Schuldzuweisungen an die Familienangehörigen geführt. Es ist um so mehr zu begrüßen, daß nun ein sehr viel differenzierterer und sorgsamerer Zugang zu dieser Problematik gesucht wird. Wenn es jetzt möglich ist, pathogene Familienstrukturen zu beschreiben, wird damit nicht der Anspruch erhoben, die Ursache der Schizophrenie erklären zu wollen. Aber die hier vorgelegten sorgfältigen mikroanalytischen Forschungsansätze erlauben ein tieferes Verständnis der Familiendynamik, insbesondere jener Familien mit einem schizophren erkrankten Angehörigen. Schon jetzt führen solche Untersuchungen zu Ergebnissen, die sich in der bisher oft vernachlässigten Familientherapie bei Schizophrenen als wertvoll erweisen.

Versucht man nun, die Ergebnisse der einzelnen Beiträge zusammenzufassen, so zeigt sich, daß Erkrankungen, die so vielfältig und vielschichtig sind, wie dies bei den Schizophrenien der Fall ist, eben auch vieler Untersuchungsaspekte be-

Tropon-Symposium, Bd. III
Die Schizophrenien
Hrsg. Kaschka/Joraschky/Lungershausen
© Springer-Verlag Berlin Heidelberg 1988

dürfen. Gerade das sollte hier herausgestellt werden. Selbstverständlich ist vieles noch unfertig, bedarf der weiteren Klärung und Entwicklung, ergibt aber, alles in allem gesehen, einen Blick in Werkstätten, in denen mehr und mehr an Wissen zusammengetragen wird. Frühere Ausschließlichkeitsansprüche oder gar Unfehlbarkeitsbehauptungen für einzelne Theorien zur Pathogenese der Schizophrenie sind offensichtlich seltener geworden. An ihre Stelle ist die Erkenntnis getreten, daß vielleicht jeder immer nur an der Lösung von einzelnen Teilproblemen zu arbeiten vermag. Insofern ist die Kenntnis von der Arbeit der anderen so wichtig, und hierzu sollten diese Beiträge ein Weg sein. Wenn wir aber bemüht sind, über den jeweils eigenen Arbeitsbereich hinaus auch die Arbeit jener zu würdigen, die von anderen Forschungsansätzen ausgehen und mit anderen Methoden arbeiten, so fällt es wohl leichter, die eigenen Befunde in einem größeren Zusammenhang zu sehen, und so gelingt es vielleicht auch in einer hoffentlich nicht allzu fernen Zeit, die einzelnen Arbeitsresultate in eine Gesamterkenntnis einzufügen, die die Frage nach der Pathogenese der Schizophrenien zu beantworten vermag.

Sachverzeichnis